数控机床
电气控制入门

佟 冬 主编
宋小春 邢焕武 副主编

 化学工业出版社
·北京·

图书在版编目（CIP）数据

数控机床电气控制入门/佟冬主编 . —北京：化学工业
出版社，2020
ISBN 978-7-122-35704-5

Ⅰ.①数… Ⅱ.①佟… Ⅲ.①数控机床-电气控制
Ⅳ.①TG659

中国版本图书馆 CIP 数据核字（2019）第 241826 号

责任编辑：王　烨　　　　　　　　　　　文字编辑：陈　喆
责任校对：宋　玮　　　　　　　　　　　装帧设计：刘丽华

出版发行：化学工业出版社（北京市东城区青年湖南街 13 号　邮政编码 100011）
印　　　刷：三河市航远印刷有限公司
装　　　订：三河市宇新装订厂
787mm×1092mm　1/16　印张 20　字数 440 千字　　2020 年 2 月北京第 1 版第 1 次印刷

购书咨询：010-64518888　　　　　　　　售后服务：010-64518899
网　　　址：http://www.cip.com.cn
凡购买本书，如有缺损质量问题，本社销售中心负责调换。

定　　价：88.00 元

前言

机床（Machine Tool，MT），是指能制造机器的机器，因此机床又称为工业母机。小到手机，中到汽车火车，大到轮船飞机，其中大大小小的零件大都是由机床生产出来的。传统普通机床的机械结构复杂，加工能力及效率有限，对技术人员更加倚重的是机械知识；而搭载了数控系统的数控机床，机械结构得到了大幅简化，加工能力及效率却大幅提高，对技术人员更加倚重的是数控技术的电气知识。学好数控技术的电气知识，会让我们更加深入地认识数控机床。

当今是一个信息爆炸的时代，为我们学习技能带来了很大的优势。但凡事有利就有弊，互联网上的海量信息反而在一定程度上让我们找不到入门学习的方向与重点。

笔者现就职于武汉重型机床集团有限公司，曾在沈阳机床股份有限公司担任电气经理，从事数控机床的电气技术相关工作十余年，工作内容包括电气设计、技术培训、技术支持与服务、数据采集与分析等，精通西门子、发那科、菲迪亚、海德汉、i5（沈阳机床股份有限公司自主研发）、倍福等国内外知名数控系统。在此希望借助本书，与院校学生、职场新人分享一些自己的心得，让读者在学习数控机床电气技术上少走一些弯路。

正文部分的内容，理论知识与计算公式很少，更多的是结论性与经验性的论述，让诸位读者对于要学习的内容有一个框架性的认识，避免过多的理论知识与计算公式让各位读者在学习的过程中产生眩晕感，进而失去了学习的兴趣。

附录部分的内容，重点讲解正文中涉及的理论知识，相对比较枯燥晦涩，但如果读者通读正文后，再学习附录中的内容，反而会有一种豁然开朗的感觉。

正文的内容是知其然，附录中的内容是知其所以然。

本书开篇第1章，笔者花了很大的篇幅讲安全教育，因为不论是对于企业还是个人来说，生命安全才是最重要的。对于职场新人，尤其是院校学生来说，需要认识的是，工厂不同于校园，工厂有各种各样的机器和设备，常常会有一些安全隐患，我们需要时刻保持安全意识，避免安全事故的发生，这样才能更好地为企业、为国家做贡献。

本书由佟冬主编，华南理工大学宋小春、江门云科智能装备有限公司邢焕武副主编，武汉重型机床集团有限公司雷学平、吕洪杰、邢福军、陈超、杨洋、张圣平、郭蕾、张磊，沈阳机床股份有限公司黄丽梅、吴云峰、陈美良、李宁宁、苗松，江门云科智能装备有限公司蔡世友、惠州技师学院陈建辉、丘建雄、广东松山职业技术学院李福运，广东创新科技职业学院梁柱，苏州优备精密智能装备有限公司孙源池参加编写。

本书在审稿上得到了格劳博机床（中国）有限公司设计经理易刚先生与深圳创世纪机械有限公司电气经理李慧贤女士的大力支持，在此致以诚挚的谢意。

　　由于笔者的水平有限，书中难免存在不足之处，欢迎广大读者批评指正。

佟冬

2019 年 7 月 28 日

目 录

安全
教育篇

第1章

机床很危险，使用需谨慎

电气基础
知识篇

第2章

数控机床的电气组成

第3章

常用电气元件

第4章

常用操作

第5章

电气原理图

技能
入门篇

第6章

PLC并不难

技能
应用篇

第7章
实际案例

第8章

常用电气调试方法

第9章

工业4.0

附录篇

第10章
本书相关理论

参考文献

安全教育篇

第1章

机床很危险，使用需谨慎

机床，英文名是 Machine Tool，是一种能制造机器零件的机器，亦称为工业母机，是制造行业必不可少的设备，广泛地应用于电子、模具、汽车、机械工程、风电、航空、船舶、军工等行业，也就是说小到手机壳的生产，例如发那科钻攻中心，大到飞机轮船的制造，例如大型龙门机床，再到国家的国防安全，都离不开机床。

图 1-1 为常见数控机床的形式。

机床属于工业设备，在制造和使用过程中，充满了危险性。一提到危险性，大家会心生畏惧，心生畏惧本身是好事，能时刻保持安全意识。但如果过于畏惧的话，是不必要的。既然有危险，我们就要积极、正确地认识危险，这样才能真正地避免危险。因此本书以安全教育为开篇，是要各位读者在进入这个行业之前，能正确地认识机床的危险性，时刻有安全意识，才能避免工作中带来的不必要的伤害（图 1-2）。

重点来了，在日常的工作中，需要注意两个安全。首先是人身安全，包括自己的安全以及他人的安全，人的生命是宝贵的，因此保障人身安全是任何一个企业最首要的任务；其次是机床等设备的安全，数控机床的零部件，比如说主轴、工件、夹具等，一旦发生了严重的碰撞，造成了损坏，那么换修的费用、停工的费用也都是企业的损失。

1.1 人身安全

不论是进入机床的生产车间还是其他行业的生产车间，进入前一定要仔细阅读工厂的安全规范，避免自己受伤、他人受伤以及机床等设备的损坏。同时一定要穿劳保鞋，尤其是女员工。劳保鞋看上去没有那么美观，穿起来还比较重，但由于生产车间是一个存在危险性的工作场所，因此为了自己的人身安全，劳保鞋一定要穿。劳保鞋（图 1-3）具有防滑、防砸、防触电等保护功能。

(a) 立式加工中心

(b) 卧式加工中心

(c) 五轴车铣复合中心

(d) 大型龙门机床

(e) 卧式车床

(f) 立式车床

图 1-1　常见的数控机床形式

图 1-2　安全生产宣传

图 1-3　劳保鞋实物图

1.1.1　安全符号

机床的警告图标通常会搭配关键词，危险程度由高至低分别有危险、警告、注意三个级别，表 1-1 为常见的警告内容。表 1-2 为警告的等级。

表 1-1　常见的警告内容

当心机械伤人	当心触电	注意高温
表示需要注意机械设备，尤其是旋转的机械设备或者零件，避免被其挤伤、夹伤	表示需要注意电气设备，可能会包含高压电，将人电伤	表示大功率电气设备，例如变压器、电抗器等工作时会产生高温，触碰的话可能会被烫伤

表 1-2　警告的等级

危险	警告	注意
危险:表示对高度危险要警惕,如不遵守本标记的事项,易导致死亡 ❖ 在控制面板、电动机、变压器、端子盒里有高压标记的零件及部件,均带有高压接线柱,非常危险。禁止没有电工资格(上岗证)者触及这些器件 ❖ 为了安全而设置的罩壳、开关、门之类的设施,未经本公司许可,禁止拆卸、更换 ❖ 对于操作开关与机床运动之间的关系,尚未理解时,禁止开动机床运转	警告:表示对中度危险要警惕,如不遵守本标记的事项,会对机床及人身造成重大损伤 ❖ 未经允许,不准对机床进行任何改造和更改 ❖ 当操作开关、按键时,必须确认操作是否正确后,方可操作 ❖ 应避免不必要无意识触及开关及按键,人不要靠在机床上 ❖ 全体人员必须熟知紧急停止按钮的位置及操作方法 ❖ 作业空间必须确保十分宽敞,必须清除作业时的障碍物 ❖ 禁止戴手套操作机床。以下情况除外:处理刀具、工件及清除切屑,清扫机床时必须戴手套,防止手被废屑扎伤	注意:表示对轻度危险要关注,如不遵守本标记的事项,会对机床及人身造成损伤 ❖ 禁止用湿手或有油污等的手接触开关、按钮、钥匙等 ❖ 操作人员应佩戴安全眼镜,必须穿戴适合操作的服装、安全鞋及安全帽,禁止穿宽松外衣,佩戴戒指、手镯和手表等各种饰物 ❖ 长发者必须将长发卷绕在防护帽内,避免被机器卷入 ❖ 装卸准备时,必须戴皮手套之类的安全防护工具,但按动操作面板上的开关、按钮时,不得戴手套 ❖ 停电时必须立即切断总电源开关 ❖ 必须将刀具工件放在不会掉下来的地方 ❖ 将刀具、零件竖起或竖着放时,必须采取安全防护措施,防止倾倒 ❖ 必须将物品堆积起来时,应采取安全措施,防止倒塌 ❖ 不准拆卸、污染安全标牌 ❖ 如因喝酒、吃药、生病等原因而缺乏正常的判断思维能力者,禁止操作机床

1.1.2　危险的机床

机床是工业母机,因此说,只要是制造业基本上都会使用到机床。有统计资料表明,机床伤害事故占机械伤害事故的三分之一,事故发生率比较高,而且伤害事故的性质相对较重,因此要正视机床存在的危险,并采取必要的保护措施。如图 1-4 所示为机床上常见的警告标识。

(1) 旋转中的设备

机床最基本的旋转设备是主轴,包括主轴旋转相关的设备,例如主轴上的刀具(铣床)、旋转的卡盘(车床)、平旋盘、铣头等,如图 1-5 所示。

图 1-4　当心机械伤人的标识

其中最危险的就是车床的旋转卡盘,原因在于卡盘比较大,而且加工时靠近操作者,故而车床造成的伤亡事故很高。铣床的主轴及刀具外露的部分比较少,与操作者的距离也比较远,但铣床的主轴转速非常高,如果发生事故也是致命的。

(a) 铣床主轴(卧式加工中心)

(b) 铣床主轴(立式加工中心)

(c) 车床卡盘

(d) 平旋盘

(e) 铣头

(f) 镗杆

图 1-5　旋转设备

(2) 旋转设备是如何伤人的

　　这里首先罗列一下常用的数据，通常车床主轴加工的转速范围是 3000～8000r/min，即每分钟转速 3000～8000 转，铣床的主轴加工转速范围是 5000～8000r/min，如果是电主轴，最高转速可高达 20000r/min 以上。如此高的转速一旦与人身上的衣物，比如说，衣服、袖口、长发、围脖、手套等与主轴等旋转设备稍有接触，那就是致命伤害。我们这里做一个简单的计算，给出一个具体的数据，让各位读者有个更加形象的认识。

首先是长度的计算，比方说立式加工中心主轴旋转的速度是 3000r/min，1 秒就是 50 转，假设主轴的刀具是 $\phi 6$（直径 6mm），其周长是 6mm×3.14＝18.84mm，假设事故发生的过程只有 1 秒，忽略旋转时缠绕带来的周长增加，18.84mm×50＝942mm＝0.94m，这个长度已经超过人的手臂长度和头发的长度了。

然后是力量的计算。假设刀具的直径还是 $\phi 6$ 的，众所周知，转矩 t 等于力（N）乘以距离（m）。假设主轴在 3000r/min 的转矩是 18N·m（中小型立式加工中心的主轴功率），我们计算一下力的大小：18N·m/（0.006m/2）＝6000N，平均成人双手的推力是 660N，6000N/（660N/人）≈9 人，如果衣物或者头发被旋转的主轴卷入的话，那么由于主轴旋转产生的力量相当于 9 个成年人的推力，因此说只要被主轴等旋转设备缠绕，挣脱的概率几乎为零。

对于旋转的主轴，尤其对于车床，我们只要正确地进行防范就能有效地避免其带来的伤害。首先在穿着上，不要长衣长袖，不要戴手套（图 1-6），不要戴围脖等。再一点就是女生的长头发一定要扎起来，戴上帽子，头发完全塞到帽子里（图 1-7），切记！切记！切记！

图 1-6　操作机床禁止戴手套　　　　图 1-7　长发一定要完全塞进帽子里

(3) 破损的刀具

数控机床在加工过程中，是通过刀具（图 1-8）的旋转或者工件的旋转实现工件的切削工作。如果刀具的质量不是很好或者工件坐标设定错误，造成刀具损坏，损坏的刀具碎片也会伴随主轴的旋转飞溅出来，对使用者或者身边的人造成伤害。通过生活常识我们知道，旋转速度越快，碎片飞出的速度就越高，造成的伤害也就越大。虽然碎片飞出的方向是随机的，就其概率而言，击中人的可能性很小，但是一旦打到人身上，轻则烫伤或者皮肤受伤，重则可能致命。

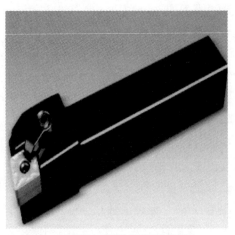

(a) 铣床上使用的带有刀齿的面铣刀　　　　　　　(b) 车床上使用的带有刀齿的车刀

图 1-8　刀具

我们通过一组数据进行简单的计算，同样假设主轴的转速是 3000r/min，刀具的直径是 φ20，通过转速与线速度的公式我们可以算出飞出的刀具碎片的速度为：$v = \omega r = 2\pi n r = 2 \times 3.14 \times 50 \times 0.01 = 3.14$（m/s）。如果打在人裸露的皮肤上，可能不会造成严重伤害，如果打到眼睛，其后果那一定是非常严重的。

对于飞出的刀具碎片防护的方法非常简单，加工时一定要关闭防护门，如果想查看加工情况的话，一定要将主轴停止旋转再查看或者戴上有质量保证的防护镜（图 1-9）。

图 1-9　护目镜实物图

(4) 炽热的废屑

机床的加工原理很简单，通过使用高速旋转的切削工具（刀具、磨具等）从工件上切除多余的材料，图 1-10 为常见的废屑样式，其中车床的废屑是条形的，而铣床的废屑是不规则形状碎屑。

在机床加工的过程中，主轴所消耗的能量大部分都转换成热能，而废屑将带走一半以上的热量。当然了，有些零件在精加工中会用冷却液对工件和刀具进行冷却，而有的工件在粗加工过程中是不使用冷却液的，因此这种粗加工的情况就要特别注意了。

我们以中型立式加工中心为例，常用的主轴的功率是 9kW。可能大家对 9kW 的功率没有一个直观的印象，家用两个燃气灶猛火的热功率之和是 9kW 左右，热效率通常是 60%，如图 1-11 所示。

(a) 常见车床加工废屑

(b) 常见铣床加工废屑

图 1-10　常见的废屑样式

图 1-11　热功率 4kW 的燃气灶

因此机床在粗加工时，废屑的温度高达几百摄氏度。如果落在衣服上，烫个洞是在所难免了，还会烫伤皮肤。如果是飞溅到人的面部，尤其是眼睛，后果是非常严重的。

对于飞溅出来的炽热的废屑，我们也不必过于担心，因为机床在设计时，会有防护罩以及防护门，只要关门运行机床，是不会发生任何危险的，如果是开门操作的话，数控系统也会将主轴进行低速限速，或者禁止主轴旋转。但是有些机床使用者为了"操作快捷"，将防护门的关门到位信号屏蔽掉，这样在开门时，主轴既不会限速也不会停止，危险也会随之而来；还有一些"经验丰富"的操作者在加工过程中想要查看一下加工的效果，在主轴还在旋转的过程中，把头伸进去查看工件的加工情况，其安全隐患也会随之而来。因此各位读者在机床的加工尤其是粗加工时，一定要时刻树立安全意识，不要为了图省事而忽略了最重要的人身安全。

(5) 危险的冷却液

机床在精加工时会使用到冷却液，对刀具及零件进行冷却，以保证加工的精度和对刀具的保护。不论是水冷却还是油冷却，其冷却液对人体都有一定的危害性，一般来说，接触到皮肤的话不会造成伤害，只要及时擦掉和清洗就可以了，如果是飞溅到眼睛中，就非常危险了，因此机床在精加工时使用了冷却液（图 1-12），在查看工件加工的情况时，依然需要佩戴护目镜。

图 1-12　精加工时使用冷却液

1.1.3　触电危险

前文我们谈到了机床的危险，都是看得见的伤害。有一种更大的危险是看不见的，也是容易被大家所忽视的危险——触电危险。

或许会有读者问，我们都知道带电的电气元件，是不能随意用手去触摸的，如果是已经断电的电气元件是不是就没有触电危险了，答案是否定的。准确地说，刚刚断电的电气设备由于内部会残留很多的电能，造成的触电伤害会更大，最常见的就是变压器、电抗器及放大器/驱动器。

驱动器是 CNC（计算机数控）用来控制主轴电动机和伺服电动机运行的电气设备。发那科数控系统称之为放大器（Amplifier），西门子系统称之为伺服驱动器（Serve Drive），如图 1-13 所示。在本书中为了统一叙述，采用发那科的命名方式。

(a) 西门子伺服驱动器

(b) 发那科放大器

图 1-13　驱动器

只要涉及电气控制的设备，内部都会包含两种类型的电气元件：电容和电感，如图1-14 所示。在电气设备的内部，通过电容和电感的组合，使得设备获得稳定的控制电流、电压及频率。

电感和电容两个电子元件都能储存电能，既然能存储电能，自然也就会释放电能，而且电感和电容的功率越大，对应的放电时间也就越长。

(a) 电感实物图   (b) 电容实物图

图 1-14　电容、电感实物图

虽然电容和电感在断电后都会因为放电时间长而会带有残电，然而电容和电感这两种电气元件的放电原理是不同的。

首先讲一下电感的放电原理，电感放电时是恒流放电。也就是说电感在放电时是其电流是恒定的，与电阻值无关，这就意味着电感放电过程中，如果与之连接的电阻值越大，那么产生的电压也就越大。人体的电阻是十万欧姆左右，如果电感中残留的电流仅有 10mA，那么 $100000\Omega \times 0.01A = 1000V$，人体所承担的电压就高达 1000V，而人体可承受的安全电压是 36V，如此高的电压带来的电击伤害是致命的。

接下来再谈谈电容，电容是用来储存直流电能的，而且电容在生活中很常见，照相机的闪光灯就是电容为其提供能量。电容放电时是恒压放电，简单地说就是输出的电压是恒定的，同样与电阻无关。而且在放大器中的直流电压，通常会比输入的交流电压要高很多，例如西门子的直流母线的电压高达 600V，如果直接作用于人身上的话，同样会造成致命的伤害。

因此，通常放大器上会有标注，在断电后一定的时间内，是禁止拆卸放大器的。

有些数控系统是有电源模块的，其内部通过直流母线，为全部的放大器集中提供电源，其功率超过全部放大器的功率之和，如果发生触电，同样会造成致命伤害。因此不论是电源模块还是放大器出现故障，在断电后同样不要立马去拆除，切记！切记！切记！

重点来了，放大器的残电造成的伤害远远大于直接触电带来的伤害。

1.1.4　危险的人

危险的人指的是危险的自身行为，以及危险的他人行为。

　　机床在调试过程中或者待机状态，有些员工为了急于赶工作进度，会进入机床的加工区进行相应的工作。尽管机床并没有运行，处于待机状态，但是在工作中难免会触碰到或者影响到光栅尺或者编码器的运行，导致主轴电动机或者伺服电动机突然旋转，造成严重的人身伤害。因此说，在进入机床工作的时候，一定要按下急停键，最好是在机床的操作面板上粘贴"禁止操作机床"等进行安全提示。在维护大型机床时，最好要有一名同事在旁边进行看护，防止他人在不知情的情况下操作机床，谨记"生产再忙，安全不忘"（图 1-15）。

图 1-15　生产安全宣传标语

　　如果有人"强行"进行机床操作，作为技术人员，一定要放下手头的调试工作，按下急停按钮，保证员工的生命安全。

　　这是一个发生在笔者身上的案例，当时我在调试数控系统，由于数控系统有故障，伺服电动机是不可能运行的，因此也没有按急停按钮，当时有生产员工急于赶工作进度，将手伸入机床内部拧紧联轴器，而这个时候电动机突然旋转起来，理论上是不可能发生的事情，但实际却发生了。该工人手臂被挤压，幸亏当时有硬件保护，仅仅是擦破皮而已，才没有酿成严重事故。

　　某些大型机床在出厂前需要机械拆机，电气拆线。在电气拆线前一定要确认主动力线拆掉，并且将插头放在身边，防止不知情的同事将其重新接电。动手拆线前一定要通过上电开关反复接通闭合，确认主动力线确实已经被拆除。

　　同样也是一个发生在笔者身边的安全事故，有一男一女两位新入职的员工，在给某大型机床拆线时发生严重的触电事故。男员工负责去拔除机床的总动力线，女员工负责拆线。女员工问男员工是否已经拔掉总动力线，男员工回答确定已拔掉电源，这时女员工在拆线时却被 380V 电严重击伤，险些丧命。或许会有人问拆掉动力线了为何还会触电？原来那个男员工将旁边机床的动力线拔掉了，女员工未经确认就进行了拆线操作，而且这名女员工当时并没有穿劳保鞋，造成严重的电烧伤。

　　笔者也有过这种经历，所幸的是当时穿了劳保鞋，触电的瞬间手臂被弹开，并没有造成严重伤害。所以电气工程师更要注意电的使用及操作安全。

1.2 机床的安全

1.2.1 慎用修调模式

数控机床都有修调模式，当机床出现故障后，技术人员会通过修调模式，可以忽略一些保护信号进行机床动作操作，在日常的调试与维护工作中非常方便，但也会带来一定的危险隐患，尤其是对于新入职的技术人员或者操作者来说，由于对机床的运行不熟悉，在使用修调模式时，很有可能造成人员的伤害及机床的损坏。

1.2.2 慎重修改权限

机床在使用上的是有使用权限的，不同的操作者有相应的操作权限，操作权限越高，使用起来就更加方便，但可能带来的伤害越大，这就需要操作者更高的技术水平。尤其是刚入行的新员工，总是抱着"积极学习"的心态，擅自修改机床操作权限，最终可能因对机床的不熟悉造成人身伤害或者机床损坏。

电气基础
知识篇

02

第2章

数控机床的电气组成

本章简单介绍一下机床常用的电气元件及工作原理。

2.1 电缆种类及选择

电缆是最基本的电气元件。通过电缆的电流大小取决于电缆的材料及横截面积（也就是电缆的粗细）。我们通常采用的电缆材质，如果无特别说明，默认都是铜芯线，因此说材料固定了，剩下需要考虑的就是电缆的横截面积了。电缆越粗，可以承载的电流越大，使用起来就越安全。但是电缆不是越粗越好，因为在企业的生产过程中还要考虑成本。因此在电气设计时，首先要保证用电安全，再一个就是电缆的采购成本。

如果线缆的工作环境温度比较高，那么可承载的电流也会降低，如果想保持电缆可承载的电流不变，当电缆的环境温度提高，相应的线缆也要粗一些。根据实际工作情况来说，主要分两个档次，一个是 25℃ 以下的情况，另一种是高于 25℃ 的情况。高于25℃ 的时候，同样横截面积的电缆承载的最大电流相比 25℃ 时会降低 10％。由于 25℃的工作温度比较苛刻，因此我们在考虑电缆的承载电流时，通常参考 25℃ 以上的环境温度。

重点来了，在日常的生活和工作中，如果线缆比较粗的话，说明承载的电流会很高，使用时要格外注意用电安全。

2.1.1 单芯线

机床电气柜内使用的电缆通常是单芯线（图 2-1），单芯线也就是说电缆内部只有一根或者一捆电缆，对应的多芯线，也就是说电缆内部包含多根电缆。

表 2-1 中为根据电气柜内的单芯线的用途，对比说明单芯线连接的设备、单芯线颜色以及横截面积，其中 AC 表示的是交流电，DC 表示的是直流电，AC380V 表示交流电 380V，DC24V 表示的是直流电 24V。

表 2-1　电气柜内各单芯线对比

功能	承载电压	连接的设备	线颜色	横截面积
高压部分	AC380V、AC220V	空气开关、接触器、变压器、滤波器、电抗器、放大器供电等	黑色或者红色	横截面积不固定,相对比较大
低压部分	DC24V	I/O 模块、继电器(模组)、信号开关等	蓝色	通常是 0.5mm^2
接地部分	无电压	连接所有电气设备的地线都要连接到接地铜排	黄绿色	同电气设备的输入端接线一样粗细

重点来了，很多机床在电气设计时，最容易忽略的一点就是地线横截面积的选择，为了保证接地效果良好，地线的横截面积不低于 6mm^2，地线严格禁止出现环绕。接地铜排的接地铜线横截面积不低于 10mm^2。

2.1.2　多芯线

机床电气柜外部的电气设备接线通常是多芯线（图 2-2），用来给外部的电动机、油冷机等电气设备供电和并接收设备的反馈信号。

图 2-1　单芯线

图 2-2　四芯线

多芯线中每一根电缆承载电流大小不仅与电缆的横截面积和温度有关，还跟多芯线的芯数有关。以单芯线承载的电流为基数，每增加一芯电缆，那么整体电缆中的每一根线缆承载的电流就要降低一定的百分比，也就是说电缆中芯数越多，那么每一根电缆能承载的电流就越少。

表 2-2 为横截面积为 1mm^2 的铜芯电缆在不同芯数及不同温度所能承载的最大电流及换算关系。

从表 2-2 中，我们可以看出四芯线中的每一根线缆承载的最大电流是同等粗细的单芯线最大承载电流的 60%。

有关多芯电缆的承载电流详见附录"电缆承载电流表"。

表 2-2　横截面积为 1mm² 的铜芯电缆在不同芯数及不同温度所能承载的最大电流及换算关系

芯数	承载电流/A	
	高于 25℃	25℃
1 芯	12.15	13.5
2 芯	9.72(=12.15×80%)	10.80(=13.5×80%)
3 芯	8.50(=12.15×70%)	9.45(=13.5×70%)
4 芯	7.29(=12.15×60%)	8.10(=13.5×60%)

2.1.3　带屏蔽的电缆

屏蔽线（图 2-3）是通过红铜或者镀锡铜编织成金属网，再将内部的信号线包裹起来，屏蔽线的屏蔽层一定要接地。

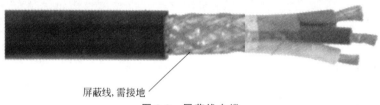

屏蔽线，需接地

图 2-3　屏蔽线电缆

屏蔽线的作用是减少外部高频的交流电对其内部电信号的影响，至于外部的高频交流电如何影响电缆内部的电流详见附录"屏蔽线原理"。当只有对电缆内传输的电流值要求精度很高的时候一定要采用屏蔽线，例如伺服/主轴电动机动力线、编码器线、模拟量的数据线等。如果是输入输出信号，或者普通电动机的动力线，则不需要使用带屏蔽的电缆。

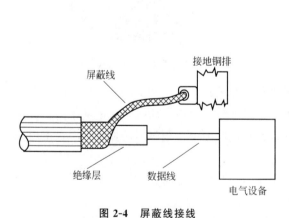

屏蔽线

接地铜排

绝缘层　数据线

电气设备

图 2-4　屏蔽线接线

图 2-5　错误的屏蔽线的处理

屏蔽线接线方式如图 2-4 所示。图 2-5 中屏蔽线处理方法是错误的，错误的原因不在于使用屏蔽夹从屏蔽线的中间进行接地，而是在于屏蔽夹仅仅夹住表皮的绝缘层，并没有夹住金属的屏蔽线。图 2-6 为正确的屏蔽线处理方法。

图 2-6　正确的屏蔽线处理

　　重点来了，电气柜内的编码器线及模拟量数据电缆等一定要远离电动机的动力线及变压器等。

2.2

数控系统

　　由于数控系统厂家的不同，导致对数控系统的硬件及功能的命名方式不同，本书中为了叙述方便，统一以发那科数控系统的命名方式进行叙述，同时会附上西门子的命名方法。

2.2.1　CNC、NC、PLC 与数控系统

　　CNC、NC、PLC 与数控系统，这四个名词不仅是职场新人，即便是工作多年的电气工程师也容易混淆，尤其是 CNC、NC 和 PLC。

　　我们先讲一下 CNC，CNC 是英文 Computer Numerical Control 的缩写，直译过来就是计算机数字控制，也就是说"数字控制"是通过计算机来实现的，因此我们通常用 CNC 代指的就是这台计算机（图 2-7）。

　　我们再讲一下 NC，NC 的英文全称是 Numerical Control，直译过来就是数字控制，也就是说它是一种控制技术、一种控制手段，由于数字控制是由计算机实现的，NC 自然就是代指计算机中的最核心的软件控制功能。这些软件功能将加工程序中的数字及字母转换成控制指令发送给放大器/伺服驱动器，实现对伺服电动机及主轴电动机的控制。

　　PLC 是 Programmable Logic Control 的缩写，发那科系统称为 PMC，详见附录"PMC 的解释"。PLC 也是一种控制技术，相比数字控制，PLC 是逻辑控制，由于 NC 是计算机最核心的功能，PLC 自然也就成了辅助的功能，其作用是保护并配合数控机床的运行，完成加工的全部过程。PLC 控制的对象是普通电动机的运行、电气设备的

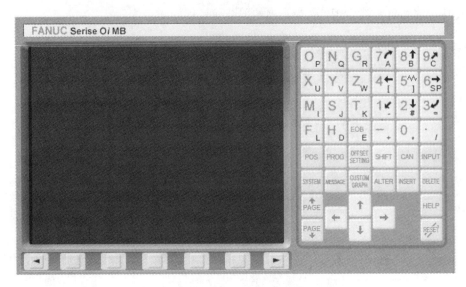

图 2-7　CNC 显示器及按键

运行及机械设备的动作。

　　我们将 CNC、NC、PLC 进行一下简单的总结：

　　① CNC 通常指的是数控系统中这台能操作的电脑，不用再赘述了。

　　② NC 是这台电脑中唯一或者主要运行的软件功能，是数控机床进行加工的核心，最终控制对象是控制主轴电动机和伺服电动机。

　　③ PLC 是为 NC 服务的，可以理解为 PLC 是 NC 的"保镖兼助手"，保证数控机床能安全的工作，例如水冷电动机、排屑电动机，并通过机械动作的控制，例如自动换刀、自动换台配合完成全部的加工。

　　在这里，通过表 2-3 的简单对比就更容易弄清楚 NC 与 PLC 的区别。

表 2-3　NC 与 PLC 的区别

区别	NC	PLC	
全称	数字控制	可编程的逻辑控制	
控制对象	伺服电动机、主轴电动机的高精度、快速响应的控制	机械动作	夹具的松开夹紧、自动门的打开关闭、机械手的伸出缩回等
		普通电动机	水冷电动机、排屑电动机等正反向转动及停止
控制方法	通过放大器/伺服驱动器实现	通过继电器、接触器等实现	
运行周期	极快，1ms 甚至更低	较快，8ms 以上，甚至更高	
独立性	由于 PLC 是给 NC 提供"保镖兼助手"服务，因此 NC 不可以脱离 PLC 独自工作	发那科的 PLC 不能独立运行，西门子的 PLC 可独立运行，例如西门子的 S7-200/300 等	

　　数控系统相对比较容易理解一些，简单地说就是将 CNC、NC、PLC、放大器、I/O 模块都集成在一起，作为一套控制系统，就叫做数控系统。我们在日常工作中提到的西门子、发那科、海德汉等数控系统通常指的是数控系统的制造商。

　　国内应用最多的数控系统主要有四大阵营，如表 2-4 所示。

表 2-4 几种数控系统

国产数控系统	i5、华中数控、广州数控、凯恩帝、维宏等
中国台湾数控系统	台达、新代、宝元等
欧系数控系统	西门子(德国)、菲迪亚(意大利)、海德汉(德国)等
日系数控系统	发那科、三菱等

2.2.2 数控系统的组成

我们可以通过简单归类来形象地描述数控系统的组成:一台特殊的电脑(CNC),运行 NC 软件功能并通过放大器实现对主轴电动机与伺服电动机的控制,实现数控机床的运行。运行 PLC 软件功能通过 I/O 模块控制机械设备和电气设备的运行。在 PLC 的保护和配合下,保证数控机床能自动地完成对零件的加工。

CNC 与普通电脑相比,基本的硬件配置是一样的:

① 有 CPU、硬盘、主板、显示器、键盘、U 盘接口、网卡等,又如西门子数控系统还能使用鼠标便捷操作,菲迪亚、i5 等数控系统显示器还是触摸屏的。

② 基本的操作功能也是一样的,可以读写文件、删除文件、复制粘贴以及对数据进行备份与恢复等。

③ 基本的硬件功能也是一样的,例如通过联机进行联网操作、通过网络及 U 盘实现数据存储。

CNC 与普通电脑不同的地方:

① 软件功能:CNC 通常只能运行 NC 控制软件、PLC 控制软件及相关服务。

② 硬件功能:CNC 可以通过特殊的数据线与放大器、I/O 模块进行连接,而这个特殊的数据线,我们称为"总线"。

2.2.3 总线(BUS)

总线是 CNC、放大器、I/O 模块之间通信的特殊数据线,用来实时传送系统数据、逻辑控制信号和 NC 控制信号等,发那科系统称之为 FSSB 总线,即 FANUC Serial Servo BUS (发那科串行伺服总线) 的缩写。总线的通信技术种类很多,也很复杂,但这不是我们关心的重点,我们只需要知道总线就是工业用的电脑网线或者数据线就可以了,有关更多总线的介绍详见附录"常用的工业总线"。

总线连接是一个串联线路连接,总线连接状态见图 2-8,双向箭头意味着数据是互相传输。

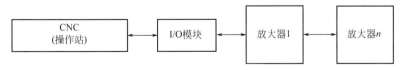

图 2-8 标准总线接线图

第 ❷ 章 数控机床的电气组成

㉑

有的数控系统也会采用图 2-9 的连接顺序,例如发那科,I/O 模块和 CNC 连接采用的总线是 I/O-Link,用虚线表示,CNC 与放大器及放大器与放大器之间用的是 FSSB。

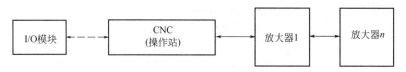

图 2-9　发那科总线接线图

重点来了,总线连接是串联线路,而不是一个闭环线路,如图 2-10 所示的虚线连接是不存在的,是错误的。

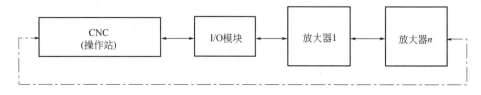

图 2-10　错误的总线连接

2.2.4　操作站

操作站主要包含两大部分,分别是 CNC 与控制面板,如图 2-11 所示。通常来说,控制面板与 CNC 是一体的,因此有时也会将操作站称为 CNC。

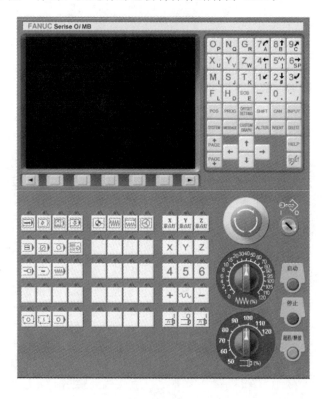

图 2-11　CNC/操作站

操作站的主要供电部分是显示器，早期的数控系统的显示器是 AC220V 供电，随着显示器技术的发展，目前市面上大部分的显示器都是 DC24V 供电。

(1) 功能键

显示器用来显示数控系统的全部数据。由于数控机床的数据非常多，因此显示器的显示界面是不能显示全部的数据的，因此会将显示的数据与功能进行分类，然后用不同的功能键切换需要显示的数据与功能，以发那科系统为例，包含的功能键如表 2-5 所示。

表 2-5 功能键

按钮图标	英文标识	功能	按钮图标	英文标识	功能
SYSTEM	SYSTEM	查看并设定系统参数等	PROG	PROG：Program 缩写	查看并修改工件程序状态，例如：存储状态、正在运行及等待运行的程序
OFS SET	OFS：Offset 缩写	显示并设定工件坐标系、刀具补偿值及宏程序变量等	POS	POS：Position 缩写	显示坐标系位置：机床坐标系、工件坐标系等
MESSAGE	MESSAGE	查看报警信息、历史消息等	GR APH	GRAPH	刀具轨迹等图形显示

(2) 操作键

有了功能键切换显示器的显示内容，还得需要按键或软键来实现相应的操作，有的数控系统，例如西门子、菲迪亚还能借助鼠标辅助操作。

软键指的是系统界面上的操作按钮，由于发那科不是触摸屏的，因此通常使用操作键来实现软键的操作（图 2-12），有时也会将按键称为软键。

发那科的操作键最左端与最右端的两个按键是扩展键。如果当前显示的页面还有其他的未被显示的操作按键，可以通过扩展键将其显示出来。

(3) 键盘

键盘就很容易理解了，用来输入或修改各种数据。发那科的键盘是简化版的（图 2-13），而且只能输入大写字母，不能输入小写字母。键盘上大的字母是正常输入时的字母，如果需要输入键盘上小的字母，要先按【SHIFT】键，再按对应的字母键。例如输入字母 R，我们需要先按【Shift】键，再按字母【G】键。

图 2-12　发那科显示器下的操作按键

图 2-13　简化的键盘

（4）控制面板

操作站不仅包含了 CNC 部分，还包含了控制面板，通过控制面板实现 CNC 的开机和关机操作，也可以通过控制面板上的按钮实现对机床的快速操作，例如急停按钮、启动加工、润滑启动、主轴正反转控制等，如图 2-14 所示。

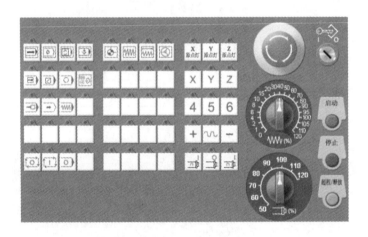

图 2-14　控 制 面 板

（5）急停按钮

操作站的控制面板中最重要的功能就是急停按钮（图 2-15），当机床发生危险时一定要在第一时间拍下急停按钮，切记不是按下急停按钮，而是快速拍下急停按钮，保证机床快速停止下来，尽可能地降低对人员、机床、夹具、零件的伤害，当解除风险后，再顺时针旋转急停按钮，解除机床的急停状态。

重点来了，急停按钮是通过断开硬件线路的方式来切断放大器的运行使能（DC24V），

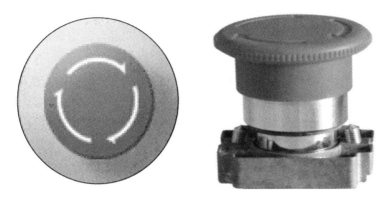

图 2-15　急停按钮

以保证电动机快速停止，最终实现机床快速停止，而不是通过 PLC 的软件方式实现的。如图 2-16 为急停与放大器及 I/O 模块的关系。PLC 中的急停功能只是硬件功能的补充以及为数控系统提供急停状态，在后面的章节中会有更加详细的介绍。

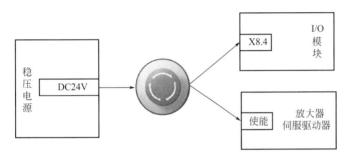

图 2-16　急停与放大器及 I/O 模块的关系

(6) 倍率旋钮

控制面板上有两个倍率旋钮，一个是控制伺服轴的（图 2-17），另一个是控制主轴的（图 2-18），旋钮上的数字的单位是百分比，当旋钮指向数字 80，表示的是当前伺服轴的速度或者主轴的转速是程序中指定速度的 80%。

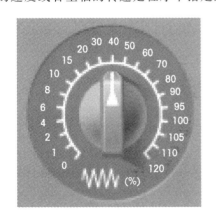

图 2-17　伺服轴进给倍率旋钮开关

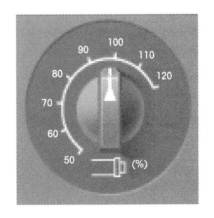

图 2-18　主轴转速倍率旋钮开关

例如我们通过程序要求伺服轴 X 以 2000mm/min 即每分钟运行 2000mm 的速度运行时，如果此时伺服轴倍率指向的是 40，那么实际 X 轴运行时的速度是 2000mm/min×40％＝800mm/min。

再举例，我们通过程序要求主轴以 5000r/min，即每分钟 5000 转运行时，如果主轴的倍率是 50％ 的话，实际主轴的转速是 5000r/min×50％＝2500r/min。

重点来了，在对机床进行运行或者加工测试时，在启动程序之前，一定要将进给的倍率先调整至 0％，然后逐渐增加倍率，当机床已经完成一个周期的运行后，确定没有任何风险了再将倍率提高到 100％ 或 120％ 进行第二次运行。切不可一开始就使用100％ 及以上的倍率进行测试，其目的在于防止因程序错误或者坐标设定错误等原因造成人员受伤和损坏设备。由于主轴的倍率是从 50％ 开始，因此在试运行主轴的时候，也要从 50％ 的倍率开始试运行，切不可直接使用 100％ 倍率运行主轴。

(7) 模式选择

我们在操作数控系统时，出于操作安全的考虑，需要在不同的工作模式下才能进行相应的操作，例如我们只能在自动模式（AUTO）下，才能运行工件程序；我们只能在手动输入模式（MDI）下才能输入数据；我们只能在编辑模式（EDIT）下才能修改参数等。如果模式选择错误的话，系统会进行提示"在××模式下进行××操作"。

我们以发那科系统为例，其模式非常多，表 2-6 对常用的模式进行了介绍，如果想了解全部的模式功能，请见附录"模式选择（全）"。

表 2-6　发那科系统几种常用的模式

图标	说明	图标	说明
AUTO	自动模式:当前模式才允许数控系统运行程序 使用频率:经常使用	HANDLE	手轮模式:只有在该模式下,才能使用手轮功能 使用频率:经常使用
EDIT	编辑模式:当前模式下,运行数控系统修改参数,包括系统参数及 K 参数等 使用频率:经常使用	CYCLE START	循环启动:只有在 MDI 或者 AUTO 下,才能运行程序,所有程序的执行最终都要通过该按钮实现 使用频率:经常使用
MDI	MDI 模式:MDI 是英文 Manual Data Input 缩写,即手动数据输入模式 使用频率:经常使用	CYCLE STOP	循环停止:中断正在运行的程序 使用频率:经常
REF	回零模式:在该模式下,机床才能完成回零操作,如果伺服电动机采用绝对值编码器或者绝对值光栅尺,该模式不使用 使用频率:开机后使用		

2.2.5 手持单元

手持单元，又称手持脉冲发生器，简称手轮（图 2-19）。只有在机床处于手轮模式下，才能使用且只能用来控制伺服轴，而且手轮不能控制主轴的旋转。

有的手轮上还配有使能按钮，当 CNC 处于手轮模式下，如果不按使能按钮的话，同样无法使用手轮。有的手轮出于安全考虑，手轮上还配有急停按钮（图 2-20）。

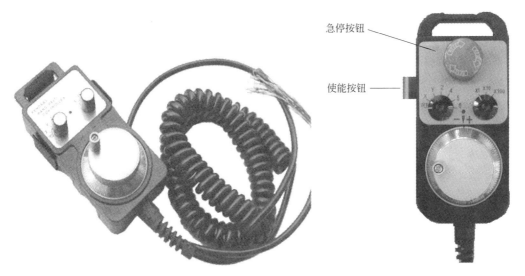

急停按钮

使能按钮

图 2-19 手轮实物图   图 2-20 带有使能按钮与急停按钮的手轮

操作面板上通常包含有手轮的接口，通常连接到操作面板的下方或者右下方，如图 2-21 所示。

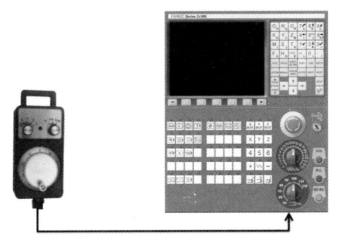

图 2-21 手轮连接到 CNC

手轮标准配置是一个大旋钮和两个小旋钮。小旋钮其中一个是轴选择旋钮，分别是：X 轴、Y 轴（车床没有）、Z 轴、第 4 轴、第 5 轴等；另一个小旋钮是倍率选择旋钮，分别是×1、×10、×100，这里的"×"是乘号，×1 表示的是手轮旋转一个刻度，机床相应的轴产生的位移是 0.001mm，×10 对应的位移是 0.01mm，即 0.001mm×10，×100 对应的是 0.1mm。当我们需要伺服轴快速定位的时候选择×100，精确定位的时候选择× 10 和×1，如图 2-22 所示。

机床选中手轮模式后，选定轴选择旋钮和倍率选择旋钮后，通过手动正向或者反向旋转大旋钮（图 2-23），就能控制机床相应的伺服轴。

图 2-22　手轮上的轴选择与倍率选择旋钮

图 2-23　脉冲发生器（手轮大旋钮）

2.2.6　伺服电动机

数控机床的运行是通过伺服电动机的旋转来实现的。伺服电动机会通过联轴器与丝杠连接，将电动机的旋转运动转变成工作台的直线运动。

铣床最基本的伺服轴配置为 X 轴、Y 轴、Z 轴；而车床最基本的伺服轴配置为 X 轴和 Z 轴，没有 Y 轴。

伺服电动机的功率及尺寸通常都要比主轴电动机小很多。

伺服电动机和主轴电动机上都配有速度编码器，它们是电动机运行的"内部监督者"，时刻将"监督"的数据反馈给放大器，放大器通过反馈的数据来调整对电动机的控制，让电动机运行得更加准确。

伺服电动机和主轴电动机都有两个接线端口，一个是粗一些的 4 芯线，另一个是细一些的 17 芯线。4 芯线是电动机的动力接线，17 芯线是电动机的编码器接线，见图 2-24。

如果是垂直轴的伺服电动机，还会多一根两芯线：DC24V 的抱闸（Brake）接线及 DC0V 接线。当电动机断电后，通过电动机内部的机械结

图 2-24　发那科伺服电动机实物图

构将电动机的转子固定住，防止垂直轴下滑。

重点来了，垂直轴电动机的抱闸线是接到放大器上的，由放大器对其进行直接硬件控制，而不是通过 PLC 进行控制。

伺服电动机在日常运行时需要频繁地做正反向运动及快速慢速转动等运动。因此说伺服电动机运行时的反应速度和运行精度相比主轴电动机，尤其是其他普通电动机要高很多。而且伺服电动机在运行前后是不能允许速度超调的，超调是自动化术语，翻译成白话就是：伺服电动机在启动和停止的过程中实际转速永远不许超过给定的速度。

如果实际的速度超过给定的速度，放大器会根据电动机编码器的反馈数据自动反向调整伺服电动机的转速，由于伺服电动机的速度不是固定的，是频繁变化的，因此会导致放大器在控制伺服电动机运行的同时，还要不断地修正电动机的转速，因此会导致伺服电动机转速的波动，最终会造成机床运行时的抖动，不仅加工质量无法保证，还会严重影响数控机床的使用寿命。

由于伺服电动机在启动过程中不允许速度超调，因此只能在一定程度上让伺服电动机反应慢一些，从而让伺服电动机的运行更加稳定。

2.2.7 主轴电动机

以铣床为例，机床对零件的加工是通过主轴上刀具的高速旋转来完成切削的。在数控铣床上应用的主轴有电主轴和机械主轴。

如果切削时要求主轴的转速不超过 8000r/min，通常会使用机械主轴，主轴通过主轴电动机借助齿轮或者皮带实现传动。机械主轴相对电主轴的转速低很多，但是切削力相对也大，可加工的零件更大或者材质更硬。卧式加工中心等大中型机床，在切削硬质材料时，会使用齿轮结构（主轴箱），来增加电动机切削的转矩（图 2-25）。

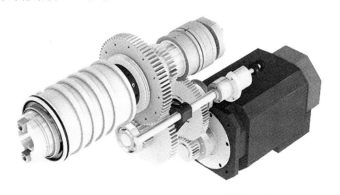

图 2-25　机械主轴与主轴电动机（卧式加工中心）

如果切削时要求主轴的转速超过 8000 ～ 12000r/min 的，通常会使用电主轴（图 2-26）。电主轴，如果从其英文的名称就很容易理解了，Motor Spindle，也就是说电动机本身就是主轴，将刀具"直接"装到主轴电动机的转子上。

主轴电动机的控制需求相对伺服电动机来说没有那么高，主轴主要的工作模式就是以固定的旋转方向、固定的转速工作，不需要像伺服电动机那种需要频繁地调整转速和

图 2-26 电主轴

调整方向，例如数控车床还使用带轮进行主轴传动，可见主轴的控制精度要求比较低。

重点来了，主轴通常只有在进行刚性攻螺纹这种特殊的加工情况下才会要求转速控制要很精确。数控机床的主轴如果不进行高速刚性攻螺纹加工，通常都是异步电动机，伺服轴电动机一定是同步电动机。表2-7为异步电动机与同步电动机一些方面的区别。

表 2-7   异步电动机与同步电动机的部分区别

项目	异步电动机	同步电动机
价格	较便宜	贵
响应速度	快	较慢
转速精度	较高	很高
应用场合	主轴	伺服轴、高速攻螺纹主轴
速度波动	允许适当波动	绝对不允许
运行速度	较固定	实时变化
运行方向	固定	实时变化

主轴的运行速度和方向相对固定，因此主轴电动机在启动和停止的过程中，速度稍有波动也是可以接受的。而伺服轴的运行速度和方向变化频繁，因此伺服电动机在运行的过程中是绝对不允许有波动的，如果伺服电动机运行时波动，那么会造成机床的抖动，加工出来的工件会有严重的波纹。

普通交流电动机（图2-27）由于对其的控制要求不高，因此都是异步电动机。

图 2-27   普通交流电动机

有关异步电动机与同步电动机的区别请见附录"同步电动机与异步电动机的区别"。

2.2.8　放大器

放大器是发那科的叫法，西门子叫伺服驱动器（Servo Drive），叫法不一样，但功能是一样的，用来控制主轴电动机和伺服电动机的运行，为统一称呼，本书中都使用发那科的叫法——放大器。

发那科、三菱等日本生产的放大器的供电电源是AC220V，西门子、菲迪亚等欧洲生产的放大器的供电电源是 AC380V。我国的标准工业电压是 AC380V，因此说应用发那科、三菱等数控系统时需要额外的配置变压器，将 AC380V 转变成 AC220V；而西门子、菲迪亚等数控系统是可以直接接到工业电网上使用的。

(1) 放大器的作用

重点来了，放大器的作用就是用来控制主轴电动机与伺服电动机的运行。

那么放大器是如何控制电动机运行的呢？下面分别简单地介绍一下放大器的运行过程以及电动机控制原理。

首先简单地介绍一下放大器的运行过程。放大器是将 50Hz 的工业用电先通过一组电子元件（整流电路）将交流电转变成高压直流电，直流电压值高于放大器的供电电压，再通过另一组电子元件再将高压直流电转换成 0～4000Hz，甚至更高频率的交流电，放大器进线端的交流电压和输出端的交流电压是不发生变化的，放大器改变的是三相电动机的供电频率和相序。

电流频率的改变见图 2-28。

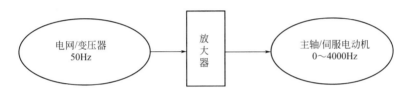

图 2-28　放大器改变了电动机的供电频率

再简单讲一下交流电动机的控制原理。交流电动机的转速是和电动机的供电频率成正比，与供电电压的大小无关，也就是提供给交流电动机的电流频率越高，电动机的转速也就越快。

电源频率、速度及方向的变化见图 2-29。

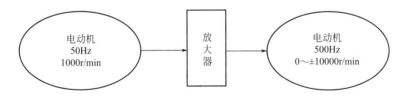

图 2-29　放大器改变电动机的供电频率和方向

伺服电动机和主轴电动机的运行需要由放大器来实现。放大器为伺服电动机和主轴电动机提供电源、实现多种方式控制并接受电动机编码器的反馈数据。

放大器与电动机的接线见图 2-30。

放大器从 CNC 端获取控制指令，将控制指令转换成对主轴/伺服电动机控制的频率与相序的控制，从而实现对主轴/伺服电动机的速度控制与方向控制。

(2) 放大器的接口

放大器上包含了若干个接线端口，不同的数控系统制造商对其有不同的命名方式，

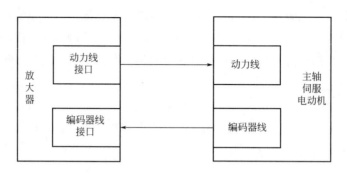

图 2-30　放大器与控制电动机的接口

但是功能都是固定的，接线端口分类如下：

　① 总线接口，共两个，用来连接 I/O 模块、操作面板以及其他放大器；

　② 电源接口，放大器运行所需要的电源，三相 AC380V/220V；

　③ 使能接口，放大器运行的使能信号，DC24V 供电，由急停按钮和硬限位开关控制；

　④ 电动机动力线接口，放大器给主轴/伺服电动机提供电源，三相 AC380V/220V；

　⑤ 电动机编码器接口，接收主轴/伺服电动机的速度反馈信号；

　⑥ 光栅尺接口，接收主轴/伺服电动机的位置反馈信号。

放大器通常还会有七段 LED 显示（图 2-31），用来显示放大器的状态及故障信息。

放大器的不同的运行状态，对应不同的 LED 状态。LED 会通过快速闪烁、慢速闪烁、数字及字母的组合来表达，当放大器出现报警，可以通过数控系统厂家提供的维护手册或者网上资源来查找放大器的故障原因。

通过上述的介绍，我们可以得出一般放大器的接口及外观（图 2-32）。

图 2-31　七段码数显

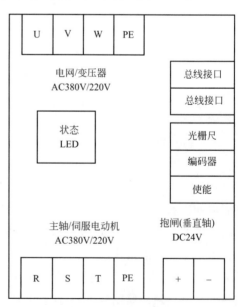

图 2-32　标准放大器

图 2-33 为带电源模块的放大器的接口，放大器由电源模块统一通过直流母线集中供电，接线方法稍有不同，但原理都是一样的。

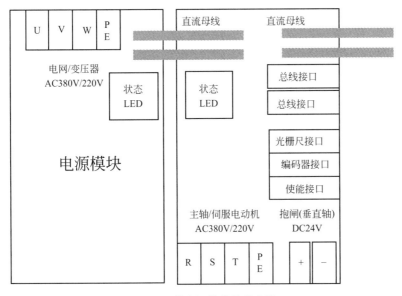

图 2-33　带电源模块的放大器

(3) 放大器与变频器

重点来了，放大器和变频器（Variable Frequency Drive，VFD）的工作原理是相似的，都能转变电源的频率和相序进而控制电动机的转速和方向，同时也都能接收电动机编码器的反馈信号从而调整对电动机的控制。相比之下，放大器实现对电动机的控制方式更多，响应速度及控制精度更高，因此放大器比变频器更精密、价格更贵，而且放大器还配有光栅尺接口，而变频器由于对电动机的控制精度低而不需要光栅尺接口。

重点来了，数控机床的伺服电动机是绝对不能使用变频器进行控制的，如果对主轴的控制要求不高，例如雕铣机、车床等可以使用变频器来控制主轴的旋转。如图 2-34 为西门子变频器。放大器通常来说与 CNC 是同一制造商，而变频器与CNC 不一定是同一制造商。如果变频器与 CNC是相同的制造商，那么变频器接收的电动机转速

图 2-34　西门子变频器

控制命令来自总线，如果变频器和数控系统不是同一个生产厂家的话，那么变频器接收的电动机转速控制命令通常是来自 DC0～10V 的模拟量数据线。

2.2.9　I/O 模块

PLC 是实现机床运行时提供辅助功能的编程语言，是软件的程序功能，而 I/O 模

块（图 2-35）是 PLC 的硬件载体，因此说 PLC 只有通过 I/O 模块才能实现对电气设备与机械设备等的控制，而 I/O 模块只有通过 PLC，才能实现逻辑控制。

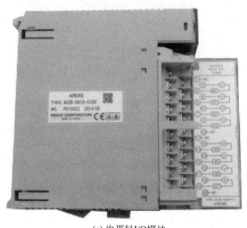
(a) 发那科I/O模块

(b) 西门子I/O模块

图 2-35　I/O 模块

I/O 模块在数控机床上应用最多的是采用开关量信号，开关量信号就是只有"接通"与"不接通"两种状态。I/O 模块在结构上由四部分组成，如图 2-36 所示，组成如下：

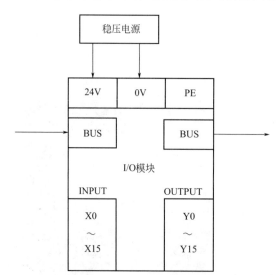

图 2-36　I/O 模块接线及接口

① 供电部分，由稳压电源提供 DC24V、DC0V 及地线接地；

② 通信部分，与 CNC、放大器进行总线的串联连接；

③ 输入点（INPUT）X，输入点一般有 16 个，接线端口号分别为 X0～X15，通过信号开关的内部通断，接收由稳压电源输出的 DC24V 电信号；

④ 输出点（OUTPUT）Y，输出点一般有 16 个，接线端口号分别为 Y0～Y15，由 I/O 模块自身发出 DC24V 电流信号，通过继电器完成控制。

重点来了，输出信号不会直接对低压电气设备进行直接控制，而是会经过继电器"中转"一下，以避免出现短路等意外时，烧毁 I/O 模块。

I/O 模块上的 16 个输入点和 16 个输出点通常配有 LED 灯，用来显示输入点是否接收到 DC24V 信号以及输出点是否发出 DC24V 信号。如果输入点的 LED 灯亮了，那么一定有 DC24V 电信号接到输入点上；同样，如果输出点的 LED 灯亮了，那么输出点一定会输出 DC24V。

发那科数控系统的输入和输出点用 X 和 Y 表示，西门子数控系统的输入点和输出点是用 I 和 Q 表示，也有数控系统是用 I 和 O 表示。

I/O 模块的接线过程见图 2-37，虚线箭头表示的是选项。

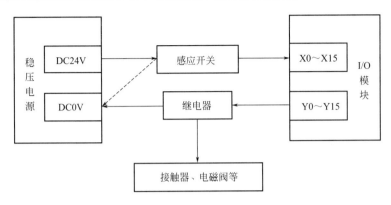

图 2-37　I/O 模块工作过程

2.2.10　光栅尺

光栅尺（图 2-38）通常用于较高加工精度的机床上，光栅尺是独立于伺服电动机和主轴电动机编码器的位置检测系统，用来检测伺服电动机和主轴电动机实际运行是否到位，并实时将获取的位置数据反馈给放大器，放大器通过反馈数据实时地调整对伺服电动机和主轴电动机的控制。

电动机编码器是电动机运行的"内部监督者"，只能"监督"电动机实际的转速，并不能"监督"电动机运行的实际位移，而光栅尺是电动机运行的"外部监督者"，检测电动机实际旋转是否到位。

重点来了，如果数控机床的光栅尺功能没有生效的时候机床能稳定运行，启动光栅尺功能后如果机床发生了严重的抖动，那么就需要对机床进行重新装配。

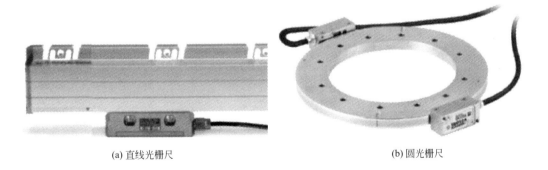

(a) 直线光栅尺　　　　　　　　　　　　　　(b) 圆光栅尺

图 2-38　光栅尺

2.2.11　数控系统硬件组成及接线

数控系统硬件组成及接线如图 2-39 所示。

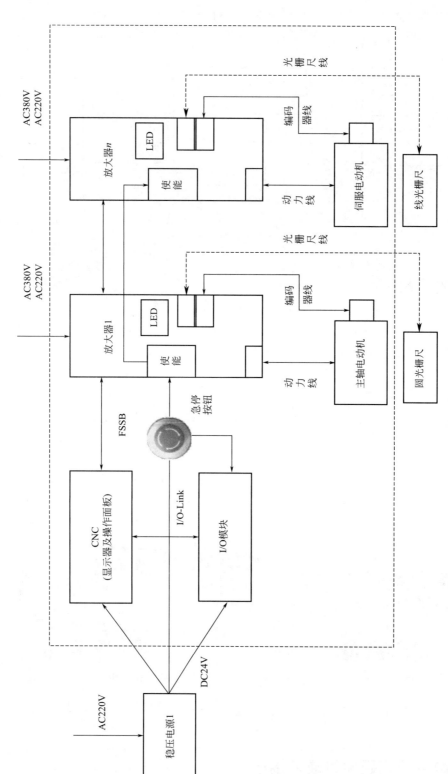

图 2-39　数控系统硬件组成和接线图

注：1. 虚线方框内除了急停按钮以外为数控系统的基本硬件组成。

2. 光栅尺及光栅尺线为可选项。直线轴的伺服轴采用直线光栅尺、旋转轴采用的伺服轴采用圆光栅尺。

3. 稳压电源建议使用两个。分别为 CNC 和 I/O 模块及继电器（模组）供电。

03

第3章

第3章

常用电气元件

数控机床中除了数控系统以外还使用了很多第三方的电气设备及机械设备。电气设备，例如油冷机、冷却水箱、排屑器等，主要以三相交流电动机为控制对象，由按钮和 M 代码发出控制指令，经由继电器通过接触器实现对三相交流电动机运行的控制，并由电动机保护器对其进行保护；机械设备主要以电磁阀为控制对象，例如夹具的夹紧与松开，自动门的打开与关闭，主轴的松开与夹紧，机械手的伸出与缩回等，电磁阀由继电器对其进行控制，同样由按钮和 M 代码发出控制指令。

因此说，不论是电气设备还是机械设备，其控制指令皆由按钮和 M 代码发出，因此按钮开关和 M 代码的相关知识不仅是最基础的，同时也是最重要的。

3.1 按钮开关

按钮是 PLC 功能最基本的控制元件，通常带有显示灯。通过按钮实现控制功能，通过显示灯显示控制的状态。

数控机床上应用的按钮有两种形式，一种是自锁式按钮，即按钮按一下之后松开手，还能继续保持被按下去的状态，直到通过手动的方式才能恢复初始状态；另一种是自复位式按钮，即只要松开手，就能通过内部的弹性结构恢复初始状态。

自锁式按钮更多应用在急停按钮上，按下急停按钮后一直保持按下的状态，当解除急停危险后，需要通过手动的方式解除按下的状态。对于自锁式按钮，不需要 PLC 对其进行功能编辑。

自复位式按钮用来实现控制功能，因此应用最多，包含了操作面板上的自有按钮，也有手持修调盒等设备上的外置按钮。

3.1.1　操作面板上的按钮

操作面板上的按钮（图 3-1）通常具备如下特征：

① 数量是固定且有限的，既包含由数控系统厂商提供的标准控制功能按钮，也包含供用户自定义的功能按钮。带图标或者文字的按钮，为标准功能按钮，空白外观的按钮为用户自定义功能按钮。

② 操作面板上的按钮是不需要额外接线的，只要在 PLC 中定义了按钮的硬件地址，就是能直接使用的。

③ 按钮上方有与之对应的状态灯，用来显示工作状态或者控制的结果。

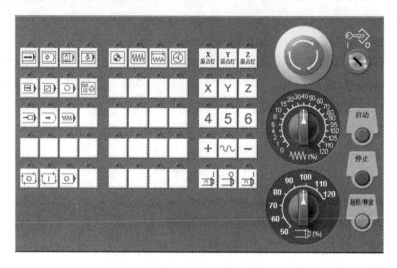

图 3-1　操作面板上的按钮

3.1.2　外置按钮

外置按钮开关（图 3-2）通常具备如下特征：

① 功能不确定，数量不确定，根据实际情况而定。

② 外置按钮的接线是要接到 I/O 模块上的，因此需要额外接线。而且外置按钮的 I/O 地址也是根据实际接线的情况进行设定，不是固定的。

③ 外置按钮通常是操作面板上的按钮的一种延伸，方便操作者在远离操作面板的位置操作，例如大型刀库内使用的修调盒等。

图 3-2　普通按钮

3.1.3　按钮的控制过程

前文中我们提到，自锁式按钮通常是用作急停按钮，PLC 不需要对其进行按钮功能的编写。应用最多是自复位式按钮，其标准的控制过程如下：按一下按钮，启动控制并保持控制的状态，再按一下，控制终止，如此反复。虽然是简单的动作，但对其进行PLC 编程时会涉及如下几个知识点：

① 确定按钮的输入地址与按钮灯的输出地址；

② 什么情况下才允许按这个按钮，也就是按钮使用的前提条件；

③ 通过按钮启动控制，是按下去生效，还是松开手生效；

④ 按钮是按一会才生效还是即刻生效；

⑤ ③和④的组合，例如是按一会松开手后生效，还是按下去即刻生效；

⑥ 按钮的灯如何表示控制的状态，例如，通过闪烁表示控制执行中，灯常亮表示控制完成，灯灭且提示报警表示控制失败等；

⑦ 按钮控制目的与 M 代码是一致的，还是相反的。

上述的知识点我们会在后文中会进行详细讲解。

3.2　机械型开关

机械型开关通过机械挤压的外力来实现 DC24V 与输入点或者放大器使能的接通与断开，其内部含有弹簧等弹性机构，在外力解除后能恢复初始状态。机械型开关由于是通过机械动作来完成线路的通断，因此不能用于频繁使用的部位，原因在于频繁地使用会损坏其内部的弹簧等机械结构。

机械型开关最典型的应用就是用作限位开关，图 3-3 为常见的机械限位开关。

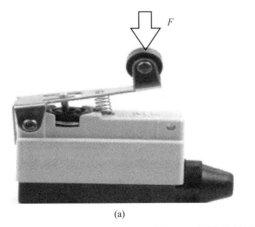
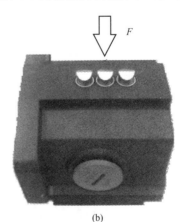

(a)　　　　　　　　　　　　(b)

图 3-3　常见的机械限位开关

用作硬件限位的机械型开关其内部通常是常闭接线。如果限位开关的外部接线断开的话，就等同于机床运行到了硬限位处，需要机床进行急停处理。如果限位开关内部是常开接线，如果限位开关的外部接线断开的话，当机床运行到硬限位时，其限位功能就会失效，会造成严重的撞机事故。

限位开关与急停按钮是串联连接，其控制过程如图 3-4 所示。

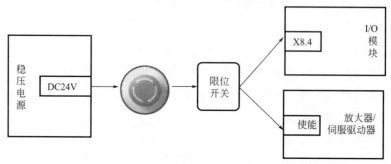

图 3-4　限位开关接线图

重点来了，验证机械型开关是否正常的办法很简单，用手反复按压其机械触点即可，在数控系统的 I/O 界面上能看到相应的输入信号有节奏的闪动。

3.3　感应开关

感应开关，又称为接近开关、无触点开关，在其作用上与机械型开关是一样的，实现 DC24V 与 I/O 模块输入点接通与断开。当待感应的金属物处在接近开关的感应区内，通过电磁感应就能实现电路的接通与断开。常见的感应开关有刀库计数信号开关、自动门的到位信号开关等。表 3-1 介绍了几种常见的感应开关。

表 3-1　常见的感应开关

常见外观	应用场合
	（夹具、主轴等）到位检测开关、刀库计数开关
	（自动门等）气动缸、液压缸的位置检测

感应开关内部是通过电磁感应接通线路，因此密闭性好，使用寿命比较长，稳定性很高。

重点来了，感应开关内部都有显示灯，当线路接通时，其内部的灯会亮，在验证感应开关是否能正常工作时，最简单的方法就是用螺丝刀等金属物贴近感应区，如果接近开关的内部状态灯亮了，说明感应开关是正常的，偶尔也会存在内部状态灯亮但感应开关故障的情况。

3.4

PNP与NPN，NC与NO

作为一名电气工程师，经常听到某某开关是 PNP 型或 NPN 型，以及 NC 型或 NO 型，不仅是初学者，有些入职多年的员工也总是搞混淆，这里做一个简单的说明。

不论是 PNP 型还是 NPN 型开关，都是用来接通或者断开电信号到 I/O 模块的输入点，且至少包含三根接线。其中两根线是信号开关的电源线，剩下的一根是返回给 I/O 模块输入点的信号线，如图 3-5 为 PNP 型接近开关实物图。

PNP 型开关与 NPN 型开关不同的是返回信号的电压不同。PNP 型开关返回的信号电压是 DC24V，市面上绝大部分的数控系统，例如西门子、发

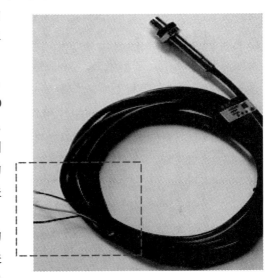

图 3-5　PNP 型接近开关（三根接线）

那科、菲迪亚、i5 等数控系统上应用的都是 PNP 型开关；NPN 型开关返回的信号电压是 DC0V，在国内的机床上应用比较少，应用在中国台湾数控系统上比较多。PNP 开关的应用比 NPN 开关多的主要原因在于西门子、发那科、菲迪亚的 I/O 模块输入点接收的信号电压是 DC24V。

再讲讲一下 NC 与 NO。NC 表示的是常闭，是 Normal Closed 的首字母缩写，所谓常闭指的是电气元件内部线路默认状态是接通的、闭合的，当接收到外部感应或者控制信号时，内部线路才会断开。NO 表示的是常开，是 Normal Open 的首字母缩写，所谓常开指的是电气元件内部线路默认状态是断开的，当接收到外部感应或者控制信号时，才会接通内部线路。

表 3-2 为常闭（NC）、常开（NO）、PNP 常闭、PNP 常开的电气符号。

两线信号开关的接线见图 3-6。

表 3-2 常闭（NC）、常开（NO）、PNP 常闭、PNP 常开的电气符号

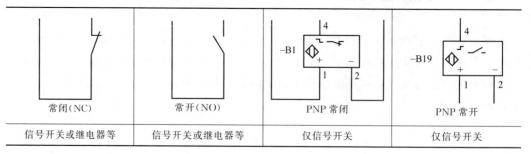

常闭（NC）	常开（NO）	PNP 常闭	PNP 常开
信号开关或继电器等	信号开关或继电器等	仅信号开关	仅信号开关

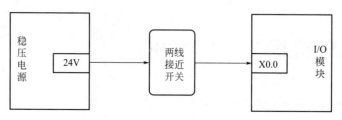

图 3-6 两线接近开关接线图

由图 3-6 我们可知，两根接线的开关一定不是 NPN 型或者 PNP 型开关，只区分 NC 和 NO，至于两个线哪根接 DC24V，哪根接输入点无所谓。

如果信号开关是三根接线，一定是 PNP 型或者 NPN 型信号开关，三根线一定不要接错。由于 NPN 信号开关的应用比较少，在此仅仅介绍 PNP 型信号开关的接线，如图 3-7 所示。

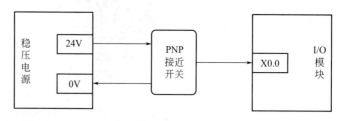

图 3-7 PNP 接近开关接线图

如果感应开关是四根接线，通常是集成了 NC 和 NO 两种接线方式供用户选择。

重点来了，PNP 型感应开关在接线时，通常来说棕色（红色）的是接 DC24V，蓝色的接 DC0V，黑色（黄色）的线是信号输出线接到 I/O 模块上。

如果机床使用了 NPN 接近开关，也是可以通过继电器将其"转换"成 PNP 型的接近开关，具体的转换方法详见 3.8 节"继电器"。

3.5

模拟量开关

什么是模拟量输入，模拟量输入信号的值是连续的，在一定范围内可以是任意值，而开关量信号只有1和0两种数值，对应"接通"与"不接通"两种状态。典型的模拟量输入有压力、温度、距离等。前文中我们讲过数控机床上应用的I/O模块通常只能接收或者发送开关量信号，那么I/O模块怎么接收模拟量的信号呢？

事实上，模拟量开关在工作时至少会有一个设定值，专业术语是阈值，当检测的变量，例如温度、压力高于或者低于这个设定值时，就会接通或者断开连接I/O模块输入点的电信号。空气开关和电动机保护器也是模拟量开关的一种，当电流大于某一固定值或者设定值时，切断电源。

我们以气源压力检测开关为例，进行更加形象的说明。气源压力检测开关检测到气源的压力高于设定值时，即为气源压力正常，检测开关就能将DC24V信号与I/O模块的输入点接通。当气源压力低于设定值时，就将DC24V信号与I/O模块的输入点断开，当I/O模块接收不到DC24V的信号时，通过PLC报警就会停止机床的运行。

我们再以温度检测开关为例，当温度检测开关检测到的温度低于某一设定值时，即正常运行温度，I/O模块的输入点就会接收到温度检测开关接通的DC24V信号，当温度高于某一设定值时，I/O模块就不会接收到DC24V的电信号，同样PLC报警会停止机床的运行。

常见的温度开关控制见图3-8，只有当温度开关检测到的温度高于30℃的时候，X0.0才会有信号（DC24V）。

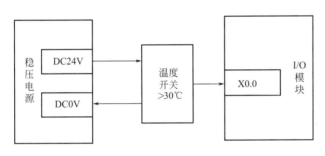

图3-8　温度开关控制

实际应用中可以是温度检测开关、气源压力检测开关（图3-9）、液压压力检测开关、距离检测开关等。

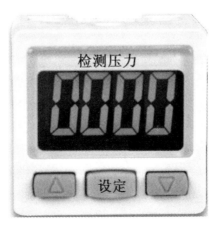

图3-9　气源压力检测开关

重点来了，模拟量开关的设定值通常是可以进行手动调整的，如果检测的压力或者温度正常，而输入点没有接收到模拟量开关发出的电信号，就要重新调整模拟量开关的设定值。

3.6 电气导轨

电气导轨（图3-10）的安装很简单，其中间有孔槽，可以用螺钉固定在电气柜的内壁上。其作用也很简单，就是将空气开关、继电器（模组）、接触器、接线端子等固定在导轨上，如图3-11所示。

图 3-10　电气导轨实物图

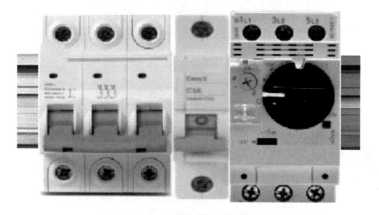

图 3-11　电气件安装到导轨上

3.7 保护开关

保护开关常见的有空气开关、电动机保护器，当其检测的线路出现短路或者电流过大时，会自动切断电源，保护电气设备及电网的用电安全，而当待保护的线路正常使用时，则需要通过手动方式的恢复保护开关的保护状态。

3.7.1 空气开关

空气开关，简称空开，是家庭电路、工业电路的保护者，作用极其重要。所有的电气设备都要配备空气开关对其进行电流保护。当电气件或者电路发生电流过载或者短路行为，空气开关会在第一时间切断电源，保证电路或者电气设备不会被烧毁，确保用电安全。在日常生活中和工作中，当空气开关"跳闸"了，手动推合空气开关按钮的时候，如果总是自动弹开，就说明线路中存在短路行为，一定要找到并消除短路的原因，才能推合空气开关按钮。

数控机床上常用的空气开关型号有单相（1P）空气开关和三相（3P）空气开关（两种），如图 3-12 所示。

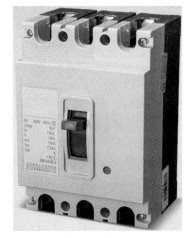  

(a) 塑壳断路器(3P)　　　　(b) 三相(3P)空气开关　　　　(c) 单相(1P)空气开关

图 3-12　常用的空气开关

其接线如图 3-13 所示，其虚线表示断路器是三相的：

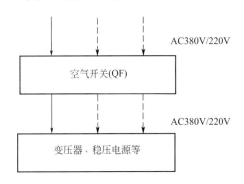

图 3-13　空气开关控制及接线过程

如果是对交流电动机的保护，尤其是大功率电动机的保护，更多地会使用电动机保护器，而不是空气开关。

3.7.2　电动机保护器

电动机保护器（图 3-14），又叫马达保护器，其工作原理同空气开关相似，主要应用在对交流电动机的保护，因此电动机保护器都是三相（3P）的。

其接线见图 3-15。

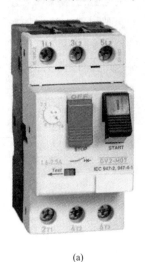  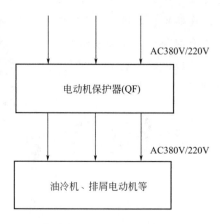

AC380V/220V

电动机保护器(QF)

AC380V/220V

油冷机、排屑电动机等

　　　　(a)　　　　　　　　　　(b)

图 3-14　常见的电动机保护器实物图　　　图 3-15　电动机保护器控制及接线过程

电动机保护器与空气开关在应用时有一定的区别，详见附录"电动机保护器与空气开关"。

3.7.3　辅助触点

辅助触点，简称辅触。空气开关和电动机启动器都可以搭配辅助触点，但不一定是必须搭配。辅助触点一端接 DC24V，另一端接 I/O 模块的输入点，可以选择常开和常闭两种接线方式。辅助触点一般是紧贴在空气开关及电动机保护器的右侧安装（图 3-16），通过空气开关和电动机保护器的内部机械动作触发辅助触点的内部线路，完成线路的接通与断开，因此辅助触点属于机械型开关，而不是感应开关。

其控制过程及接线见图 3-17，虚线表示有辅触的情况。

3.7.4　电气符号及接线

空气开关和电动机保护器电气符号都是 QF，接线也十分简单，接线一共分上下两组，上面的一组接电源，按照图 3-18 的 1、3、5（三相）进行接线，下面的一组接保护对象，按照图 3-18 的 2、4、6（三相）进行接线，连接到保护对象的三相接线上。如果有辅助触点，按照 13、14 接线。

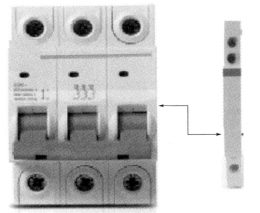

图 3-16 空气开关与辅助触点实物图

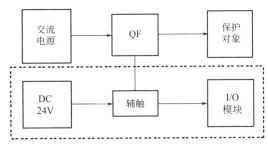

图 3-17 辅助触点控制过程

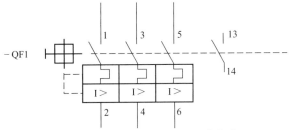

图 3-18 带辅触的电动机保护器电气符号

3.8

继电器

数控机床上应用的继电器（图 3-19）通常是电磁继电器，后文中无特别说明，一律简称继电器。

继电器是机床电气控制最基础的电气元件，工作时状态灯会亮。继电器的电气符号是 KA＋数字，例如 KA1、KA88 等。继电器的工作原理（图 3-20）是由 I/O 模块的输出信号控制继电器中电磁铁的吸合与断开，间接地控制接触器、电磁阀等中低压电气元件的接通与断开，典型的弱电控制强电。

继电器由两部分组成，分别是控制部分与底座部分（图 3-21），这两部分可以手动拆开和安装。一般情况下，继电器发生损坏，通常是控制部分发生损坏，只需要更换控制部分即可，如果是底座部分发生损坏，只需要更换继电器的底座部分。继电器底座部分有个

图 3-19 单独继电器实物图

塑料的弹性夹，能将继电器夹在电气导轨上。

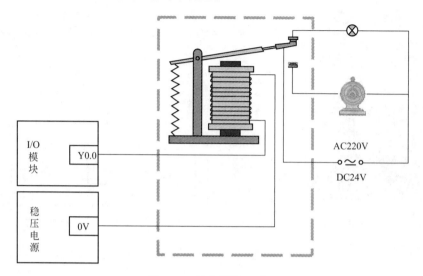

图 3-20　继电器控制原理

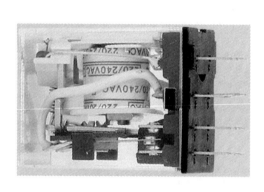

(a) 继电器控制部分实物图

(b) 继电器底座部分实物图

图 3-21　继电器控制部分与底座部分实物图

继电器至少有三组接线，对应三组数字，其接线方法通常在继电器控制部分的正面，见图 3-22。

同时继电器的底座上也有数字的标识，代表具体的接线端口，我们根据实际的需求选择不同的接线方式，继电器接线方法如下：

① 第一组接线是接受 I/O 模块的输出信号的控制，对应的引脚是 13 和 14，通常不区分正负；

② 第二组接线是通过继电器控制的线路，引脚 1、5、9 一组和 4、8、12 一组，包含了常开线路，分别为引脚 1、5 和引脚 4、8 以及常闭线路分别为引脚 1、9 和引脚 4、12；

③ 经常使用的是常开线路，对应的引脚是 1 和 5 或者引脚 4 和 8；

④ 虚线部分指的是控制的联动性，也就是说如果引脚 1 和 5 接通了，那么引脚 4 和 8 一定是接通的。

图 3-23 为继电器的接线及控制过程，虚线为内部控制过程。

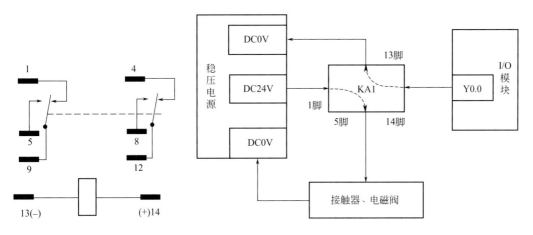

图 3-22 继电器上的接线标识　　　图 3-23 继电器接线及控制过程

需要说明的是，引脚 1、5、9 和引脚 4、8、12 既可以接 DC24V，也可以接 AC220V，其承受的最大电流在底座部分会有说明，例如 10A 250VAC，表示能承载交流电最大 250V，最大电流是 10A。

重点来了，从理论角度上来说，I/O 模块的输出信号能直接完成对其他 DC24V 的电气件进行控制，例如电磁阀。但是从实际的安全角度来看，需要将 I/O 模块的输出信号通过继电器进行间接控制，避免发生短路时烧坏 I/O 模块。

我们可以利用继电器将 NPN 接近开关"转换成"PNP 接近开关，由于 I/O 模块的输入点通常只能接收 DC24V，不能接收 NPN 发出的 DC0V 信号，因此需要借助继电器将其转换成 DC24V，其接线及控制过程见图 3-24，虚线为继电器内部控制过程。

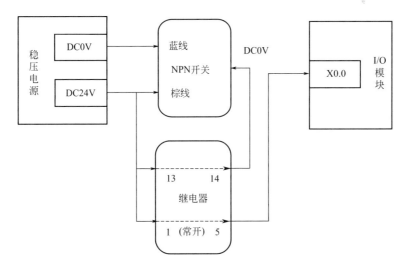

图 3-24　NPN-NO 接近开关转 PNP-NO 接近开关

我们通过稳压电源的 DC24V 与 NPN 开关发出的 DC0V 控制继电器的吸合与断开，实现稳压电源的 DC24V 与 I/O 模块输入点的接通与断开。

接触器

接触器（图 3-25），又叫电动机启动器，用来保护电动机安全启动。当电动机功率较大的时候，电动机在通电瞬间和断电瞬间都会产生电火花，这种电火花对机床使用者和其他电气件是有重大伤害的。通过接触器的使用，减少对人员和电气件的损害。

电气符号是 KM 加数字，例如 KM1、KM18等。图 3-26 为接触器主体部分电气符号，图 3-27为接触器电磁部分符号。

接触器的电气原理很简单，就是负责电动机供电线路的接通与断开，而接触器对线路的通断控制又是受到输出信号的控制。因此接触器在电气结构上包含两部分，一部分是用来接通电动机的控制电路，另一部分是接受输出信号的控制。

因此接触器分两组接线，一组是用来接通三相交流电，另一组是用来接通 DC24V。通常是

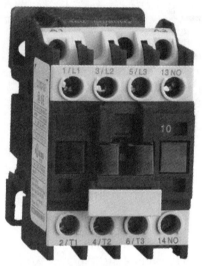

图 3-25 三相接触器实物图

1/L1、2/L2、3/L3 侧接电动机保护器，2/T1、4/T2、6/T3 侧接电动机，13/NO 与14/NO 分别接继电器发出的 DC24V 与稳压电源的 DC0V。

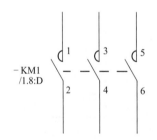

图 3-26 接触器主体部分电气符号

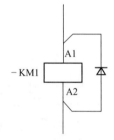

图 3-27 接触器电磁部分符号

其电气连接图如图 3-28 所示，虚线为内部控制过程。

下面介绍一下机械联锁接触器（图 3-29）。机械联锁接触器由两个接触器组成，这两个接触器在控制过程中与普通的接触器是一样的，都是由输出信号经由继电器完成控制。不同的是这两个接触器在接通线路时是跷跷板式的控制过程，即其中一个接触器吸合，另一个接触器一定是断开，允许两个都断开，但绝对不允许两个都吸合。

机械联锁接触器主要用来控制电动机的正反转、星角切换等，其控制过程是为了防止两个输出信号同时输出或者线路错误导致的两个控制信号同时输出造成线路短路。

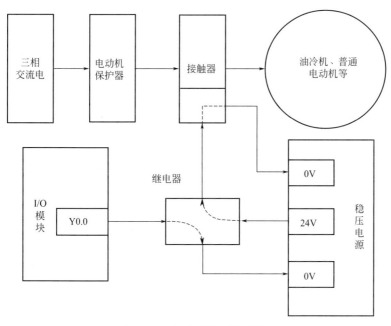

图 3-28　继电器控制接触器

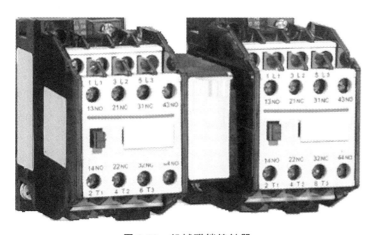

图 3-29　机械联锁接触器

3.10
电磁阀

电磁阀（图 3-30）的作用与接触器的作用类似，都是输出信号通过继电器的通断实现控制对象的接通与断开，达到控制的目的。只不过接触器接通与断开的对象是电流，最终控制电动机的启动与停止，而电磁阀接通与断开的对象是液体或者气体，最终实现液压缸或者气动缸的动作。

电磁阀的工作电压通常是 DC24V 的，接触器的工作电压通常是 AC380V 或者 AC220V。

电磁阀的电气符号是 Y＋数字，例如 Y1、Y22 等，电磁阀原理图符号如图 3-31 所示。

图 3-30　电磁阀实物图

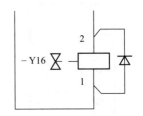

图 3-31　电磁阀原理图符号

3.11

三相交流电动机

数控机床中除了伺服电动机与主轴电动机外，应用的其他电动机皆为普通的三相交流电动机，也就是异步电动机，工作电压为 AC380V 或者 AC220V，应用到普通电动机的电气设备主要有：液压站电动机、水冷电动机、排屑器电动机及油冷机等。

电动机的电气符号为 M（Motor）加数字，例如 M1、M19 等，如图 3-32 所示。

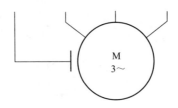

图 3-32　三相交流电动机原理图符号

3.12

接线端子

接线端子（图 3-33）两侧有接线孔，用来连接两条线缆，通过旋转螺钉进行电缆的紧固。接线端子内部结构见图 3-34。一组的接线端子的电气符号是 XT＋数字，例如

XT1、XT100 等，一组接线端子中每一个接线端子的电气符号为 XT1：1、XT1：2、XT1：3、XT1：4。

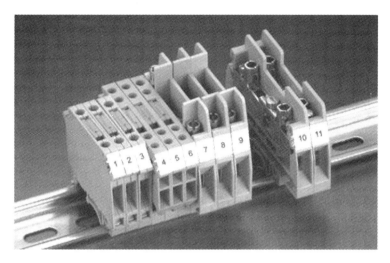

图 3-33　装在接线铜排上的接线端子

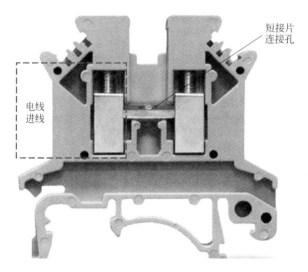

图 3-34　接线端子内部

接线端子的作用有两个，一个是分线功能。在电气控制时，我们会需要若干个电源接线，但是实际中只有一个，这就需要接线端子和短接片（图 3-35）来实现，如图 3-36所示。

图 3-35　短接片实物图

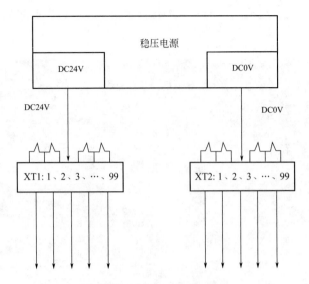

图 3-36　接线端子分线功能

　　例如，稳压电源只有一组或者两组 DC24V 和 DC0V，但是实际的工作中需要若干个 DC24V 和 DC0V，因此通过将短接片接到接线端子，就能实现 DC24V 与 DC0V 若干个分身。

　　重点来了，接线端子另一个作用就是用来连接电气柜内的线路和电器柜外的线路，如图 3-37 所示。例如，外冷电动机的动力线是接到接触器上的，如果我们通过接线端子将外冷电动机的动力线一分为二，分成电气柜内部分和电气柜外部分，当机床需要搬运的话，我们不需要理会电气柜内的线路，只需要拆除电气柜外的部分即可，这样可以避免接触器反复拆线造成损坏或者接触不良，又可以节省机床的装卸时间。

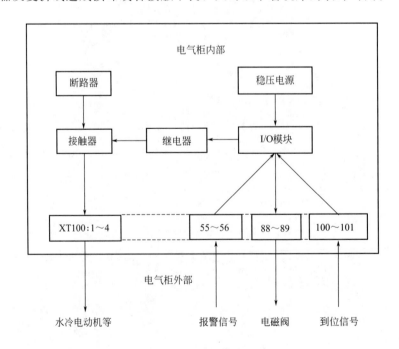

图 3-37　接线端子的连接功能

3.13

电源

在实际生活和工作中，交流电和直流电是可以互相转换的。而且只有交流电才可以通过变压器改变电压，但不能改变频率。

3.13.1 三相变压器

变压器（图3-38）是机床必需的电气元件之一，是典型的线圈结构。数控机床的电气控制上既需要高压电提供动力源，也需要低压电提供控制信号，低压电通常都是DC24V，而高压电则有两种大小，一种是AC380V，另一种是AC220V。例如，发那科、三菱等日本生产的放大器的工作电压是AC220V，而我国的工业电网的电压是AC380V，这时我们就需要一个变压器，将工业用电的AC380V转换成AC220V。而西门子、海德汉、菲迪亚为代表的欧洲生产的数控系统的放大器的工作电压是AC380V，可以直接接到工业电网上，不需要额外配置一个变压器了。

图3-38　三相变压器实物图

机床上使用的变压器是三相变压器，将工业用的AC380V三相电源转换成AC220V三相电源，主要为数控系统的放大器、稳压电源供电，以及其他的一些电气件，例如数控机床电气柜内的空调、电气柜外的润滑电动机等。

变压器区分输入端和输出端，如果变压器是AC380V转AC220V，那么输入端就要接AC380V，输出端要接AC220V。变压器上的接线口上会标识哪一端是AC380V，哪一端是AC220V。如果是AC380V转AC220V的变压器，输入端只有一组共四个接线，分别为R、

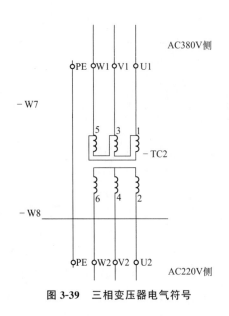

AC380V侧

PE W1 V1 U1

— W7

— TC2

— W8

PE W2 V2 U2

AC220V侧

图 3-39　三相变压器电气符号

S、T（也可能是其他连续字母）和 PE（地线），输出端可能会有一组或者多组四个接线，分别为 U、V、W（也可能是其他连续字母）和 PE。接线时切莫将 AC380V 端和 AC220V 端接反了，否则接到系统端的电压就变成了 AC380×380/220＝AC656（V），会烧毁所有的电气件，造成人身伤亡。

变压器的电压输入端和输出端都是高压交流电，因此严禁带电进行接线。变压器如果出现故障，断电后不要立马进行拆卸，要静置一段时间，通常变压器使用说明书会有说明，如果没有明确说明，静置十分钟后用万用表先测量一下进线端和出线端电压是否为 AC0V，方可进行拆卸，避免被变压器中的残电击伤。

其在电气原理图中的符号见图 3-39。

3.13.2　稳压电源

稳压电源（图 3-40）是数控机床必需的电气件，它的作用是将 AC220V 转成 DC24V。一般来说数控机床电气柜内通常使用两个稳压电源，一个是为 CNC、放大器使能、I/O 模块提供电能；另一个是为感应开关（输入信号）提供 DC24V 电信号以及继电器和电磁阀（输出信号）等提供控制电源。

图 3-40　稳压电源实物图

稳压电源至少会有五个接线口，分别为 L、N、PE、－V、＋V，其中 L 和 N 接 AC220V，PE 接到接地铜排，＋V 是输出 DC24V，－V 是输出 DC0V，＋V 和－V 接口通常会有若干个，如图 3-41 所示。

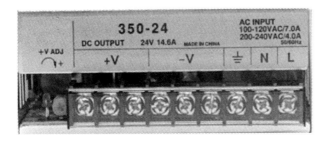

图 3-41 稳压电源说明

稳压电源的铭牌上包含如下基本信息：输入电源、输出电源、调试旋钮及接线信息。图 3-41 中稳压电源的型号中包含了 350-24，350 表示的是稳压电源的功率，24 是输出的直流电压。我们通过简单的计算验证一下，输出电压是 24V，电流是 14.6A，根据电的功率的计算公式，功率 P 等于电压 U 乘以电流 I，可以算出 $24V×14.6A≈350W$。

稳压电源有一个绿色的状态灯，当稳压电源正常工作时，该状态灯是亮的，如果稳压电源没有通电时，该状态灯就是灭的。

状态灯右边有一个白色的塑料十字旋钮，正上方的铭牌上标识着＋VADJ，顺时针旋转箭头，表示的是顺时针旋转旋钮会增加输出的直流电压，反之逆时针会降低输出的直流电压。稳压电源在出厂前会将输出电压调整为 DC24V，但在实际的使用中，因各种因素，导致输出的电压不是 DC24V，对于 I/O 模块和继电器来说，如果电压低于 DC22V 可能无法正常工作。同样，如果是高于 DC26V，有可能烧毁 I/O 模块。

因此在稳压电源使用前，我们可以使用万用表对稳压电源的输出电压进行检测，如果输出的直流电压过低或者过高，那么我们需要通过使用螺丝刀来适当地调整（Adjust）白色的旋钮。

稳压电源电气符号如图 3-42 所示。稳压电源的 L 和 N 接线因为是交流电，不分正负，只要接到 AC220V 上即可。但是＋V 和－V 的接口在接到外部用电设备的时候，接线一定不要搞反了，因为直流电是有正负方向的，正负极接反了有可能烧坏 I/O 模块等设备。

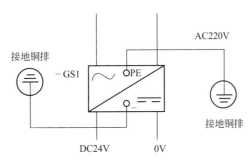

图 3-42 稳压电源电气符号

因为稳压电源中使用到了高压交流电，所以在接线之前，包括＋V 和－V 的接线，一定要关闭外部电源后，再给稳压电源接线，绝对不能带电接线，以免造成人员伤亡和设备损坏。

稳压电源出现故障后，拆卸前同变压器一样，在断电后要静置一段时间，当使用万用表测量进线端，即 AC220V 没有残留电流之后再进行拆卸。

3.14

电网

我们国家工业电网的标准电压是 AC380V，频率是 50Hz。但是在实际的使用过程中，某些地区电网的电压是不稳定的，同时其中还会伴有一些低频或者高频的电流在其中，对机床的运行产生严重的干扰。

到这里，我们需要重新整理一下思路，电网供电的质量影响放大器将交流电转变成直流电的质量，转换的直流电的质量影响放大器的输出频率的质量，最终影响伺服电动机运行的速度，如果伺服电动机的速度不稳定，那么也就影响到了机床的实际加工效果。

造成电网质量差的因素有两个，一个是电网电压的波动，另一个是电网中其他频率的电流的干扰。因此，想要获得良好的机床加工效果，我们就要消除这两种不利的因素。在此，我们会需要电抗器，还可能需要使用滤波器这两个电气件。

3.14.1 电抗器

电抗器（图 3-43）的电气作用是平缓电网电压偶尔出现的电压瞬间波动，使得电网电压偶然出现的瞬间波动经过电抗器之后，依然是一个稳定的电压值的电流，保证放大器能正常工作。

电抗器的电气结构很简单，三相电抗器可以简化成三个缠绕的线圈，见图 3-44。

图 3-43　电抗器实物图　　　　　　　图 3-44　电抗器的线圈结构

只要是缠绕的线圈，就构成了电感结构，其电气特性是：阻碍特性。简单地说就是有电感的一端通电后，另一端不会立即有电，而是要等一会，等到电感内的电能充满了，两端才能通电；当一端断电后，另一端也不会立即断电，而是电感还会继续将存储的电能逐渐释放掉，直到全部释放干净。人们利用电感的这个特性，当电网电压瞬间出现大幅降低后，通过电感的放电，使得放大器得到的电压依然是平稳的。

由电抗器的线圈结构（图 3-44）我们可以知道，电抗器通常是不区分输入端和输出端的，上面三个环形接线端子用作一组接线，下面三个环形接线端子用作另一组接线就可以了。

电抗器的工作电压同变压器是一样的，虽然电抗器自身是由绝缘材料包装的，通常是不会触电的，但由于电抗器的质量参差不齐或者年久老化，会有漏电的风险，因此说我们在日常的工作中不要用手去触碰它。在接线时，一定要断电接线，严禁带电接线！

电抗器如果出现故障，由于也是线圈结构，因此断电后不要立马进行拆卸，要等一段时间，通常电抗器使用说明书会有说明，如果没有明确说明，静置十分钟后再用万用表先测量一下进线端和出线端的电压是否为 AC0V，方可进行拆卸。

3.14.2　滤波器

滤波器（图 3-45）内部包含有电感和电容，其内部结构相对比较复杂，但我们不需要仔细研究。滤波器的主要作用是"过滤掉"电网中的高频电流和低频电流，好比收音机的调台功能一样，通过滤波器的"过滤"功能，保证放大器获得的电流频率是"纯净的"，即 50Hz。有关滤波器的用途及原理详见附录"谐波与滤波器"。

图 3-45　三相滤波器实物图

滤波器的接线区分输入端（Line）和输出端（Load），输入端接电源，输出端接放大器，一定不要接反了。

放大器内部的整流电路会允许电网的频率有一定的波动范围，但是如果电网电力质量差，混杂着大量的高频电流和低频电流，这些"杂"频率电流会"穿透"放大器内部的整流电路，传递给伺服电动机。交流电的频率决定交流电动机的转速，如果电网中的

"杂"频率进入到伺服电动机的控制电源中，自然也就会导致伺服电动机转速不准确，机床各轴的移动距离自然也就不准确，最终导致机床的加工效果差。

由于滤波器的工作电压是同放大器一样的，可能是 AC380V 或者是 AC220V，虽然其有绝缘防护，但在日常的工作中，我们还是不要用手去触摸它。

滤波器内部含了电感和电容，同放大器一样，即便断电后亦会有残留的电流，因此说如果出现故障，断电后不要立马进行拆卸，要等一段时间，通常滤波器使用说明书会有说明，如果没有明确说明，静置十分钟后再用万用表先测量一下进线端和出线端电压是否为 AC0V，方可进行拆卸。

重点来了，如果数控机床配有光栅尺，即便机床在良好装配和低增益的情况下运行，依然出现机床严重抖动的现象，这种情况下就要考虑增加滤波器。

3.15

电气设计的重要事项

3.15.1 供电

数控机床能运行的最基本、也是最重要的前提就是供电，数控机床的供电主要由三部分组成，分别为 AC380V、AC220V 和 DC24V。表 3-3 介绍了不同供电部分的用途及注意事项。

表 3-3 不同供电部分的用途及注意事项

AC380V	为放大器供电,西门子、菲迪亚、海德汉及部分国产数控系统	需加电抗器(必须)、滤波器(可选)
AC220V	为放大器供电,发那科、三菱等日系、中国台湾数控系统	
AC380V/220V	为液压站、水冷电动机、排屑器电动机、刀库电动机供电	不需要电抗器和滤波器
AC220V	为稳压电源、空调、照明灯等供电	
DC24V	为 CNC、I/O 模块等供	

AC380V 主要是由工业电网提供，只要添加电抗器、滤波器（可选），就能保障放大器（发那科系统）的稳定运行。

AC220V 是工业电网通过变压器转变而来，主要是为稳压电源、电气柜空调等低压电气件提供电源。

DC24V 主要是由稳压电源提供，为 CNC、I/O 模块、放大器使能等提供电源。

3.15.2 电气柜

机床控制电气柜应该满足如下几个条件：

① 电气柜应该具有 IP54 防护等级。即防尘为 5 级：无法完全防止灰尘侵入，但能隔离对电气元件造成伤害的灰尘；防水等级为 4 级：无法防止进水，但能隔离各方向飞溅而来的水。有关 IP 防护等级请详见附录"IP 等级"。

② 各个部件应该安装在没有涂漆的镀锌板上。

③ 放大器和变压器、电抗器、滤波器等应该与 I/O 模块、操作面板保持安装距离，建议 20cm 以上。

④ 放大器的动力线与信号线（编码器、光栅尺线、总线、模拟量线）在电气柜内的走线应该分开。

⑤ 两个稳压电源的 V－（DC0V）要互相连接，也就是说两个稳压电源的 DC0V 共用。

⑥ 良好的散热性。放大器是大功率用电设备，因此会产生巨大的热量，就需要对电气柜内的温度进行控制，以免温度过高，导致放大器运行故障。

3.15.3　接地

在工作中使用到的电气设备，但凡有 PE 标识的，必须要接地线!!! 有关地线还有其他要求：

① 所有的地线颜色统一是黄绿色；

② 所有电气设备的地线都要统一接到接地铜排上；

③ 接地线严格禁止出现环绕；

④ 给稳压电源供电的变压器的地线横截面积不低于 $6mm^2$；

⑤ 稳压电源的地线横截面积不低于 $6mm^2$；

⑥ 接地铜排的接地线横截面积不低于 $10mm^2$。

(1) 安全

为什么地线会保护人身安全？其原理很简单：有了地线，当设备出现故障发生漏电的现象，地线会和我们的身体形成一个并联电路，我们知道经过并联电路的电流同电阻值是成反比的，地线同我们人体的电阻值相比，可以忽略不计，也就是说当我们人体在接触有地线保护的漏电设备时，流经我们人体的电流也就非常低，同样可以忽略不计，保护我们不会被漏电电流击伤，这就是地线的最基本也是最重要的作用。

(2) 消除干扰

重点来了，带电的设备都要接地线，但是在数控系统中人们常常会忽略的一件事，那就是地线的横截面积，也就是地线的粗细，当接地线过细的话，不能充分地释放放大器等用电设备产生的干扰电流及静电，轻则产生干扰，影响用电设备，尤其是放大器的正常使用，重则损坏电气设备，尤其是价格昂贵的放大器。因此地线的横截面积要足够大，前文中没有明确规定的，一般要求地线的横截面积与供电电缆的横截面积相同。

04

第4章

常用操作

本章重点介绍常见的机床操作，包括机床上电、执行程序、修改参数及数据备份。

4.1 机床上电

我们常说的机床上电指的是机床从开机到待机的过程。以发那科系统的数控机床为例，需要按照表 4-1 的操作顺序进行操作。

表 4-1 机床上电操作顺序

操作顺序	操作及位置	操作对象实物图	操作顺序	操作及位置	操作对象实物图
1	旋转总电源开关，电气柜侧面		3	松开急停，操作面板上	
2	按上电按钮，操作面板上		4	复位操作，操作面板上	

4.1.1 软键

软键，对应的英文名是 Softkey，表示的是系统界面上的，在软件上实现的按键，见图 4-1 中的"参数""诊断""（操作）""＋"等。

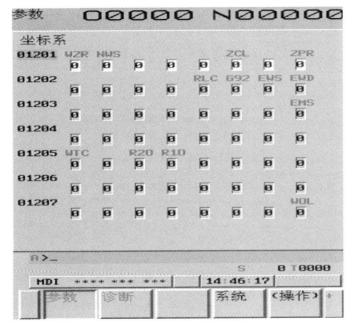

图 4-1　软件界面

由于国内应用的发那科系统不是触摸屏的，因此系统界面上的软键并不能直接用手去按，而是通过显示器下方白色按键（实际没有数字）间接地控制系统界面上的软键，白色按键与系统界面上的软件是上下对应的。当我们按图 4-2 中的按键 1 时，对应的系统界面上的软键"参数"即被按下，同理，按图 4-2 中的按键 2 时，系统界面上的软键"诊断"即被按下。软键最两端的为扩展键，用来显示系统未显示的界面。

图 4-2　显示器下方的按键

4.1.2　报警查看

机床上电后，如果有报警的话，就需要查看报警并解除报警，否则机床一般是不允许运行的。下面简单介绍一下，如何查看报警。

当 CNC 启动后，如果屏幕的最下方出现闪烁的"EMG"和"ALM"，"EMG"表示当前机床处于急停状态；"ALM"表示当前机床有报警，如图 4-3 所示。

图 4-3　急停及报警状态

查看报警操作，按下软键【MESSAGE】后，系统界面会切换到报警信息页面，如图 4-4 所示。

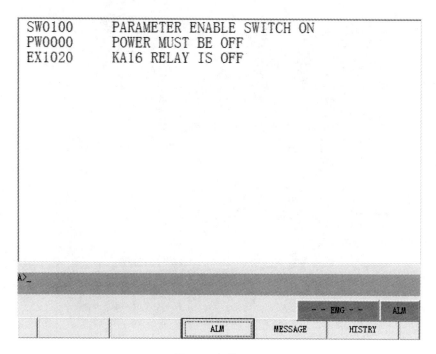

图 4-4　报警页面

报警信息包含了三部分，第一部分是报警标示符，由字母组成，不同的报警标示符代表不同的报警类型；第二部分是报警号，由数字组成；第三部分是报警内容，为中文或者字母。

例如 EX1020，EX 表示该报警是 PLC 报警，报警号是 1020，报警的内容是"KA16 RELAY IS OFF"（继电器 KA16 断开）；SW0100，SW 是参数写入报警，报警号是 100，报警内容是"PARAMETER ENABLE IS SWITCH ON"（允许写参数）。

数控系统报警可以划分为两大种类：一种是可以由机床制造商及用户自定义的报警，报警号及报警内容不是关联的，可自行修改；另一种是数控系统的 NC 报警，是数控系统制造商提供的，例如放大器报警、操作报警等，报警号与报警内容是严格规定的，NC 报警是不可编辑的。

表 4-2 列出不同字母代表的不同报警类型。

表 4-2　报警类型及标示符

报警标示符	报警类型	注释
EX	PLC 报警（常见）	自定义报警，可自行定义
3×××	×××为数字，宏程序报警	
SW	参数写入（常见）	NC 报警，不可修改
SV	伺服报警（常见）	
SP	主轴报警（常见）	
PW	切断电源（更改硬件参数，常见）	
OT	超程报警（有硬限位信号）	
OH	过热报警	

报警标示符	报警类型	注释
PS	程序操作相关	NC 报警,不可修改
BG	后台编辑相关	
IO	存储器文件相关	
SR	通信相关	
IE	误动作防止	
DS	其他报警	

4.2 修改参数

上文中提到了参数报警"SW0100 PARAMETER ENABLE IS SWITCH ON",出现这个报警的原因很简单,就是当前机床的状态是允许修改参数的。我们用键盘上的【ALT】+【RESET】的组合键就能消除这个报警。

发那科系统的 NC 参数通常多至 4000~8000,这些参数主要有以下几种分类:

① 伺服/主轴电动机固有参数,固有参数,顾名思义就是指电动机的特征参数,绝大部分都是只读参数,根据电动机固有参数的参数值就可以确定电动机的具体型号,数控系统会根据不同的电动机选择不同的控制方式;

② 控制参数,用来调整放大器对主轴电动机和伺服电动机的控制方法;

③ 功能选择参数,用来实现不同的控制方式;

④ 坐标系参数,用来确定工件的坐标位置;

⑤ 刀具参数,用来确定刀库中所有刀具的尺寸信息,长度、半径、使用寿命等;

⑥ PLC 参数,用来对 PLC 进行功能选择的参数,常见的如 K 参数和 D 参数等;

⑦ 其他参数,系统的显示、联机等参数。

4.2.1 允许修改参数

我们不能直接对数控系统中的参数进行修改,如果想要修改参数的话,首先需要做的就是"允许修改参数",我们按照如下步骤进行操作:

① 将数控系统设定为 MDI 模式,或者设定为急停状态。

② 按功能键【OFFSET SETTING】(或者【OFS SET】)数次,选择软键【设定】,显示出设定画面,如图 4-5 所示。

③ 用光标移动键将光标对准在"写参数"处。

④ 按下软键【操作】,将软键选定为操作选择键,如图 4-6 所示。

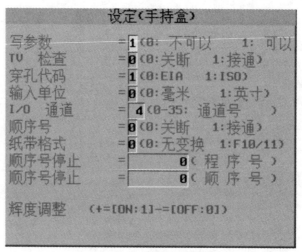

图 4-5 允许修改参数

图 4-6 二进制写入

⑤ 按下软键【ON：1】或键入 1，再按下软键【输入】，使"写参数＝1"。由此，就进入可进行参数设定的状态。与此同时，CNC 发出报警（SW0100）"允许修改参数"。

4.2.2 参数的表达形式

我们要修改参数前，需要了解有关参数的基本知识，其中包含了参数号和参数设定值两部分。

发那科系统的标准参数号是五位，最左侧的数字 0 可以忽略，例如，参数号 00000 等同于参数号 0，参数号 01220，等同于参数号 1220。

发那科参数号的参数值有三大类型，分别为整数实数型与字节型。整数型的参数数值不包含小数点，可正可负，例如 1、123、－1234；实数型的参数数值为带小数点的值，可正可负，例如：123.456、－654.321；而字节型的参数包含了八个位（BIT），每一个位的值只能是 0 或者是 1，例如 00000000、10101010、11111111。

图 4-7 中参数号 01201～01207 为字节型参数，参数号 01220～01222 为实数型参数。

字节型参数中的 8 个位自右向左分别用 BIT0、BIT1、BIT2、BIT3、BIT4、BIT5、BIT6、BIT7 来表示，见表 4-3。

我们通过组合"NO."或者大写的字母"N"作为参数号的标示符，标示符右侧的数字来表示参数号，例如 NO.01201 或者 N01201 表示参数号是 1201，NO.1220 或者 N01220 表示的参数号是 1220。如果我们想修改字节型参数中的某一位的值，我们可以通过字母组合"NO."或者字母"N"＋参数号＋"♯"＋位的形式来表达，例如NO.0♯1=1，表示的是参数号为0，对应的位是BIT1，设定值为1，又例如NO.1♯7=1，表示的是参数1的第8位设定为1。表4-4为字节型参数的表示方法。

参数								00000 N00000

坐标系

```
01201  WZR NWS           ZCL    ZPR    01220 EXTERNAL OFFSET
        0   0   0   0   0   0   1   1    X           0.000
01202                RLC G92 EWS EWD    Y           0.000
        0   0   0   0   0   0   0   0    Z           0.000
01203                        EMS        A           0.000
        0   0   0   0   0   0   0   0   01221 WORKZERO OFS-G54
01204                                   X           0.000
        0   0   0   0   0   0   0   0    Y           0.000
01205  WTC     R20 R10                  Z           0.000
        0   0   0   0   0   0   0   0    A           0.000
01206                                  01222 WORKZERO OFS-G55
        0   0   0   0   0   0   0   0    X           0.000
01207                        WOL        Y           0.000
        0   0   0   0   0   0   0   0    Z           0.000
                                        A           0.000
```

图 4-7   发那科参数界面

表 4-3   字节型参数

项目	BIT7	BIT6	BIT5	BIT4	BIT3	BIT2	BIT1	BIT0
01201	WZR	NWS				ZCL		ZPR
	0	0	0	0	0	0	1	1
01202					RLC	G92	EWS	EWD
	0	0	0	0	0	0	0	0

表 4-4   字节型参数的表示方法

项目	参数号	BIT7	BIT6	BIT5	BIT4	BIT3	BIT2	BIT1	BIT0
NO.0♯1=1 N00000♯1=1	00000							1	
NO.1♯7=1 N00001♯7=1	00001	1							

4.2.3 修改参数

我们现在根据实际情况，需要修改如下参数：

√   NO.0♯1=0

√   NO.1220=12；20；21；22

我们首先需要调出参数页面，具体的方法如下：

① 按功能键【SYSTEM】数次，选择软键【参数】，显示出参数画面，如图4-8所示。

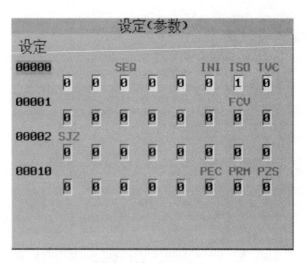

图 4-8　参数页面

② 通过方向键左右调整黄色光标在字节中的位置，如图 4-9 所示。

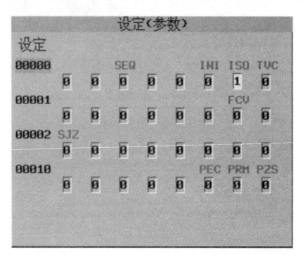

图 4-9　调整光标的位置

我们可以直接输入数字"0"，然后点击【INPUT】键完成输入，也可以通过【操作】中的【ON：1】和【OFF：0】来修改数值，如图 4-10 所示。

图 4-10　字节中位值的输入

③ 继续修改参数 NO.1220，我们既可以通过翻页键【Page Up】和【Page Down】逐页查看参数，也可以输入参数号通过【搜索号码】找到指定参数 1220。我们输入 1220 后，然后选择软键【搜索号码】，搜索到的参数号背景色会变成绿色，见图 4-11。

④ 我们通过方向键移动黄色的光标选择"X""Y""Z""A"逐个设定需要设定的数值，见图 4-12。

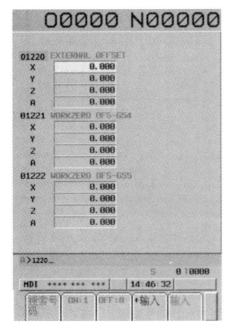

图 4-11　搜索参数号 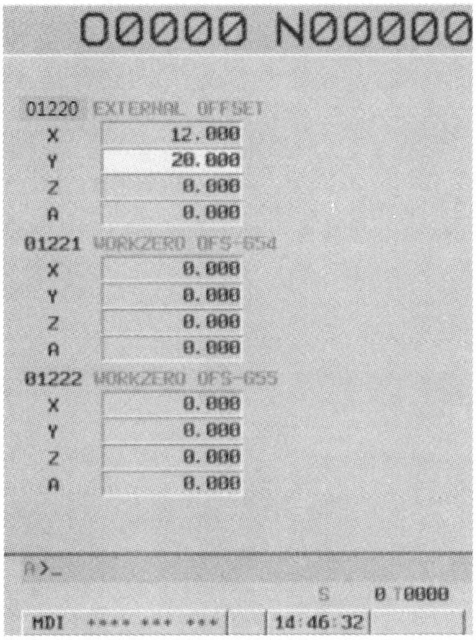　　　　　　　　　　图 4-12　逐个修改参数

⑤ 如果对于轴参数，例如参数 1220，我们也可以将各轴的参数所需要的值加 "；" 即分号的形式进行间隔，例如输入 "12；20；21；22"，按下输入键【INPUT】后，这时的 X 轴的数值变成 12，Y 轴的数值变成 20，Z 轴的数值变成 21，A 轴的数值变成 22，如图 4-13、图 4-14 所示。

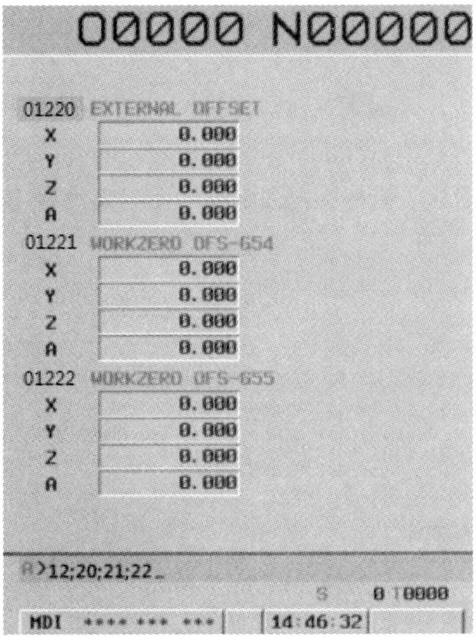

图 4-13　输入 "12；20；21；22" 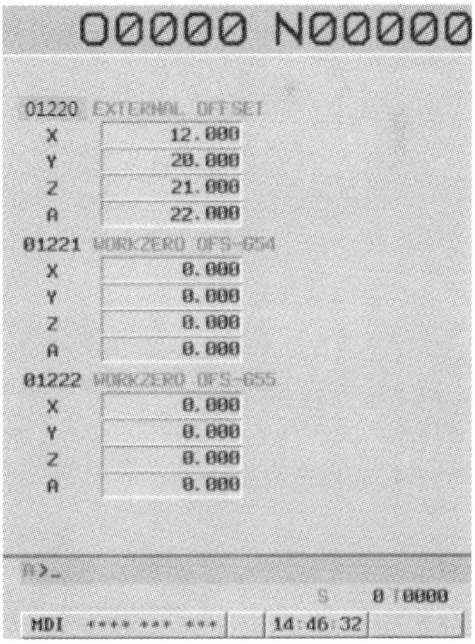　　　　图 4-14　输入后 X＝12；Y＝20；Z＝21；A＝22

⑥ 有的参数在设定后，会发出报警 PW0000 "必须关断电源"，需要下电关机再重新上电，该设定的参数才能生效。

4.2.4 禁止修改参数

当我们完成修改参数后，同样还要将"写参数"功能禁止，如图 4-15 所示。

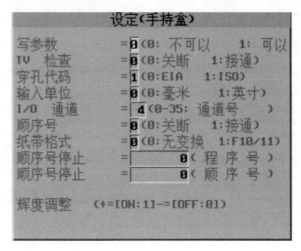

图 4-15 禁止修改参数

4.3
回零操作

如果伺服电动机采用的是绝对值编码器或者机床装配了绝对值光栅尺，机床在第一次上电后进行零点设定时才要求回零操作，其余时候是不需要进行回零操作的。没有采用绝对值编码器或者绝对值光栅尺的数控机床，机床每次上电后都需要进行"回零操作"。

当机床完成了"回零操作"后，数控系统就能重新建立机床坐标系，进而确认工件坐标系，完成全部的加工。一般来说，数控机床没有进行"回零"操作的话，是不允许执行任何程序的，只能通过手轮才能运行机床。

为了防止发生意外，我们通过手轮将各个轴移动到中间位置，再选择回零模式，也就是回参考点模式，然后选中相应的轴，例如 Z 轴，然后再选择"＋"按键（一般是正向回零），所需按键见表 4-5。

表 4-5 回零操作按键

回零模式	轴选功能按钮	方向键按钮

完成回零后，CNC界面中"X""Y""Z"前会有回零模式符号。如果是电动机装配了绝对编码器或者绝对值光栅尺，"X""Y""Z"前同样会有回零模式符号，不需要回零，如图4-16、图4-17所示。

图4-16　伺服轴未回零　　　　　　　　图4-17　伺服轴已回零

4.4

备份/恢复数据

数据备份与恢复是数控机床在生产制造中及机床用户使用过程中经常使用的、最基本的技术手段。对于数控机床制造商来说，通过数据的恢复，实现对相同型号的数控机床的批量调试；通过对数据的备份完成数控机床出厂数据的管理，以防用户在使用时数据意外丢失。对于数控机床用户来说，通过定期备份数据实现数控机床数据的管理，通过数据的恢复避免数控系统因各种故障造成的数据更改及丢失。

由于数控系统软件本身的稳定性比较高，故而我们通常不需要将整个数控系统的数据进行全部备份，通常我们需要备份的数据见表4-6。

有关F-ROM和SRAM的详细解答请见附录"FLASH ROM和SRAM"，我们只需要知道的是PLC参数和PLC程序是保存在系统的两个不同的"存储器"上，备份PLC程序的同时也需要备份PLC参数，PLC参数包含了K参数、D参数、C参数及T参数的设置，我们会在后文中会对PLC参数进行详细介绍。

数据备份与恢复的方法很多，常见的是通过CF卡或者U盘进行数据备份，也可以通过串口RS232，FOCAS函数库等方式完成数据的备份与恢复，本书重点介绍通过CF卡及U盘进行数据备份。

表 4-6　需要备份的数据类型

数据类型	备注	保存位置
宏编译程序	一般没有,如有则需备份	FLASH ROM(F-ROM)
C 执行程序		
系统文件	不需要备份	
PLC 程序	必须备份	
PLC 参数	必须备份	SRAM
CNC 参数		
螺距误差补偿		
宏程序		
加工程序	根据需要备份	

4.4.1　备份/恢复数据准备

一张 CF 卡或者 U 盘,尽管最近几年的发那科系统都支持 U 盘备份数据,但建议使用 CF 卡备份。CF 卡的容量最大不超过 1G 或 2G 容量,原因在于存储卡的容量太大数控系统可能会不能识别,而且发那科的 PLC 文件等备份文件一般都是几百 K,因此不用担心 CF 卡容量不够用。图 4-18、图 4-19 分别为 CF 卡及 CF 卡卡槽。

图 4-18　CF 卡

图 4-19　CF 卡卡槽

需要补充的是,CF 卡需要插在 CF 卡槽上,再将卡槽插在发那科显示器左侧突出的 CF 卡接口上,CF 卡接口有保护盖,需要将其打开,如果 CF 卡插不进,说明 CF 卡水平方向插反了,翻转过来即可。

发那科通过存储卡读写数据之前,需要进行参数设定,参数号及设定值见表 4-7。

由于系统版本的原因,可能没有 U 盘接口,但 CF 卡接口是一定存在的,且在显示器的左侧,如图 4-20 所示。

表 4-7　存储卡参数设定

参数号	说明
20	设置为 4,选用 CF 卡备份
	设置为 17,选用 U 盘备份

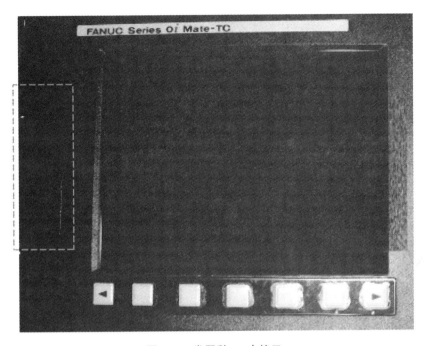

图 4-20　发那科 CF 卡接口

4.4.2　备份 PLC 程序及 PLC 参数

包括 PLC 在内的所有数据备份的方法有很多种,常见的有以下两种:

① 第一种方法:在开机刚启动时的系统引导界面完成数据的备份与恢复,即刚开机时的黑屏画面下备份,此方法仅支持 CF 卡备份;

② 第二种方法:在正常开机后的 I/O 画面下进行备份与恢复,可支持 CF 卡与 U 盘。

本节中,我们先采用第二种方法对所有的数据进行备份与恢复,如果想通过系统引导界面完成数据的备份与恢复的话,请详见附录"引导页面下的数据备份与恢复"。

我们通过如下操作完成 PLC 程序及 PLC 参数的备份,依次按软键【SYSTEM】→【PMCMNT】/【PMC 维修】→【I/O】进入如图 4-21 所示画面。

我们根据参数 NO.20 的设定值对"装置"进行选择,如果参数 NO.20 设定为 4,那么我们通过方向键将"装置"选择为"＝存储卡",如果 NO.20 设定为 17,我们就要将"装置"选择为"＝USB 存储器"。

"功能"选择为"＝写",也就是说向存储卡中写入数据,如果是备份 PLC,则"数据类型"选择为"＝顺序程序",如果是备份 PLC 参数,则"数据类型"选择"＝参数","文件名"右侧的黄色文本框中是备份数据的文件名,可以由系统默认填写,

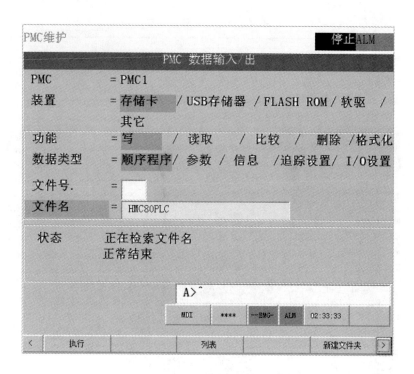

图 4-21　备份 PLC

PLC 的默认文件名为 PMC1.000，PLC 参数的默认文件名为 PMC1 _ PRM.000，对于这两个文件的文件名，我们可以用任意字母开头与下划线及数字的组合代替，推荐填写数控机床的型号，例如 PLC 文件名为 HMC80PLC，PLC 参数的文件名为：HMC80PLC _ PRM。

　　点击软键【执行】，即可备份机床的 PMC 程序和参数，当"状态"显示"正常结束"，即完成 PLC 及 PLC 参数的备份工作。

4.4.3　恢复 PLC 及 PLC 参数

　　恢复 PLC 程序与 PLC 参数的过程是一样的，只不过是由"写入"变成了"读取"，很多新人，包括编者本人当初也是按照这个思路去恢复 PLC，我们通过软键【列表】找到需要恢复的 PLC 文件，点击【执行】，可以看到如图 4-22 所示画面。

　　当"状态"提示"正常结束"后，才发现新的 PLC 并没有生效，即便是重启系统或者重新恢复若干次之后仍没有生效。

　　其恢复的 PLC 不生效的原因，根据前文的叙述可知，PLC 程序是存放在 FLASH ROM 中的，因此发那科系统在恢复 PLC 程序的时候，不仅要将 PLC 程序读取到数控系统中，还要最终将 PLC 程序写入到 FLASH ROM 中，才能使得恢复的 PLC 程序生效，有的数控系统版本可能还需要再重启一下 PLC 才能生效，见图 4-23。

　　重点来了，再恢复 PLC 的程序之前，一定要按下急停按钮，防止新 PLC 可能存在问题，造成机械动作错误导致机床损坏。

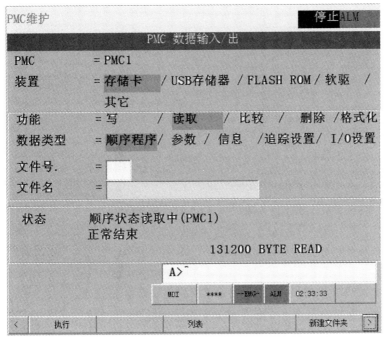

图 4-22 读取 PLC 文件

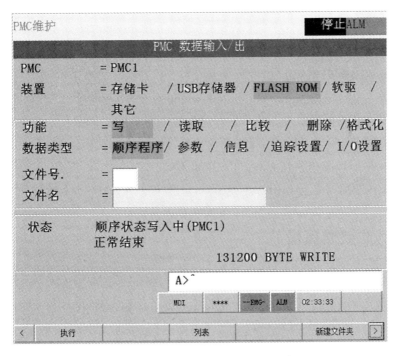

图 4-23 将 PLC 写入 FLASH-ROM 中

4.4.4 备份 CNC 参数

首先解除急停状态，选择 EDIT 模式，即编辑模式，依次按软键【SYSTEM】和

【参数】调出参数画面，如图 4-24 所示。

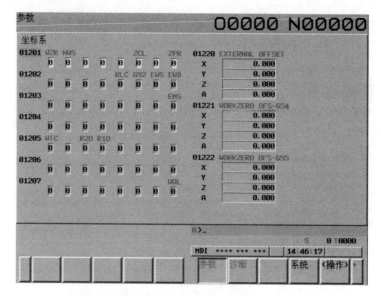

图 4-24　参数界面

依次按下软键【（操作）】→【文件输出】→【全部】→【执行】，此时"输出"在闪烁，当闪烁停止表示备份结束，CNC 参数即备份到 CF 卡上，备份的文件名为"CNC-PARA. TXT"。

4.4.5　备份螺距补偿

同样选择 EDIT 模式，即编辑模式，调出螺距补偿页面如图 4-25 所示。

依次按下【（操作）】、【＋】、【文件输出】、【执行】，螺距误差补偿文件备份完毕，螺距误差补偿数据的输出文件名为"PITCH. TXT"。

如果是恢复螺距补偿文件，相应的操作为【（操作）】→【文件读取】→【列表】→【执行】。

4.4.6　其他数据备份

刀具补偿、用户宏程序、宏变量的备份过程与螺距补偿的过程是一样的，这里就不再赘述了，都是在 EDIT 模式，即编辑模式下进行。相应的页面下，依次按下【（操作）】、【＋】、【文件输出】、【执行】。

4.4.7　数据恢复

发那科系统在 CNC 参数文件恢复的时候，有一个重要的前提条件，就是需要允许"写参数"。

数据恢复与备份的操作过程是一样的，只不过备份时的【（操作）】选择的是【文件

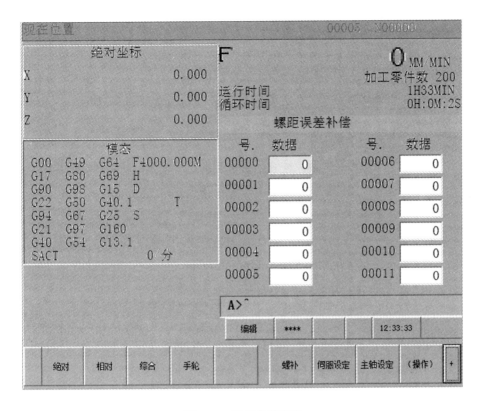

图 4-25 螺距补偿页面

输出】，而在恢复时【（操作）】对应的是【文件读取】，读取的是【列表】中即 U 盘或者 CF 卡中的相应的备份文件。

05

第5章

电气原理图

前文中我们讲到了电气元件及电气符号，这一章重点讲讲电气原理图。

常见的画图软件有 Eplan 和 AutoCAD，由于使用画图软件进行电气原理图画图的过程比较繁琐和复杂，因此本章重点讲解电气原理图的基本组成和一般的识别方法。

5.1 电气原理图的特点

电气原理图的基本特点如下：

① 电气原理图除了空气开关、继电器、接触器、电动机等常用电气元件需要使用电气符号外，可以用简单的一个虚线方块及字母数字组合代表任意的电气设备或者组合。图 5-1 为液压站的电气原理图，字母组合＋M7 为设备序号，其中包含了一个三相交流电动机和一个常开开关。

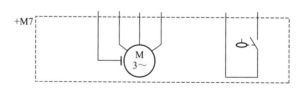

图 5-1 液压站电气原理图 1

② 电气原理图可以不必画出电气设备的全部内容，但一定要根据设备说明书在原理图中告知电气设备有具体的接线、用途以及端子序号。见图 5-2，液压站所有的接线都连接到接线端子 XT51 上，XT51 的设备号是＋C5，其中 XT51 的 1、2、3、4 用来接液压站电动机，XT51 的 9 和 10 用来接液位信号。

③ 电气原理图需要标注所使用电线的横截面积。

④ 由于电气原理图页面尺寸的原因，一个电气设备的所有接线可能不会画在一张

图纸上，就会将同一个电气设备的电气原理图进行拆分，例如液压站电动机和液位信号放在一张原理图上，而液压站的风扇电动机会画在第二张原理图上，由于同属于一个设备，因此还是需要通过设备号＋M7和虚线方框进行标识，接线也同样是在XT51上，因此也需要＋C5和虚线框进行标识，如图5-3所示。

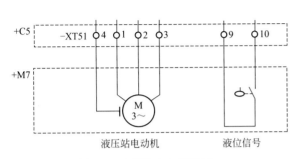

图5-2　液压站电气原理图2

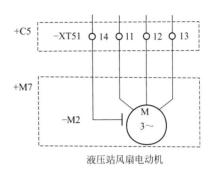

图5-3　液压站电气原理图3

5.2

◢ 电气原理图的组成

电气原理图包含了如下几个部分的接线：

① 电源部分

a. 空气开关：安全使用电源。

b. （变压器）、电抗器、滤波器：提供电源并保证供电质量，给放大器提供电源。

c. 变压器：给稳压电源提供AC220V。

d. 稳压电源：给I/O模块、继电器及继电器模组、开关信号提供电源。

② 数控系统部分

a. 放大器/伺服驱动器：控制伺服电动机、主轴电动机，并接收电动机的反馈数据。

b. 伺服电动机、主轴电动机、编码器、光栅尺的接线。

c. I/O模块：通过输出信号控制电气设备的启动及停止，通过输入信号接收电气设备的反馈信号。

③ 坐标系

a. 电气原理图包含了横坐标和纵坐标，通常横坐标是0～9整数数字，纵坐标为A～F字母。

b. 坐标系的作用是用来定义电气元件及设备的接线接口在原理图中的位置，及指向这个接线接口的线缆的来源或者去向。

④ 其他内容

a. 接线端子序号：由于接线端子是电线的中转设备且数目较多，所有非数控系统部分的电气接线都要经过接线端子进行分流或中转，对于大型机床，还要通过指定特定的数字编号，表示该接线端子是电气柜内部还是外部，方便接线。

b. 基本信息：当前原理图页面的基本信息，例如当前页面是对液压站进行控制的原理图、页码信息、制图人等、便于使用者快速查找。

⑤ 电气设备部分

a. 电气设备部分的重复性最高，基本上包含了对电动机、电磁阀控制及保护以及反馈信号类型（PNP、NPN、NC、NO）的具体接线方式。

b. 交流电部分。由空气开关和电动机保护器保障用电安全。

c. 电气设备的供电方式。是三相还是单相，是 AC380V、AC220V 还是 DC24V。

d. 电气设备的电流大小。根据电流的大小决定使用线缆的粗细。

e. 电气设备的反馈信号、类型及 I/O 模块地址。例如液位低报警、常闭、X2.0。

f. 电气设备的控制信号及模块地址。

5.3 如何看懂电气原理图

通过上文的介绍，我们知道数控机床中应用最多是对电动机的控制及保护和对电磁阀的控制，我们在此重新整理一下全部的过程。

① 对于普通三相交流电动机的控制涉及的电气元件主要有继电器（模组）及接触器，对于正反转和星角切换控制的三相交流电动机的控制主要使用的是继电器（模组）及机械联锁接触器。对电动机保护主要使用的是电动机保护器。

② 对于电动机以外的电气设备，皆由空气开关对其进行短路保护，例如照明灯、稳压电源、变压器等。

③ 不论是空气开关还是电动机保护器，均可以使用辅助触点作为保护状态的反馈信号。

④ 电磁阀的控制涉及的主要电气元件就是继电器（模组），对电磁阀一般不需要电气元件的保护。

⑤ 由 I/O 模块的输出点发出 DC24V 的输出信号经过继电器，最终接到 DC0V。

⑥ 电气设备的状态开关及反馈信号，不论是常开还是常闭，都是由稳压电源提供 DC24V，最终都要接到 I/O 模块的输入点上。

图 5-4 为电动机的功能控制，我们根据前文的思路再通过实际的原理图按照下列顺序进行练习：

① 我们首先要看电气原理图的右下角的表格，"油雾收集"是该页电气原理图的控制目的，"F30"是"油雾收集"控制功能的代码，无关紧要，"第 1 页/共 1 页"表示"油雾收集"的页数信息。

√ 图纸中带有"＝"标识，例如＝E12/1.3：A，E12 为控制功能的代码，"/"

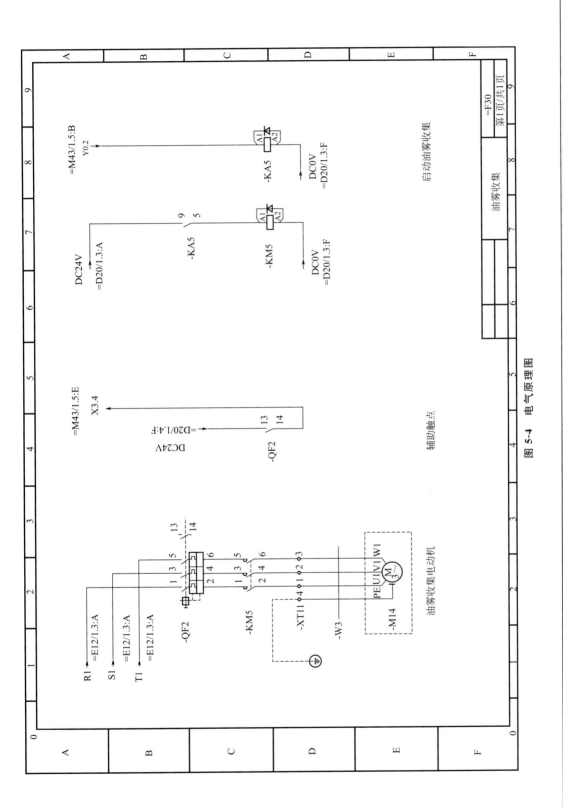

图 5-4 电气原理图

后的 1 为控制功能的第 1 页，小数点"."后的数字 3 和字母 A，是相应的接线在 E12/1 中的坐标。

✓ "=E12/1.3：A"最终表示的是该线路是由 E12 控制功能的第 1 页的坐标为 3：A 而来的。

✓ 如果没有 E12，只有 1.3：A，表示指向的是当前控制功能的第 1 页的坐标"3：A"。

② 油雾收集功能包含了"油雾收集电动机"的控制，对于电动机的控制使用了接触器，接触器为常开，接触器的标号为"KM5"。

✓ 油雾收集电动机通过接线端子 XT11 的 1、2、3、4 进行线路的中转，与 KM5 进行连接。

✓ 接触器是由继电器 KA5 对其进行线路通断的控制。

✓ KA5 由输出点 Y0.2 进行控制，KA5 的 13 和 14 脚（详见 3.8 节"继电器"，下同）一端接到输出点 Y0.2，另一端接到 DC0V。

✓ KA5 的 9 脚和 5 脚接到接触器上，一端接 DC24V，另一端接 DC0V。

③ 油雾收集电动机的接触器直接与电动机保护器进行连接，标号为"QF2"，电动机保护器有一个辅助触点，辅助触点为常开信号，一端为 DC24V，另一端接到输入点 X3.4 上。

④ QF2 接到三相电源上，至于这个三相电源是接到电网上还是变压器上，需要到 E12 中查看。

图 5-5 为电磁阀的控制，同样我们根据前文的思路再通过实际的原理图按照下列顺序进行练习：

① 我们要看电气原理图的右下角的表格，"刀具检测"是该页电气原理图的控制目的，"F68"是"刀具检测"控制功能的代码，同样无关紧要，"第 1 页/共 1 页"表示"刀具检测"的页数信息。

✓ 图纸中带有"="标识，例如=D21/1.3：D，D21 为控制功能的代码，"/"后的 1 为控制功能的第 1 页，小数点"."后的数字 3 和字母 D，是对应接线的坐标。

✓ "=D21/1.3：D"最终表示的是该线路是由 D21 控制功能的第 1 页的坐标为 3：D 而来的。

✓ 如果没有 D21，只有 1.3：D，表示指向的是当前控制功能的第 1 页的坐标"3：D"。

② "刀具测量"功能包含了"电磁阀"的控制，对于电动机的控制使用了继电器 KA6 和 KA7。

✓ 电磁阀 Y1 和 Y2 通过接线端子 XT2 的 8、9、10、11 进行线路的中转，与 KA7、KA6 及 DC24V 连接。

✓ KA7 由输出点 Y1.6 进行控制，KA7 的 13 和 14 脚（详见 3.8 节"继电器"，下同）一端接到输出点 Y1.6，另一端接到 DC0V。

✓ KA6 由输出点 Y1.7 进行控制，KA6 的 13 和 14 脚一端接到输出点 Y1.7，另一端接到 DC0V。

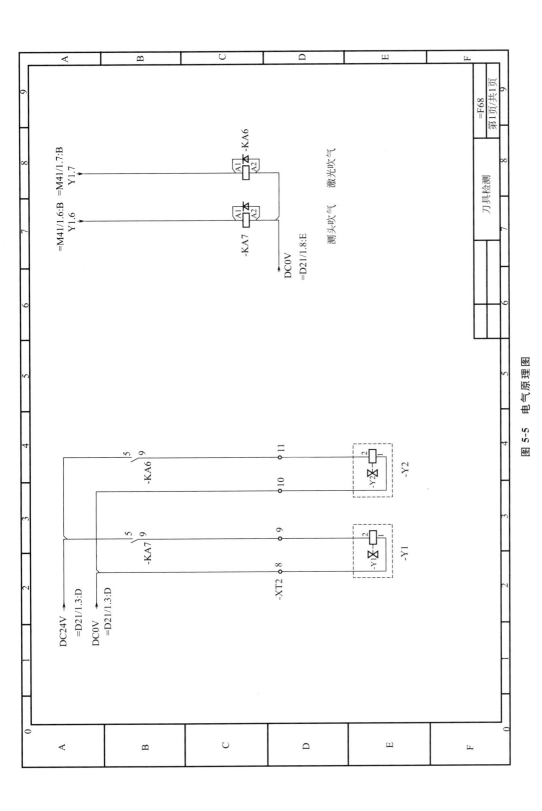

图 5-5 电气原理图

技能
入门篇

第6章

PLC并不难

PLC 英文全称为 Programmable Logic Controller，中文全称为可编程逻辑控制器。发那科数控系统又称为 PMC（Programmable Machine Controller），中文全称为可编辑机床控制器。为了方便读者学习，本书中统称 PLC。

PLC 根据字面意思就可以知道，它是一个控制者，其基本的控制过程如下：

① 通过 I/O 模块获取外部的输入信号；

② 对输入的信号进行运算及逻辑处理；

③ 将运算的结果以输出信号的形式通过 I/O 模块传递给其他控制设备；

④ 这个运算的处理，也就是控制的逻辑是可以重复编辑的；

⑤ 数控机床中的 PLC 还可以通过"系统变量"读取数控系统的状态以及控制数控系统的运行。

PLC 在数控机床中的主要作用如下：

① 对普通电动机的控制，例如水冷电动机、油冷机、排屑器等的启动；

② 对机械动作的控制，例如自动换刀、自动换台、夹具松开夹紧等。

数控机床中的 PLC 最终的目的就是保障机床能安全地运行且能自动完成全部的加工任务。在本章中，我们只讲到 PLC 的一些基础的知识以及日常应用，不涉及太多的 PLC 代码，主要是先让各位读者有个直观的认识过程，先简单地进行入门，当有了具体的编程思维后，看懂 PLC 程序就会很容易了，再到编写 PLC 的时候，也会更容易上手。

6.1
PLC基础知识

6.1.1　PLC 种类

PLC 是一种工业控制用的计算机编程语言，自然就有相应的开发标准。PLC 语言标准（IEC1131-3）是由国际电工委员会制定的，其语言形式包括以下五种：

① 梯形图语言（LD），以发那科、三菱等数控系统应用最多；

② 指令表语言（IL），以西门子数控系统 840D 等应用最多；

③ 功能模块图语言（FBD），以西门子数控系统 828D 等应用最多；

④ 结构化文本语言（ST），以倍福、菲迪亚等数控系统应用最多；

⑤ 顺序功能流程图语言（SFC），市面上很少见。

PLC 是一种工业控制的编程语言，也属于计算机语言的范畴。其编程结构主要包含如下三个部分：

① 主程序（Main），主要用来调用各个功能程序；

② 功能程序（Sub），实现读写 I/O 地址、液压站、刀库、夹具等功能控制等；

③ 库程序（Library），反复用到的标准功能及自定义功能，标准功能子程序，例如下降沿检测功能、延时接通功能等，自定义功能例如按钮功能程序、动作控制功能等。

值得一提的是，目前市面上应用发那科系统的数控机床，其 PLC 程序一般不包含自定义的库程序。

不同种类的 PLC 开发语言，有不同的优越性及局限性。梯形图语言更多是应用在中小型设备上，在程序编写以及调试的过程中非常直观易懂。如果是重复性高、动作控制复杂的大中设备上，采用梯形图语言编程就会非常吃力，我们就需要使用 IL、FBD 和 ST 来进行编写 PLC 程序。

6.1.2 PLC 入门的技巧

很多初学者在刚接触 PLC 时，发现很难入门：即便通过实际的案例，逐行研究代码，一开始还能看懂，遇到稍微复杂的代码，就会把之前能看懂的部分也搞晕了，咬牙看了好多次，也是不知所以，时间久了，也就丧失了学习的兴趣与耐心。

重点来了，正确的学习思路是这样的：首先，我们要弄清楚 PLC 的控制过程及目的，理清全部的思路后，然后再去研究代码，这样再理解 PLC 代码时就会容易得多。剩下的就要按照下面的步骤去逐步学习。

① 常用的逻辑指令（不同 PLC 语言的指令形式是不一样的，本书皆以发那科的梯形图为例）。

② PLC 运行原理［PLC 的运行是逐级、逐行、自左向右（梯形图）运行的］。

③ 控制流程（学习 PLC 的组成部分）。

④ 常用功能（先从按钮功能、M 代码、动作控制及定时器功能入手）。

⑤ 模仿与实践（用按钮和 M 代码一起控制电动机的运行及机械的动作）。

6.1.3 梯形图的基本逻辑

不论何种 PLC 语言，也不论多么高明的学习技巧，掌握最基础的专业知识是非常必要的。

梯形图编程语言受广大技术人员欢迎的最大原因就是看上去直观，控制信号及逻辑与电路图中的串联、并联一样。

(1) 读取

PLC 的第一步是获取信号，即读取信号，见表 6-1。读取和取反读取两个命令只能放在梯形图中行命令的左端，读取的目的是为了赋值。

表 6-1　读取相关命令、符号

命令	符号	说明
读取（常开）	X0000.0 ⊢⊣├	PLC 读取的信号，例如 X0.0，既可以直接使用（读取信号），也可以取反使用（读取信号取反），读取 X0.0 的时候，为 1 接通，取反读取 X0.0 的时候，为 0 接通
取反读取（常闭）	X0000.0 ⊢⊣╫	我们既可以读取输入信号，也可以读取输出信号
连接符	——┼——	同电路图中的导线一样

(2) 写入（赋值）

PLC 的最后一步是写入信号，即信号赋值，见表 6-2。赋值命令只能放在放在梯形图中行命令的最右端，也就是必须有读取，才能有写入。需要强调的是，我们可以读取输出信号，但不能对输入信号进行写入。

表 6-2　写入相关命令、符号

命令	符号	说明
写入	RQ　　　　Y0000.0 ⊢⊣├———○	RQ 为 1 接通，则 Y0.0 写入为 1 接通，如果 RQ 为 0 断开，则 Y0.0 立即为 0 断开
取反写入	RQ　　　　Y0000.0 ⊢⊣├———○○	RQ 为 1 接通，则 Y0.0 为 0 断开，Y0.0 为 0 断开，则 Y0.0 为 1 接通
置位	RQ　　　Y0000.0 ⊢⊣├——（ S ）	RQ 为 1 接通后，即便再为 0 断开，Y0.0 一直保持为 1 接通，直到"取反写入"及"复位"命令将其清零断开
复位	RQ　　　Y0000.0 ⊢⊣├——（ R ）	RQ 为 1 接通后，即便再为 0 断开，Y0.0 一直保持为 0 断开，直到"写入"及"置位"命令将其置为 1 接通

(3) 读写

读写一般是调用逻辑功能块，功能内部的逻辑已经被定义完毕。

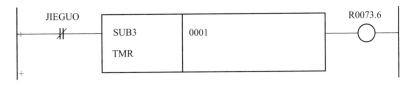

图 6-1　读入 JIEGUO，输出 R73.6

图 6-1 中是通过 JIEGUO，调用 SUB3 功能，SUB 指的是功能，SUB3 中的 3 是可选的，不同的数字代表不同的功能，SUB3 将 JIEGUO 处理的结果赋值给 R73.6。

逻辑功能块中的读取是必须的，而赋值是可选的，一般用做调用（CALL）功能。例如图 6-2 中的调用主轴（SPINDLE）功能。

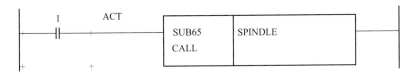

图 6-2　只读取，没有输出，功能调用

(4) 逻辑关系

梯形图中最常用的逻辑关系有"与""或"。

① 逻辑"与"　图 6-3 为变量 RQ1 和 RQ2 通过"与"的关系控制变量 SHUCHU 的通断，即 RQ1 和 RQ2 同时满足条件才能控制"SHUCHU"，梯形图中"与"的逻辑关系同电路中的串联是一样的。

图 6-3 的逻辑为：当 RQ1 为 1 接通，同时 RQ2 为 0 断开，两个信号的条件必须同时满足时，SHUCHU 才会为 1 接通。

② 逻辑"或"　图 6-4 为变量 RQ1 和 RQ2 通过"或"的关系控制变量 SHUCHU 的通断，即 RQ1 和 RQ2 任意一个满足条件就能控制 SHUCHU，梯形图中"或"的逻辑关系同电路中的并联是一样的。

图 6-3　逻辑与（串联）　　　　图 6-4　逻辑或（并联）

图 6-4 的逻辑为：当 RQ1 为 1 接通或者 RQ2 为 0 断开，SHUCHU 为 1 接通，否则 SHUCHU 为 0 断开。

③ "与"和"或"混合　图 6-5 的逻辑为：SHUCHU 为 1 接通的必须前提是 RQ2 为 0 断开、RQ1 为 1 接通或者 RQ2 为 0 断开、RQ3 为 0 断开。

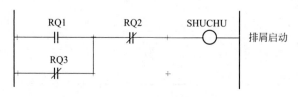

图 6-5　逻辑组合（混联）

梯形图PLC学习技巧

在学习梯形图 PLC 的过程中，刚刚接触的时候第一反应就是看上去特别乱，而且注释特别少或者干脆没有，想要从中理清一点头绪也非常困难，并没有传说中那么通俗易懂，容易上手。图 6-6 为发那科 PLC 控制夹具的部分 PLC 代码。

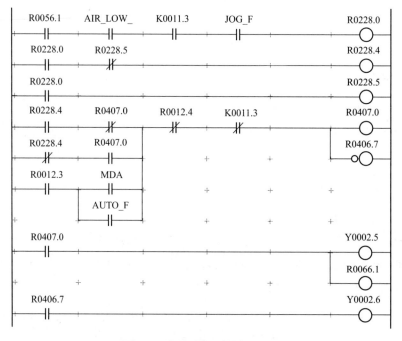

图 6-6　梯形图语言编写的 PLC

用梯形图编写的 PLC 在调试的时候是很便利的，以信号的"通"与"不通"找到故障的原因，调试的时候比较直观，因此调试门槛很低，跟电路图是一样的。例如图 6-6 中的 R228.0 未接通，肯定是同一行的 R56.1 或者 AIR ＿ LOW ＿ 或者 K11.3 或者 JOG ＿F 没接通，但是这四个都是代表什么意思，就不得而知了。

我们先不急于学会 PLC 编程，需要了解一下 PLC 的运行原理，运行过程以及控制流程，只有具备了这些基础知识后，再看 PLC，思路就会很清晰了，正所谓磨刀不误砍柴工。

6.2.1 PLC 运行原理及过程

PLC 的运行遵循如下原则：逐级、逐行、自左向右、周期运行。

① 逐级：PLC 内有应急处理、主程序、功能程序及库程序，不同程序的优先级别不一样，优先级别越高，越优先运行，应急处理级别最高，其次是主程序，再次是功能程序；

② 逐行：同一个程序内，自上而下、一行一行地执行，每一行执行都需要时间；

③ 自左向右：同一个程序内，同一行，先执行左边，再执行右边，不需要时间；

④ 周期运行：全部程序执行后，再重新开始。

(1) PLC 全局运行过程

PLC 全局运行过程如图 6-7 所示。

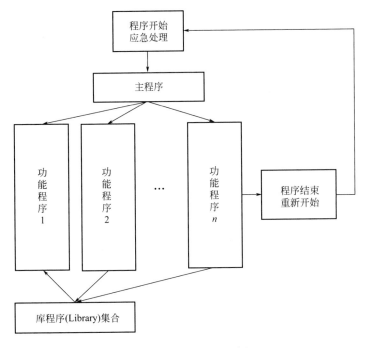

图 6-7　PLC 全局运行过程

PLC 通常包含了一个主程序，以及若干个功能程序。主程序的功能很简单，就是调用功能程序，功能程序是实现具体的控制功能，例如控制水冷电动机、机械手动作、M 代码等。这个控制功能又可以细分为按钮的控制、机械动作的控制、报警的控制等。这些细分的控制功能，就称为库程序或者子程序。

(2) PLC 局部运行过程

PLC 局部运行过程，即 PLC 程序内部具体的运行过程。我们通过按钮控制夹具夹紧为例（图 6-8）进行详细说明，讲解 PLC 如何周期性自上而下、自左而右地运行。

按钮控制夹具夹紧的控制过程为：第一次按按钮，夹具夹紧；第二次按按钮，夹具取消夹紧。按钮控制夹具夹紧 PLC 逻辑如图 6-9 所示。

图 6-8　夹具控制

特别强调的是，按钮如果用来实现动作控制的话，通常不会使用如图 6-9 所示的控制过程，尽管市面上发那科的按钮梯形图绝大部分都是按图 6-9 编写的。出于操作安全的考虑，不推荐这么编写，至于原因在后文中会进行相关介绍，此处仅仅是为了更加形象地说明 PLC 的控制过程与时序。

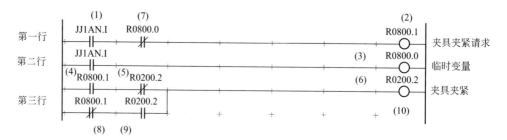

图 6-9　普通按钮 PLC 逻辑

用数字（1）～（10）表示运行过程，详细过程如表 6-3 所示。

表 6-3　运行过程

	第一行	
	按下按钮后，JJ1AN.I 信号接通（1），R800.0 初始为未接通，取反后夹具夹紧请求信号 R800.1 接通（2）	
第一次按按钮：夹具夹紧	第二行	PLC 第一个运行周期
	JJ1AN.I 接通，这时 R800.0 接通（3），但此时的 R800.1 还是接通状态，原因在于 PLC 是周期性地逐行运行，因此在单个运行周期未完成前，第二行的运行结果不会影响到第一行的结果	
	第三行（上）	
	R800.1 接通（4），R200.2 夹具夹紧在初始时未接通（5），取反后，故此时 R200.2 接通（6），夹具夹紧 第三行（下） 　由于 R800.1 为 1，取反后，故此路（8）、（9）不通	

	第一行 JJ1AN.I 继续接通,此时 R800.0 在第一周期已经接通,取反(7)为 0 断开,这时 R800.1 变成为 0 未接通(2)	
第一次按按 钮:夹具夹紧	第二行 同第一周期一样	PLC 第二个 运行周期
	第三行(上) 由于 R800.1 为 0 断开,故此路(4)和(5)不通 第三行(下) R800.1 为 0 断开,但由于 R200.2 在上一个周期接通,故此路(8)、(9)接通,此时夹具夹紧继续保持接通(10)	
	不论手是继续按按钮还是松开,夹具夹紧信号一直保持为 1	
	第一行 JJ1AN.I 夹具夹紧按钮接通(1),且 R800.0 未接通,此时夹具夹紧请求信号 R800.1 接通(2)	
	第二行 R800.0 接通(3)	PLC 第一个 运行周期
第二次按 按钮:取消 夹具夹紧	第三行(上) R800.1 接通(4),此时的 R200.2 已经接通(5),取反的话,就将 R200.2 断开(6),即夹具夹紧信号为 0	
	第一行 由于 R800.0 在第一个周期为 1,取反后将 R800.1 为 0 断开(2)	
	第二行 R800.0 接通(3)	PLC 第二个 运行周期
	第三行(上) 由于 R800.1 为 0 断开,故此路不通 第三行(下) R800.1 为 0 断开,但由于 R200.2 在上一周期已经为 0 断开,故而 R200.2 持续保持断开(10)	

按钮的控制过程就是按一次,不论时间长短,只发出一个脉冲请求,然后保持控制状态,按第二次的时候,同样发出一个脉冲请求,将控制状态断开,且一直保持断开状态,时序图见图 6-10。

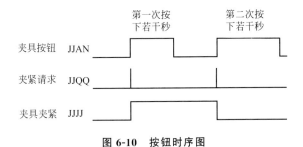

图 6-10 按钮时序图

6.2.2 PLC 控制流程

PLC 的组成很简单,有一个主程序,用来调用各个功能程序。功能程序中以控制功能应用最多,简单的功能例如电动机的控制,稍微复杂的功能例如动作的控制,图

6-11 为 PLC 控制流程图。

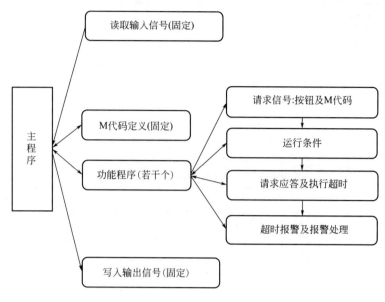

图 6-11　PLC 控制流程

6.2.3　控制流程具体过程

我们在日常的 PLC 编程与调试过程中，遇见最多的就是动作控制，简单的例如自动门的打开与关闭、夹具的夹紧与松开、主轴的松开与夹紧、刀库机械手的伸出与缩回、机械手的左移与右移，这些动作在机械的控制上是不同的，但是从电气控制的角度来说是一样的，包含了两个控制到位的输入信号，两个控制动作的输出信号，一个使能信号，两个控制的请求信号以及控制的状态信号。

复杂的动作控制刀库或者交换站，仔细拆解的话，也是由多个简单的动作控制组合而成。

为了更加直观地理解动作控制的过程，我们以夹具控制为例，将控制"分割"成四个部分进行研究，分别为请求信号、使能条件、控制输出部分及报警部分。

(1) 请求信号

功能控制的发起者，通常由 M 代码和按钮一起来实现，如图 6-12 所示. 我们既可以用按钮控制夹具的夹紧，也可以使用 M 代码，例如 M87 控制夹具夹紧。

(2) 使能条件

使能条件就是控制运行的前提条件，使能条件主要是输入信号、系统变量信号以及 K 参数等组成，其目的就是严格控制输出信号，减少意外伤害。

我们以夹具控制功能为例，通过复位（FUWEI）、急停（JITING）对夹具夹紧的输出进行限定，也就是说复位操作和急停操作都能终止夹具的夹紧操作。需要说明的

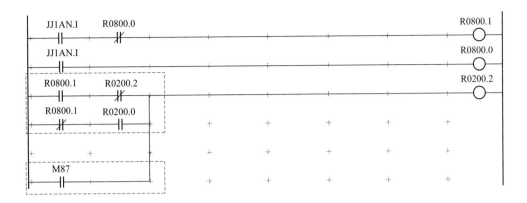

图 6-12　按钮与 M87 共同控制

是，复位和急停这两个条件是任何动作控制必不可少的使能条件，但不局限于这两个条件，还会包含使能 1（SHINENG1）等多个使能条件，如图 6-13 所示。

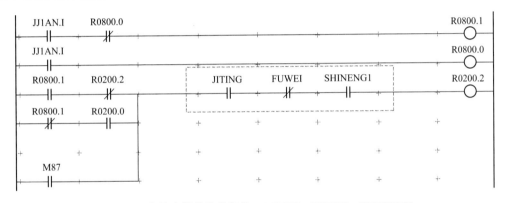

图 6-13　夹具夹紧的使能条件：JITING、FUWEI、SHINENG1

　　使能条件的情况很多样，既可以对按钮进行单独的使能限制，也可以对 M 代码进行单独的使能限制。还是以夹具控制功能为例，通过 K 参数 K0.0 对控制夹具的按钮进行使能限制，K0.1 对控制夹具的 M 代码进行使能限制，见图 6-14。

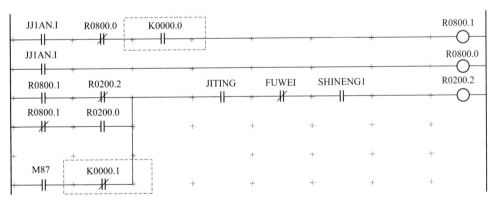

图 6-14　使能条件 K0.0 与 K0.1

　　如果 K0.0 的值为 0 的话，那就禁止夹具按钮的使用，但允许 M 代码对夹具进行控制；如果 K0.1 的值为 1 的话，那就禁止 M 代码对夹具进行控制。

(3) 状态输出

夹具夹紧的过程中有三种状态：

① 正在夹紧，有夹紧输出信号，没有夹紧到位信号，夹紧过程未超过预定时间；

② 夹紧完成，在预定的时间内接收到夹紧到位信号；

③ 夹紧未完成，在预定的时间内没有接收到夹紧到位信号。

我们主要讲解一下"夹紧未完成"：有了请求信号，运行条件也满足，就可以根据夹紧请求来实现夹具夹紧的信号输出，再通过夹具夹紧的电磁阀完成夹具的夹紧动作，但这个控制的过程并没有结束，只有夹具夹紧到位有信号之后，才算完成完整的控制过程。

夹具电磁阀线路出错、电磁阀自身故障、夹具夹紧到位开关故障、夹紧到位信号线路故障等，都会导致夹具夹紧的动作没有执行或者执行了夹紧动作而 I/O 模块却没有接收到夹具夹紧的到位信号，就需要对这种可能出现的错误情况进行处理。

执行未完成的处理一般有两种方法：一种是等待处理，也就说一直等下去，直到有了夹紧到位信号为止；另一种是中断处理，也就说超时若干秒后，进行报警处理，同时清除夹具夹紧输出信号，出于安全考虑，我们通常会采用第二种方法，就是中断并报警的处理方法。

重点来了，动作控制如果未完成采用等待处理的话，如果输出信号线路没有问题，而输入信号线路有问题，如果此时一个技术新手在没有按下急停按钮的情况下去解决故障，当输入信号满足后，夹具就会突然夹紧，可能会对技术人员造成伤害。也许会有人问，这么多个"如果"和"可能"，实际伤害会发生么？我的回答是会的，什么叫意外事故，就是根本想不到的情况发生了，虽说会存在各种想不到的"意外"，但是作为一个 PLC 的设计者要尽可能地避免能考虑到的"意外"。

(4) 报警处理

执行未完成，超时了就要报警，如何判断超时，那就是在指定的时间内，如果 I/O 模块没有接收到相应的到位信号，就是超时。

例如我们通过夹具按钮控制夹具夹紧，如果当我们按下按钮发出夹紧请求，如果在三秒钟内没有收到夹具夹紧到位信号，就是超时。发生控制超时的情况，需要进行报警处理、终止控制。

6.2.4 梯形图的局限性

发那科 PLC 中的 R 变量没有局域变量和全局变量之分，导致在编写的过程中无法自定义一个功能块，例如使用频率比较高的按钮功能、动作控制功能等，因此每次在定义按钮功能和动作控制功能的时候都要重新编写一遍，如果控制的过程非常复杂的话，PLC 的编写和后期的调试工作就会十分的困难。

虽然发那科后期的 PLC 版本中也增加了 Function Block（功能块）功能，可以将一系列控制集成在一个自定义功能块中，但是 PLC 的语言风格更接近西门子 828 使用的 PLC 语言——功能块图（Function Block Diagram）。

6.2.5 字节（BYTE）与位（BIT）

发那科 PLC 作为一种编程语言，会用到很多变量。例如输入信号的输入变量 X 和输出信号的输出变量 Y，系统状态变量 F 和系统使能变量 G，系统报警变量 A 和实现逻辑的中间变量 R，系统功能选择与调试模式的 K 参数、D 参数等，我们将这些变量汇总到表 6-4 中。

表 6-4 PLC 变量

变量名称	作用
X	代表输入信号，例如 X0.0
Y	代表输出信号，例如 Y1.7
R	中间变量，逻辑部分，例如 R100.0
F	代表数控系统运行状态，例如 F10
G	控制数控系统运行，例如 G8.4
A	报警信息，例如 A0.0

这些变量的数据类型有字节（BYTE）与位（BIT）两种。字节（BYTE）是 8 个位（BIT）组成的。而字节可以有若干个，但每个字节中只能有八个位。

位（BIT）是 PLC 也是计算机存储数据的基本单位，为二进制数据，也就说只能存储两个值，分别是 1 和 0。前文中讲过，I/O 模块的输入信号与输出信号都是开关量信号，分别为"有"与"没有"两种状态，与 PLC 中位（BIT）的值 1 与 0 相对应。PLC 中输入输出变量中的位的值为 1，那么对应的 I/O 模块地址就有 DC24V 的电信号，位（BIT）的值为 0，对应的 I/O 模块地址就没有 DC24V 的电信号。

一个字节有八个位，位的序号，从右向左，由 0~7。表 6-5 为字节与位的关系。

表 6-5 字节与位的关系

字节 BYTE	位 BIT							
	BIT7	BIT6	BIT5	BIT4	BIT3	BIT2	BIT1	BIT0
X0	X0.7	X0.6	X0.5	X0.4	X0.3	X0.2	X0.1	X0.0
X1	X1.7	X1.6	X1.5	X1.4	X1.3	X1.2	X1.1	X1.0
Xn	Xn.7	Xn.6	Xn.5	Xn.4	Xn.3	Xn.2	Xn.1	Xn.0
Y0	Y0.7	Y0.6	Y0.5	Y0.4	Y0.3	Y0.2	Y0.1	Y0.0
Y1	Y1.7	Y1.6	Y1.5	Y1.4	Y1.3	Y1.2	Y1.1	Y1.0
Yn	Yn.7	Yn.6	Yn.5	Yn.4	Yn.3	Yn.2	Yn.1	Yn.0

重点来了，日常的 PLC 编写中，都是位的逻辑编写，涉及字节的逻辑编写并不多，字节的操作通常是将二进制与十进制的相互转换或者急停对输出信号的控制等。

6.2.6 二进制与十进制的互相转换

位与字节都是二进制数，位的取值只有 0 和 1。字节的取值范围是 00000000～11111111，转换成十进制时，字节的取值范围为 0～255。

重点来了，十进制转成二进制的目的是，让 PLC 能正确地理解我们所认知的数字，因为 PLC 只接受二进制的位与字节编程；二进制转换成十进制的目的是，PLC 所认知的数字最终得让我们能看懂。

(1) 数字转字节

数字转换成字节，通过电脑自带的计算器就能实现，如图 6-15 所示。

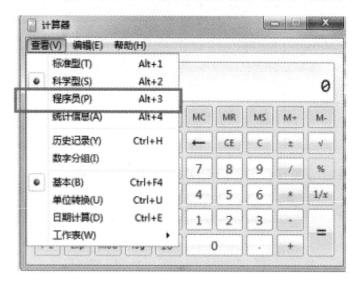

图 6-15 自带计算器

选择"程序员（P）"，这时计算器变成如图 6-16 所示界面，默认的十进制，见图中数字标识为 1 的方框。

图中数字标识为 2 的方框标识就是字节的值，我们输入不同的数字，就会自动转换成相应的字节值。我们输入十进制的 56，字节的值为 00111000，如图 6-17 所示。

字节有高位和低位之分，低 4 位指的是 BIT0～BIT3，高 4 位指的是 BIT4～BIT7。低位的取值范围是 0～15，高位的取值范围是 16～255，见表 6-6。

表 6-6 高 4 位和低 4 位

十进制	字节 BYTE							
	高 4 位				低 4 位			
	BIT7	BIT6	BIT5	BIT4	BIT3	BIT2	BIT1	BIT0
56	0	0	1	1	1	0	0	0
15	0	0	0	0	1	1	1	1

图 6-16 程序员计算器

图 6-17 十进制转二进制

我们常说的 8421 码指的就是字节的低位。8 对应的是 BIT3，4 对应的是 BIT2，2 对应的是 BIT1，1 对应的 BIT0。

(2) 字节转数字

我们在日常工作中总会听到 BCD 这个词。BCD 中的 B 是二进制 Binary 的缩写，D 是十进制 Decimal 的缩写，C 是转换 Coded 的缩写。BCD 指的是用将二进制的数转换成十进制的数。

如果是字节转换成十进制。那就要将计算器先选择"二进制"，此时只能输入 0 和

1，我们输入二进制的 11111111 后，再选择"十进制"时，这时显示的转换结果是 255，如果字节的值是 00111000，我们只需要输入从左边开始的第一个"1"及它右边的全部 0 和 1，当我们输入 00111000 时，左边的两个"0"是输入不了的，只能输入 111000，它是与 00111000 是等值的，输入后再选择"十进制"，对应的十进制就是 56，如图 6-18 所示。

(a) 二进制输入

(b) 十进制结果

图 6-18　二进制转换成十进制

将二进制转换成十进制的目的不仅仅是能让我们看懂计算机的数字，还有一个目的是节省控制信号线（点）的需求。

(3) 手轮有几根线

在介绍手轮的那一节中，我们提到了手轮具有轴选 X、Y、Z、4，倍率×1、×10、×100。那么手轮的内部接线需要几根呢？我们暂且不考虑手摇的脉冲线和电源的线路。大家肯定会想，那肯定是 7 根线啊，轴选 4 根，倍率 3 根，每一根线的通断对应每一个状态。实际上轴选是 2 根线，倍率 2 根线，共计 4 根线，"节省"了 3 根线。"节省"的原理很简单，我们可以用线的通断状态进行排列组合，就能实现这个目标。而线的通断的排列组合就是二进制，见表 6-7。

表 6-7　手轮内部接线实现倍率选择和轴选功能

项目	线 1 状态	线 2 状态	二进制值	十进制值	功能
倍率选择	断开	断开	00	0	×1
	断开	接通	01	1	×10
	接通	断开	10	2	×100
	接通	接通	11	3	未使用
轴选功能	断开	断开	00	0	X
	断开	接通	01	1	Y
	接通	断开	10	2	Z
	接通	接通	11	3	4

(4) 伺服刀库有几根线

一根线有接通与断开 2 种状态，2 根线就有 4 种状态，3 根线就有 8 种状态，4 根线就有 16 种状态，5 根线就能有 32 种状态，见表 6-8。

表 6-8　4 根线通断组合实现 16 种状态

线 4 状态	线 3 状态	线 2 状态	线 1 状态	二进制	十进制
				0000	0
			接通	0001	1
		接通		0010	2
		接通	接通	0011	3
	接通			0100	4
	接通		接通	0101	5
	接通	接通		0110	6
	接通	接通	接通	0111	7
接通				1000	8
接通			接通	1001	9
接通		接通		1010	10
接通		接通	接通	1011	11
接通	接通			1100	12
接通	接通		接通	1101	13
接通	接通	接通		1110	14
接通	接通	接通	接通	1111	15

伺服刀库会根据当前的刀号通过信号线发送给 I/O 模块的输入点，刀号是十进制的，输入信号是二进制的。我们通过 3 根线的通断组合，最多能实现 8 种状态，也就是实现 1 号～8 号刀的状态显示。通过 4 根线的通断组合，最多实现 16 种状态，也就是实现 1 号～16 号刀的状态显示。通过 5 根线的通断组合，最多能实现 32 种状态，也就是实现 1 号～32 号刀的状态显示。

由于实际刀号没有 0 号刀，因此需要将二进制转成十进制时，还要将结果加 1，保证十进制的取值范围与实际相同，而且并不影响排列组合的结果。

由于伺服刀库还要接收 I/O 模块的输出信号，作为新刀号使刀库旋转找刀，因此输出信号所使用的信号线的数量与输入信号所使用的信号线的数量一样。最终我们得出，如果伺服刀库容量≤8 个，需要 3×2 共计 6 根线，刀库容量≤16 个，需要 4×2 共计 8 根线，刀库容量≤32，需要 5×2 共计 10 根线。

6.2.7　输入输出变量（X、Y 变量）

在发那科的 PLC 中，我们用标示符字母 X 表示的是输入信号，用标示符字母 Y 表示的是输出信号。例如，PLC 的变量是 X0.2，X 表示的是该变量为输入信号，0 表示的是字节地址是 0，2 表示的是字节 0 的第三个接线地址，小数点表示的是位与字节的从属关系。小数点前的数字是字节，小数点后的数字是字节的位。

I/O 模块一组的输入点（输出点）的端口数量是通常是 16 个，从 0~15，由于字节只能有 8 个位，所以一组的输入点（输出点），就包含了两个字节的输入信号（输出信号）。单独一组 I/O 模块的端口号与输入输出点地址的对应关系见表 6-9。

表 6-9　单独一组 I/O 模块的端口号与输入输出点地址的对应关系

接线地址	输入/输出信号地址	输入/输出信号字节地址
0	X0.0/Y0.0	
1	X0.1/Y0.1	
2	X0.2/Y0.2	
3	X0.3/Y0.3	
4	X0.4/Y0.4	X0/Y0
5	X0.5/Y0.5	
6	X0.6/Y0.6	
7	X0.7/Y0.7	
8	X1.0/Y1.0	
9	X1.1/Y1.1	
10	X1.2/Y1.2	
11	X1.3/Y1.3	X1/Y1
12	X1.4/Y1.4	
13	X1.5/Y1.5	
14	X1.6/Y1.6	
15	X1.7/Y1.7	

下一个 I/O 模块的输入/输出点字节地址分别是 X2/Y2 和 X3/Y3。

重点来了，我们通过举例进行进一步的说明，如图 6-19 所示，如果我们在 I/O 模块的第一个模块的输入点的第 6 个端口作为"冷却水箱液位低"的反馈信号，那么该输入信号的 PLC 中的地址就是 X0.5，如果我们在 I/O 模块的第一个模块的输出点的第 10 个端口作为"水冷电动机启动"的信号，那么该输出信号在 PLC 中的地址就是 Y1.2。

如果"冷却水箱液位低"的反馈信号接在第二个 I/O 模块上的输入点的第 6 个端口，那么该地址在 PLC 中的地址即为 X2.5，如果我们在 I/O 模块的第二个模块的输出点的第 10 个端口作为"水冷电动机启动"的信号，那么该输出信号在 PLC 中的地址就是 Y3.2。

6.2.8　中间变量（R 变量）

我们在编写 PLC 的时候，不会直接使用输入地址和输出地址直接进行逻辑编程，

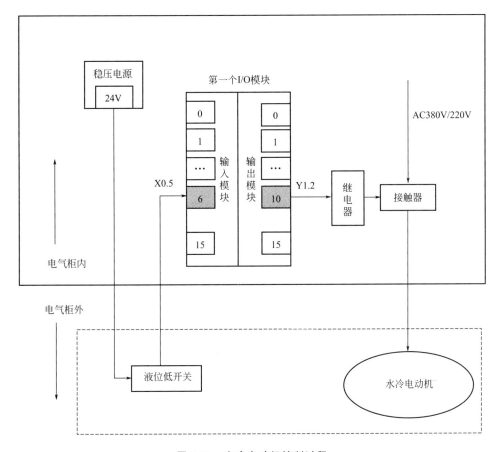

图 6-19　水冷电动机控制过程

而是通过中间变量 R 进行编程。

　　R 变量也是字节变量，既可以整体作为字节变量使用，又可以单独作为位变量来使用。字节的形式是 R＋数字，例如 R100，位的形式是 R100.0。

　　发那科 PLC 提供给用户使用的 R 变量范围是 R0.0～R999.7。

　　重点来了，在实际的工作中，输入地址、输出地址及 M 代码的中间变量 R 变量的范围通常是固定的。例如用 R100～R199 作为输入地址的中间变量（图 6-20），R200～R299 作为输出地址的中间变量（图 6-21），M 代码的 R 变量范围也是固定的，例如用 R50～R99。

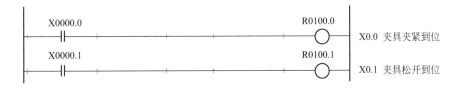

图 6-20　代表输入信号 X 的 R 变量

　　但每个 PLC 的设计者采用的 R 地址的范围是不固定的，例如用 R50～R100 作为输入地址的中间变量，R101～R149 作为输出地址的中间变量，M 代码的 R 变量范围是 R150～R200。

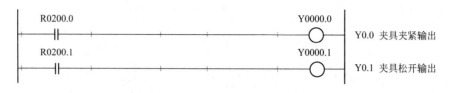

图 6-21 代表输出信号 Y 的 R 变量

6.2.9 系统变量（F、G 变量）

前文中提到过，数控机床的 PLC 与其他 PLC 相同的是通过 I/O 模块读写信号，不同的是数控机床的 PLC 还会通过"系统变量"读取数控系统的状态和控制数控系统的运行。这个系统变量的读写是 PLC 内部获取的，不需要外部接线。其中发那科系统的 PLC 获取数控系统状态的信号是字母 F 开头的变量，字母 G 开头的变量是 PLC 用来控制数控系统的变量，F 变量和 G 变量既可以是位信号，例如 F7.0、G4.3，也可以是字节信号 F10。

例如，主轴正转时，对应的系统变量 F45.1 的值是 1，我们可以将 F45.1 的值取反作为夹具松开的使能条件，也就是说主轴不正转时，才允许夹具松开；当夹具夹紧时，我们需要在 PLC 中将允许主轴旋转的系统信号 G70.7 设定是 1，也就是说允许主轴旋转的一个前提就是夹具必须夹紧。

重点来了，发那科的 PLC 提供的 F 变量和 G 变量非常多，不必全部记住，实际工作中根据实际的需求去查找就行，全部的 F 变量与 G 变量详见附录"F 信号与 G 信号列表"。

发那科PLC的结构

图 6-22 为发那科系统的梯形图 PLC。其中"Ladder"部分，即为全部的 PLC 逻辑。包含了"LEVEL1"和"LEVEL2"以及若干功能程序"Sub-program"——P00××，发那科的梯形图没有库程序。

6.3.1 发那科的 PLC 软件

由于我们是无法直接对发那科的 PLC 文件进行修改的，为此发那科提供了专用的 PLC 编程软件——FANUC LADDER，也就是发那科梯形图。在日常的工作中，有人也会用梯形图的简称"梯图"来代指发那科的 PLC。

图 6-23 为发那科 PLC 软件的初始界面。

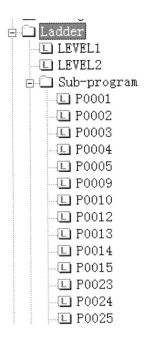

图 6-22 发那科 PLC 结构

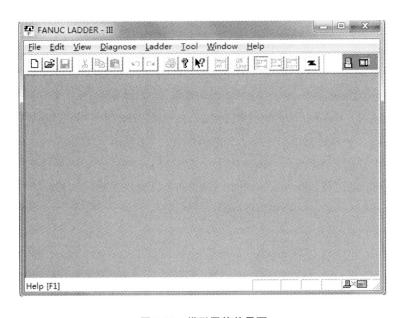

图 6-23 梯形图软件界面

我们可以直接将备份的 PLC 文件直接拖拽到软件中，会弹出如图 6-24 所示对话框。

点击"确定"，这时会弹出如图 6-25 所示对话框。

我们先选择"PMC Type"，点击"PMC Type"右侧的空白处，选择"0i-D PMC/L"，在"Browse..."中选择 PLC 保存的路径，可以选择"电脑桌面"后，"文件名"可任意设定，通常设定为机床的型号，这里我们将文件名设定为"Fanuc-PLC"，再点"打开"按钮，如图 6-26 所示。

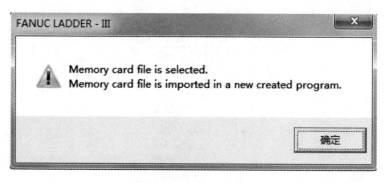

图 6-24 导入 PLC 文件

图 6-25 导入 PLC 文件为新增程序

然后再点击【OK】，会有图 6-27 中的提示。

这时会提示"Import completed."，表示 PLC 文件导入完毕，"DeCompile start."，表示解码开始，也就是将不可编辑的 PLC 文件转换成可视、可编辑的 PLC 程序。点击"确定"按钮，"DeCompile"结束后我们会获取如图 6-28 所示界面。

按键盘的【F3】键，这时"Sub-program"中的"P00××"就变成了英文或者拼音注释的功能程序，见图 6-29。

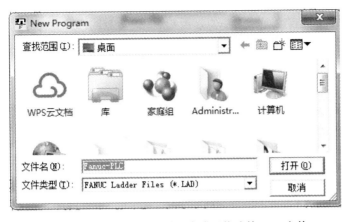

图 6-26 将 PLC 系统文件保存成可修改的 PLC 文件

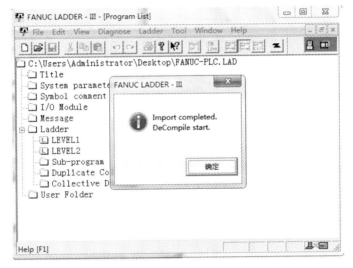

图 6-27 开始解码

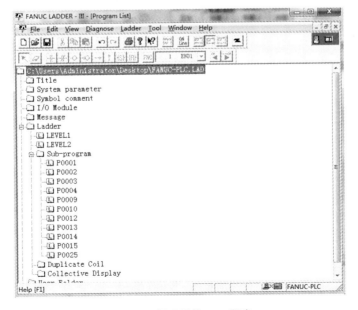

图 6-28 解码后的 PLC 程序

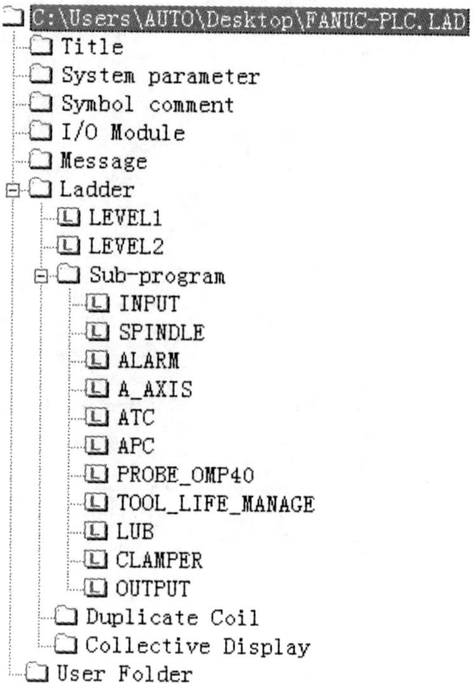

图 6-29 切换显示注释模式

6.3.2 Title

Title 打开之后，会弹出如图 6-30 所示页面，主要用来登记 PLC 的有关信息。填写的内容一般不支持中文，仅支持字母和数字，填写的内容不会影响 PLC 的运行，不做赘述。

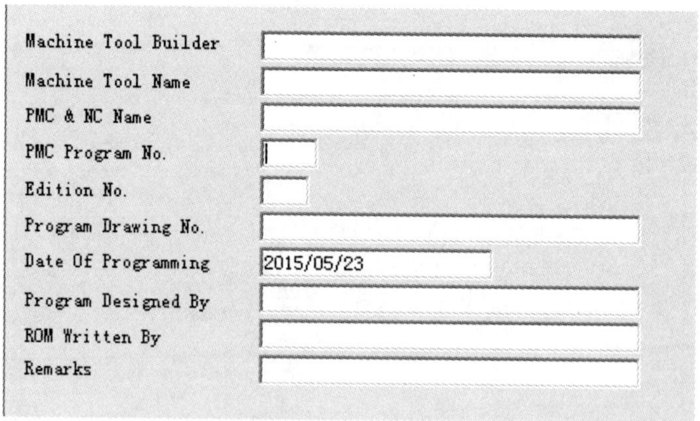

图 6-30 Title 页面

Title 页面的中英文对照表如表 6-10 所示。

表 6-10　Title 页面中英文对照表

英文	中文
Machine Tool Builder	机床制造商(MTB)信息
Machine Tool Name	机床名称
PMC & NC Name	PLC 与 NC 的名称
PMC Program NO.	PLC 程序编号
Edition NO.	编辑编号
Program Drawing NO.	程序制图号
Date Of Programming	编程日期
Program Designed By	编程设计者
ROM Written By	写到 ROM 的人
Remarks	标识

6.3.3　Symbol Comment

发那科的 PLC 支持符号编程，也就是这个 Symbol 编程。符号编程的通俗地讲，就是给 PLC 中使用到的变量，不论是位或者字节，都可以起一个名字，也就是所谓的 Symbol，在 PLC 的编程过程中，可以不用记住每一个变量的具体地址，只要记住这个名字就可以了。

例如，X0.0 是液压站液位低信号，我们可以给它起个名字，例如 YYZYWD，也就是"液压站液位低"的拼音首字母，来代表 X0.0 信号，在编写 PLC 的过程中，如果记不住液压站液位低的输入信号的地址到底是 X0.0 还是 X0.7，我们只要记得信号的名字，输入"YYZYWD"就可以了，PLC 软件会自动调取 X0.0，其与直接输入 X0.0 是等效的，更多细节我们会在后文中详细介绍。

Symbol 的主要作用是有助于 PLC 的编写和查看，但并不是必须要设定的。

"Symbol Comment"主要是用于对机床的 I/O 信号、系统变量、中间变量等进行集中查看及"登记"的页面。图 6-31 是"Symbol Comment"打开后的页面。

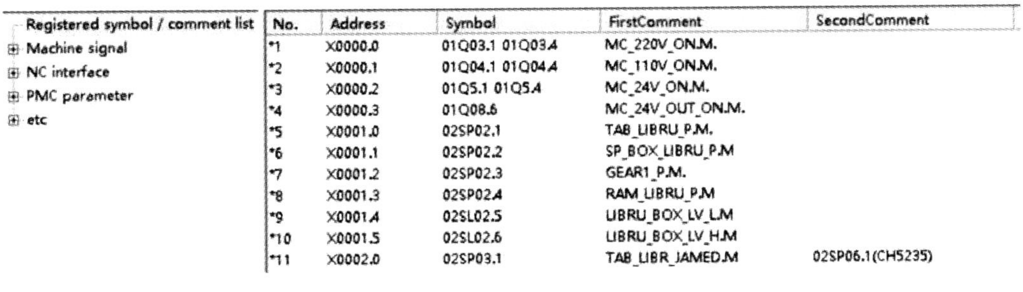

图 6-31　Symbol Comment 页面

左侧的内容 Registered Symbol/comment list 表示都有哪些信号需要登记，如表 6-11所示。

表 6-11　登记信号中英文对照表

Machine signal	机床信号，I/O 地址的定义
NC interface	NC 接口，系统变量 F 与 G 信号的定义
PMC parameter	PLC 参数，C、K、D、T 信号的定义
etc	其他信号，中间变量等的定义

右侧的 "Address" 为 PLC 中的变量地址，"Symbol" 为该地址的 "符号" 命名，"FirstComment" 为该 "符号" 的第 1 注释，"SecondComment" 为该符号的第 2 注释。

重点来了，"Symbol" 的命名和 "FirstComment" 及 "SecondComment" 在定义的时候，通常是不能使用中文的，只能使用字母和数字。对此，在命名和定义的过程中，最好使用拼音，这样看起来简洁明了，不推荐使用英语单词，其原因在于每个人的英语水平都不同，"Symbol" 使用过于简洁的英文和对 "Comment" 使用蹩脚的英语命名会让人不知所谓！

6.3.4　LEVEL1

"LEVEL1" 是发那科 PLC 必需的组成部分，由于其扫描周期最短，主要是 PLC 优先处理的伺服及主轴的急停信号，以及可能使用的硬限位等信号。不仅是发那科的 PLC，任何 PLC 永远都是对急停信号做最优先、最快速的处理，保证机床在最短的时间内停止运行，最大限度地降低对人、机床、夹具等的伤害。

由于梯形图是自上而下运行的，因此把急停信号的处理（＊ESP. G）与主轴急停（＊ESP. A）必须放在第一行，见图 6-32。

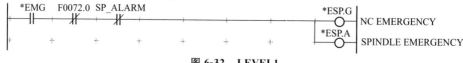

图 6-32　LEVEL1

我们鼠标右键选择 ＊ESP. G，选择 "Cursor Info"，即为光标信息，见图 6-33。

这样我们就能通过鼠标点击不同的变量，查看其全部的信息，如图 6-34 所示，包含了实际的地址（Address）、符号名称（Symbol）及第 1 注释（1st Comment）与第 2 注释（2nd Comment），在软件的最下方就能查看得到。

这时，我们能看到 ＊ESP. G 的实际的地址是 X8. 4，符号是 ＊ESP. G，第 1 注释与第 2 注释为空。

重点来了，为了保证 LEVEL1 的运行时间最短，最好就只有一行的急停处理，使得急停得到最快响应，因此 LEVEL1 中不要添加过多其他的 PLC 代码，图 6-35 就是错误的 LEVEL1 编程。

6.3.5　LEVEL2

"LEVEL2" 同 "LEVEL1" 一样是发那科 PLC 的必需组成部分，是 PLC 的主程

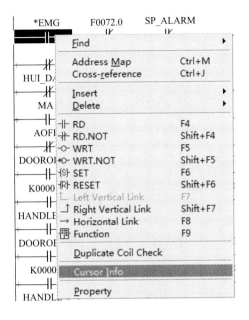

图 6-33 光标信息

地址:G0008.4 符号:*ESP.G 第1注释:NC EMERGENCY 第2注释:

图 6-34 Cursor Info（光标信息）

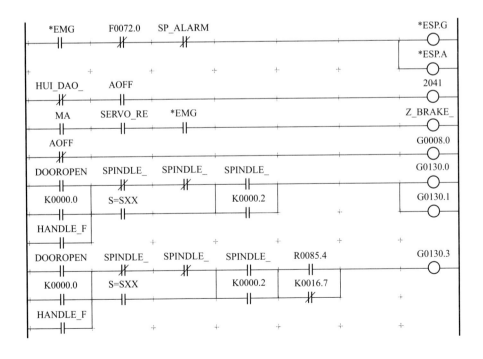

图 6-35 错误的 LEVEL1 编程

序，其作用是用来调取功能程序（Sub-program）以及 M 代码的定义。

图 6-36 为功能程序 INPUT（输入信号）、SPINDLE（主轴功能）、ALARM（报警）的调用（SUB65 CALL）。

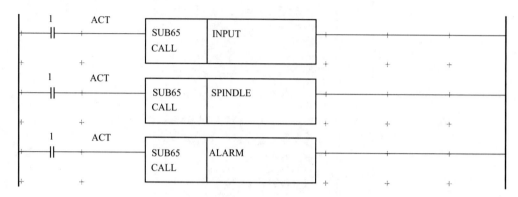

图 6-36　LEVEL 调用功能程序

同样由于梯形图的运行是自上而下运行的，因此在调用功能程序的时候，第一个被调用的功能程序一定是读取输入信号（INPUT），最后一个被调用的一定是写入输出信号的功能程序（OUTPUT），中间的为逻辑程序与报警处理等。

调用的顺序和 Sub-program 中分支程序不一定是对应的，功能程序可以有若干个，但不一定全部都被调用，如图 6-37 所示。

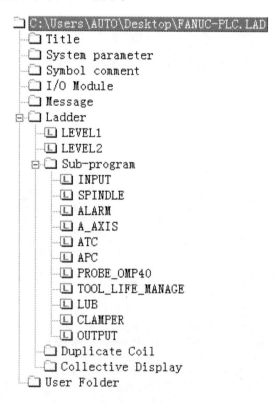

图 6-37　Sub-program 中若干个功能程序

M 代码的定义见图 6-38。

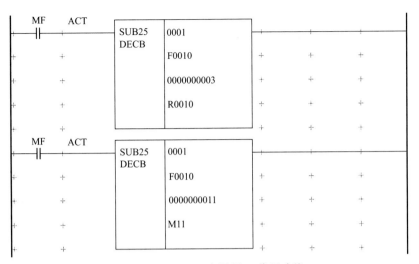

图 6-38 LEVEL2 中调用 M 代码功能

M 代码对应的系统变量是 F10（字节变量），也就是说 M3 在执行时，F10 的数值等于 M3 中的数字 3。同理，在执行 M11 时，F10 的数值等于 M11 中的数字 11。

有的 PLC 设计者会把输入地址的读取定义在 LEVEL2 中，不建议这么做，这样会增加 LEVEL2 的扫描时间，会影响其他功能程序的使用。

6.3.6 Sub-program

Sub-program，分支程序也称为功能程序，功能程序可以有若干个，属于 PLC 的主体逻辑部分。一个功能程序通常对应一个设备的控制功能，例如夹具控制、自动门控制、报警处理等。分支程序的命名可以是英文，也可以是拼音，只要是字母开头即可。

重点来了，前文中提到过，PLC 在运行的时候是逐级、逐行、周期性地运行。先说逐级运行，是指先按照优先级运行，优先级由高至低分别为：LEVEL1、LEVEL2、功能程序。再说逐行运行，是指在同一级别的 PLC 中，最上面的行的 PLC 先运行，最下面的行的 PLC 后运行。当完成全部 PLC 的执行后，再周而复始地从 LEVEL1 再开始。整个 PLC 的运行过程的每一步都是有时间、有顺序的，也就是我们常说的时序。如果我们在编写 PLC 的时候忽略了时序的问题，那么就会导致编译正确的 PLC 无法运行或者不定期出错。

最简单的时序应用就是 I/O 模块硬件地址的读写，一定要先调用"读取输入信号"，最后调用"写入输出信号"。

为了让 PLC 的结构更加清晰，我们习惯上将读取的输入信号（INPUT）放在子程序的第一步，将输出信号（OUTPUT）放在子程序的最后一步。

6.3.7 Message

Message 是 PLC 报警集中存放的模块。PLC 报警中的变量标示符是 A，而 PLC 报警变量 A 也是字节型数据，见图 6-39。

1	A0.0	
2	A0.1	1001 QF1 OFF(OIL COOLER)
3	A0.2	1002 QF2 OFF(WATER COOLER)
4	A0.3	1003 QF3 OFF(CHIP REMOVER)
5	A0.4	1004 QF4 OFF(MAGZINE MOTOR)
6	A0.5	1005 QF5 OFF(HYDRAULIC MOTOR)
7	A0.6	1006 QF6 OFF(TRANSFORMER)
8	A0.7	1007 QF7 OFF()
9	A1.0	2001 MACHINE LOCKED
10	A1.1	2002 DOOR NOT CLOSED
11	A1.2	2003 DOOR NOT OPEN
12	A1.3	2004

图 6-39　Message 页面

当 A0.1 置为 1 时，则数控系统界面会提示 EX1001 QF1 OFF（OIL COOLER）。报警变量 A 的 PLC 编写也要使用中间变量 R，与输入输出信号一样，如图 6-40 所示。

图 6-40　报警编程

第一行，油冷机电动机空开跳开（常闭信号），此时输入信号 X0.1 为 0，取反，则 R100.1 为 1。

第二行，当 R100.1 为 1，则 A0.1 为 1，此时会发生 EX1001 QF1 OFF（OIL COOLER）报警。

发那科系统的 PLC 报警的标示符是"EX＋四位数字（报警号）"，格式为 EX*nnnn* ×××××××××，都是 PLC 报警，例如 EX2002 DOOR NOT CLOESD 等。报警内容中的四位数字，细心的读者可能会发现有数字 1 开头的，例如 1001 QF1 OFF（OIL COOLER）；也有数字 2 开头的，例如 2003 DOOR NOT OPEN。报警号是 1 开头的报警在发生时，机床会进入急停状态，而 2 开头的报警发生时，机床仅仅是信息提示，通常并不会停止机床。

重点来了，四位数字的报警号及报警内容，通常都是 PLC 设计者自己随机定义的，同一个报警号，有可能存在同一个制造商不同型号机床的报警内容都不一样，更不用说不同制造商的报警内容了。但由于 PLC 设计者的英语水平良莠不齐，PLC 的报警内容有时会出现看不懂的情况，这时不建议通过上网查找或者借鉴其他制造商的哪怕是同等型号机床的报警说明，如果自己没有能力在线诊断 PLC 或者 PLC 被加密，最好的办法就是联系 PLC 的设计者，找到造成报警的原因。

6.4
K参数

K 参数是 PLC 选项，在西门子中，称为 14512，主要是用来选择性地调用功能程序、开启修调模式及选择信号常开常闭等。

我们还是以夹具为例，但我们会面临如下几种情况：

① 机床的使用者需要夹具功能；

② 机床的使用者不需要夹具功能；

③ 机床的使用者一开始不需要夹具功能，后来又有夹具功能的需求；

④ 机床使用者一开始使用夹具功能，现在想取消夹具功能；

⑤ 机床使用者换了新的夹具，新的夹具比原来的夹具多了或者少了一个到位信号。

以上的这些情况，我们都需要通过 K 参数来完成，通过 K 参数调用夹具功能或者选择不同类型的夹具功能。

重点来了，K 参数在 PLC 编程时，功能的定义通常是编程者自行决定的，所以对于 K 参数的具体作用不必强记，初入门可以通过相关技术部门索取 K 参数设定手册来查询 K 参数的具体功能，技术娴熟者，可以通过 PLC 的在线诊断直接查看其具体功能。

6.4.1　K 参数设定方法

依次按功能键及软键就能调出 K 参数设定页面（图 6-41）：【SYSTEM】→【PMC-MNT】→【K 参数】。

我们通过【Page Up】和【Page Down】进行翻页操作，也可以通过"搜索"功能进行 K 参数查找，然后通过键盘上的左右箭头调整光标的位置，选择具体的 K 参数的位。

修改 K 参数前，需要"允许修改参数"，再将数控系统切换到 MDI 模式，然后对光标选择的 K 参数的位进行赋值操作，输入 0 或者 1，然后按【INPUT】键完成对其 K 参数的修改。

6.4.2　K 参数的用途

(1) 功能程序调用

当 K 参数用来作为功能的调用时，通常是在 LEVEL2 中可以查看得到。

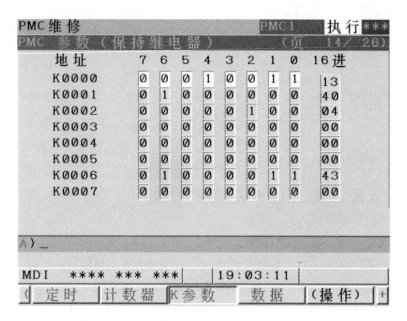

图 6-41　K 参数页面

图 6-42 中，只有当 K0.0 被设定为 1 的时候，才能调用（CALL）夹具（JIAJU）功能。

图 6-42　K 参数调用功能程序 1

我们再看图 6-43，同理当 K0.1 被设定为 0 的时候，才能调用（CALL）液压站（YEYAZHAN）功能。

图 6-43　K 参数调用功能程序 2

重点来了，当我们在使用按钮实现控制的时候，发现输出信号始终为 0，当我们在线查看 PLC 的时候，发现控制的使能都满足，但是输出信号就是不为 1，如图 6-44 所示。

当我们执行 M 代码 M87 的时候，JJ1AN.Y 还是不接通，如图 6-45 所示。

出现这种情况的原因很简单，就是该部分 PLC 所在的功能程序 "JIAJU" 没有在 LEVEL2 被调用，也就是调用夹具功能的 K 参数未被正确设置，导致输出信号的使能条件都满足但输出信号不为 1 的情况发生。

我们在 LEVEL2 中，找到调用 "JIAJU" 的 PLC 代码，见图 6-46。

得知，调用 "JIAJU" 功能程序的 K 参数是 K1.7，而 K1.7 在 PLC 中的值为 0，此时我们需要将 K1.7 设定为 1 后，调用夹具功能，这时再使用按钮或者 M 代码进行控制即可生效，如图 6-47 所示。

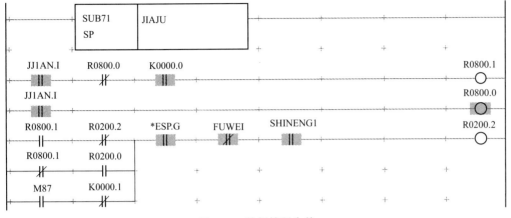

图 6-44　按钮控制失效

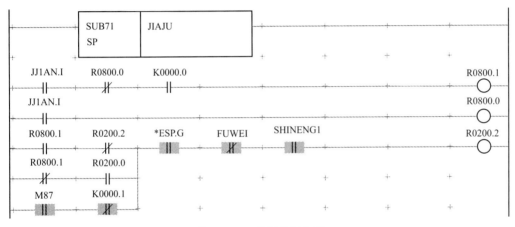

图 6-45　M 代码控制失效

图 6-46　K 参数未调用程序 5

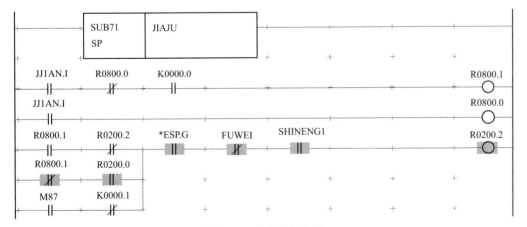

图 6-47　按钮控制生效

我们再试试 M87，发现 M87 也能实现控制功能了，如图 6-48 所示。

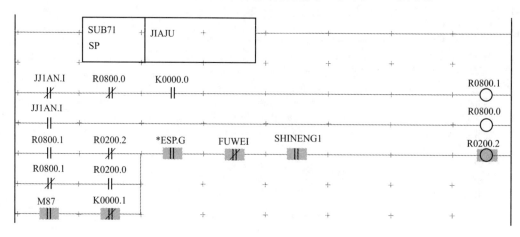

图 6-48　M 代码控制生效

(2) 功能选择

K 参数的功能选择与功能调用的使用方法是一样的。

例如某机床制造商有两种不同机械结构的机床，采用的刀库分别为伺服刀库和机械手刀库，通常会把两个刀库的控制程序都写在同一个 PLC 中，通过 K 参数进行刀库的类型选择，如图 6-49 所示。

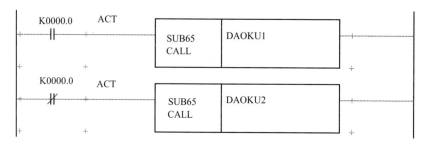

图 6-49　K 参数进行功能选择

当 K0.0 为 1 时，调用刀库 1（DAOKU1），当 K0.0 为 0 时，调用刀库 2（DAOKU2）。

重点来了，由于功能程序中包含了 PLC 报警处理，如果功能程序没有被调用的话，不仅是按钮功能和 M 代码控制失效，同时也没有任何相关的报警，这时我们就需要找到相关的 K 参数，并修改 K 参数的值。

(3) 常开/常闭选择

我们还是通过举例来进行说明。假设 X0.0 是水箱液位低输入信号，A0.0 是水箱液位低的报警信号。如果水箱液位低的信号开关为常开，当出现液位低的情况就会闭合，PLC 就会提示 "水箱液位低报警"，这时我们可以编写 PLC 程序如图 6-50 所示。

图 6-50 常开输入信号报警

如果水箱液位低的信号开关为常闭，当出现液位低的情况就会断开，PLC 就会提示"水箱液位低报警"，这时我们的 PLC 就要编成如图 6-51 所示形式。

图 6-51 常闭输入信号报警

如果我们同时使用了两个水箱的生产厂家，这两家的"水箱液位低"的信号一家是常开，另一家是常闭，这时我们的 PLC 该如何处理呢？

这时，我们就会借助 K 参数进行帮忙。我们假设 K0.0 是用来选择水箱液位低的信号是常开和常闭的参数，设定 K0.0 设定为 0 的时候，水箱液位低是常开信号；K0.0 设定为 1 的时候，水箱液位低是常闭信号。

当我们编写 PLC 的时候，就多了一个变量 K0.0。如果水箱液位低的信号是常开，当发生液位低的情况时，即 X0.0 的值为 1 接通，且 K0.0 的值设定为 1，就会发生报警。于是我们有了如图 6-52 所示的编程。

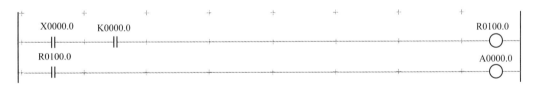

图 6-52 通过 K 参数控制常开输入信号报警

如果水箱液位低的信号是常闭，当发生液位低的情况，即 X0.0 的值为 0，X0.0 取反后值为 1，且 K0.0 的值设定为 0，K0.0 取反后值为 1，就会发生报警。于是我们又有了如图 6-53 所示的编程。

图 6-53 通过 K 参数控制常闭输入信号报警

由于这两种情况都会产生"水箱液位低报警"，所有我们将这两种情况"或"起来，就变成了如图 6-54 所示的形式。

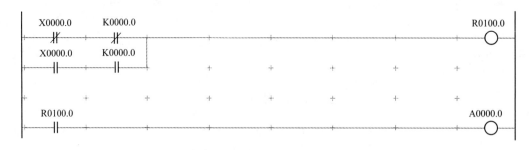

图 6-54 K 参数选择常开常闭

如果我们是 PLC 设计者，就需要将 K0.0 的作用以表格的形式写到调试手册或出厂手册中（表 6-12），这样既方便他人使用，同时也方便自己查阅。

表 6-12　K0.0 的作用

K 参数	说明
K0.0	水箱液位低为常开,设定为 1；水箱液位低常闭,设定为 1

重点来了，作为 PLC 的设计者，在使用 K 参数作为常开常闭功能选择时，一定要保持设置值的一致性，即 K 参数设定为 1 时代表的是信号开关都为常开，K 参数设定为 0 时代表的信号开关都为常闭。

重点来了，作为数控机床的使用者，当我们在使用液位信号、压力信号、温度信号检测时，如果出现实际的情况与报警的情况相反的话，说明 K 参数设定错误。例如出现气源压力低报警，但实际上气源压力正常的，如果电气的线路没有问题的话，那就很可能是 K 参数的设定错误。

6.4.3　K 参数的向下兼容

向下兼容，又称为向后兼容，是计算机术语，指的是软件或者硬件在升级后，要兼容早期的版本。举个例子，微软公司的办公软件 Word2007 一定能打开 Word2003 版本的文档，不能因为版本的升级导致功能混乱或者无法识别的情况。

重点来了，向下兼容是软件或硬件设计者最基本的技术素养！

PLC 的设计者在定义 K 参数的功能时，要保持 K 参数功能定义的向下兼容，也就是 PLC 在升级维护或集中整合的过程中，K 参数的功能是不能随意更改的。举例说，版本 1.0 的 PLC 中定义 K0.0 实现冷却水箱液位低的常开常闭选择，而在版本 1.1 中的 PLC 就定义 K0.0 实现调用液压站功能，然后在版本 1.2 中的 PLC 就将 K0.0 定义成刀库类型的选择功能。

通过上述描述各位读者已经清楚了，K 参数如果不向下兼容会造成 K 参数管理与使用上的混乱，对机床的生产、使用及售后服务等工作都会造成不必要的麻烦。

D 参数与 K 参数的功能类似，这里不再做过多的介绍。

6.5
基本逻辑指令

本节中主要介绍工作中常用的 PLC 指令，并通过举例进行说明 PLC 指令的应用场合，并列出时序，至于 PLC 部分在后文中会重点详细讲解。

6.5.1 PLC 时序图

对于 PLC 的学习，PLC 时序图或多或少需要了解的，这里简单介绍一下如何看时序图（图 6-55）。

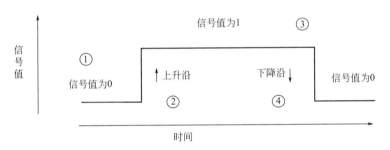

图 6-55　标准时序图

图 6-55 为标准的时序图，时序图横坐标是时间，单位可以是 s 也可以是 ms，纵坐标是信号值，只有 0 和 1 两种，时序图包含四个状态：

① 信号值为 0，表示当前没有信号，信号可以是硬件 I/O 地址 X 和 Y 信号，也可以是系统信号 F 和 G 信号，如果 X 和 Y 信号的值为 0，那就表示 I/O 模块没有接收到 DC24V 或者没有发出 DC24V，如果 F 信号的值为 0，那就表示当前数控系统的状态没有生效；

② 上升沿，指的是信号由 0 到 1 的变化状态监测，原来没有信号，如今有信号了；

③ 信号值为 1，表示当前有信号，如果 X 和 Y 信号的值为 1，那就表示 I/O 模块上接收到或者发出了 DC24V；

④ 下降沿，指的是信号由 1 到 0 的变化状态监测，原来有信号，现在没有信号了；

⑤ 时序图中①信号的初始值也可以是 1。

控制时序图，至少包含两个信号的状态变化，上下排列，下面的信号会随着上面信号的变化而产生即时、延时、忽略及状态取反等变化，与实际的控制过程或者信号状态相对应。

图 6-56 为压力信号 X0.0 控制液压站启动 Y0.0 的时序图。当压力信号的值变成 0 时，即检测的压力不足，这时液压站启动，信号值为 1，当压力信号的值变成 1 时，即检测的压力满足条件，则液压站停止启动，信号值为 0。

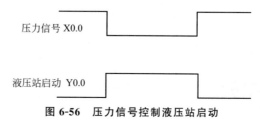

图 6-56　压力信号控制液压站启动

后文中我们会通过简单的时序图对一些的 PLC 功能进行描述。

6.5.2　上升沿检测（SUB57，DIFU）

当某一信号，可能是输入信号也可能是输出信号，由 0 变成 1，也就是原来没有信号，现在有信号了，为了检测这个信号的由无到有的变化过程，我们就要使用上升沿检测功能，上升沿功能检测到信号由 0 到 1 的变化时，就会输出的是一个脉冲信号。

上升沿检测最常见的功能就是计数功能。例如刀库的计数开关是常开，没有刀具感应时，计数开关 PLC 中的值就是 0，当有刀具感应时，计数开关就处于接通状态，PLC 中的值就是 1，当刀具旋转后没有了刀具感应，计数开关又处于断开状态。当我们想通过计数开关实现计数功能时，就要对计数开关由断开到接通的变化进行检测，也就是要使用上升沿检测功能，如图 6-57 所示。

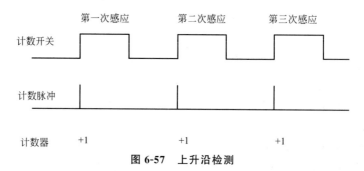

图 6-57　上升沿检测

也许会有人问，为什么我们不用计数开关的信号进行计数。其原因在于计数开关从感应到信号到信号消失有时间的，比如说是 0.5s，而 PLC 的运行是周期性的，运行的周期时间也非常短，一般在 8～100mss 左右，0.5s 的话，可能运行若干个周期了，当我们直接采用计数开关信号用来计数的话，在 0.5 秒内，计数可能就是若干次计数了，感应的时间越长，计数的次数也会越多，这样就无法准确地进行计数了。图 6-58 为使用输入信号作为计数信号的情况。

因此使用计数开关信号的上升沿作为计数，只在乎信号变化的次数，至于持续的时间并没有任何影响。

6.5.3　下降沿检测（SUB58，DIFD）

下降沿检测与上升沿检测的原理是一样的，但是过程正好相反，当某一信号由 1 变

图 6-58　使用输入信号作为计数信号的情况

成 0 时，也就是原来有信号接通，现在没有信号接通了，为了检测这个信号由"有"到"无"的变化过程，就要使用下降沿检测功能。

下降沿检测功能更多地应用在控制按钮的 PLC 处理中，采用按钮信号的下降沿信号作为控制请求，例如夹具的松开与夹紧、主轴的松刀与夹刀等操作。

图 6-59、图 6-60 分别为标准按钮上升沿控制和下降沿控制在时序图上的区别。

图 6-59　普通按钮上升沿请求　　　图 6-60　控制按钮的下降沿处理

按钮上升沿实现的控制请求与下降沿实现的控制请求，最直观的表现就是这个按钮是按下去生效还是手松开生效。如果是按下去生效，属于立即生效，控制就要被执行，如果是手松开生效，就有一个缓冲的时间，在按下按钮后，发现有安全隐患的话，此时按下急停按钮，将按钮的控制使能失效，这样能在一定程度上减少危险事故。

为了更加形象地说明下降沿的安全保护功能，举一个更加直观的例子。战争期间，会使用到步兵地雷，早期的地雷的设计就是只要踩下去就爆炸（与上升沿的原理是一样的），但是产生一个隐患，那就是如果是自己的部队踩到了自己的地雷肯定也会爆炸，于是后来的技术人员将地雷的设计改成了，踩下去不爆炸，抬起脚才爆炸（与下降沿的原理是一样的），如果有人发现自己踩到地雷了，只要不抬脚，就不会有问题，这时就可以通过工兵将地雷进行引线拆除（与按下急停破坏使能一样），这样就避免了对自己士兵的误伤。

6.5.4　功能程序调用（SUB65，CALL）

功能调用的应用很简单，前文中 K 参数那一节已经提到了，如果不是标准功能的话，一般与 K 参数配合使用，以达到调用或取消控制功能的作用。功能程序的调用，SUB65 CALL 只定义在 LEVEL2 中，如图 6-61 所示。

6.5.5　延时接通（SUB24，TMRB）

延时接通功能就是发送给它的信号，它都要等待一段时间（延时）再接通，如果发

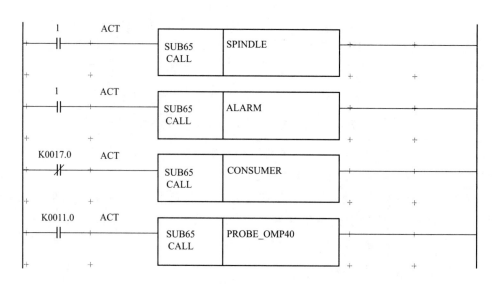

图 6-61　功能程序调用

送给它的信号消失，它会立即断开信号，如果信号存在的时间少于延时设定的时间，那么它是不会接通的，延时接通的时序图见图 6-62。

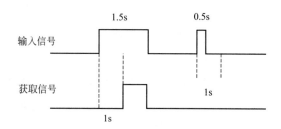

图 6-62　延时接通时序图

当输入信号持续的时间超过 1.5s 时，获取信号的持续时间为 0.5s，当输入信号的持续时间小于延时时间 1s 时，获取信号的值不发生变化，即一直为 0。

延时接通的作用之一，保证设备的安全及稳定运行，也就是当待检测的信号稳定后再将其生效，避免信号不稳定造成设备损坏或者频繁报警。

延时接通的另一个作用就是避免误操作，当我们在操作机床的过程中，无意中按到某个控制按钮时，能够避免造成机床误动作，导致机床发生事故。

(1) 到位信号

我们通过举例来说明延时接通的具体应用。

我们使用了标准夹具，有夹紧到位和松开到位两个输入信号，用来确定夹具的状态。当夹具在夹紧时，夹具正好处在夹紧感应开关的感应区域临界点，如果没有对该状态进行延时接通处理的话，那么 PLC 就会判定已经夹紧到位了，但实际夹具还没有完全夹紧，如果此时进行工件加工的话，那么就有可能因为夹具未完全夹紧导致工件移动或者被主轴"拽"出来，轻则工件作废、机床损伤，重则造成人身安全，如图 6-63 所示。

为了避免出现这种情况，如果将这个夹紧到位信号的确认延时 0.5s，也就是等夹紧到位信号稳定后再将其生效，夹具就肯定会彻底夹紧了，PLC 再认定夹具夹紧到位的状态，此时再加工，就不会有上述的安全问题了，如图 6-64 所示。

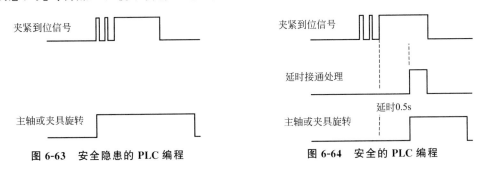

图 6-63　安全隐患的 PLC 编程　　　　图 6-64　安全的 PLC 编程

(2) 控制按钮

还是举一个例子，操作面板上定义了一个控制按钮，用来控制主轴的松开与夹紧。"标准"的控制逻辑就是直接用按钮进行主轴松开与夹紧的控制，但是有一个安全隐患，如果主轴处于静止状态，数控系统当前是手动模式，同时操作者不小心碰到了这个按钮的话，这时主轴就会进行松开动作，主轴上的刀具就会掉下来，造成刀具的损坏、工件或工作台被砸坏等意外的发生。图 6-65 为主轴松刀按钮信号即时生效的时序图。

最安全的 PLC 处理过程如图 6-66 所示，持续按主轴松刀按钮 3s 或者以上，且松开按钮时才允许主轴松刀输出信号为 1。

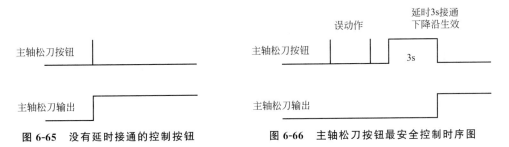

图 6-65　没有延时接通的控制按钮　　　图 6-66　主轴松刀按钮最安全控制时序图

(3) 机床润滑

机床都配有润滑功能，每间隔一段时间，例如间隔时间是 30min，润滑时间为若干秒，例如每次润滑时间是 10s。润滑系统常常配有润滑液位低功能，但是由于润滑油盒比较小，润滑电动机在旋转的时候，会干扰到润滑液位低开关，导致润滑时即便润滑盒里中的润滑油充足也会出现润滑液位低的报警，导致机床停止运行。图 6-67 为理想的润滑液位低的 PLC 处理。

为了避免信号的不稳定导致的机床报警停机，我们就需要将润滑液位低信号进行延时接通，延时的时间大于润滑时间，这样当润滑电动机工作的时候，即便润滑液位低信号为 1，但由于对其采用了延时接通的功能，也不会出现报警。当润滑电动机停止工作后，如果还有润滑液位低信号还继续存在，那么此时再进行报警提示，通过这种处理方法，就有能效地避免润滑电动机的启动对润滑液位低信号的干扰，如图 6-68 所示。

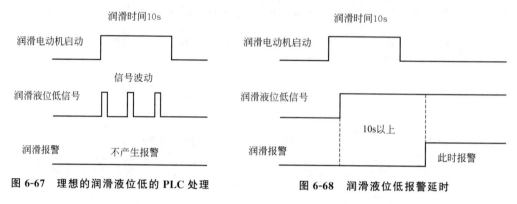

图 6-67　理想的润滑液位低的 PLC 处理　　　　图 6-68　润滑液位低报警延时

6.5.6　TMRBF（SUB77，延时断开）

延时断开功能就是发送给它的信号已经消失了，它还会继续保持信号存在的状态若干时间。延时断开的功能与延时接通的功能在应用上是相似的。

（1）夹具松开到位信号

我们还是通过举例进行说明。目前使用的是一个只有夹紧到位信号的夹具，没有松开到位信号，当夹具夹紧到位信号消失 1s 后，就认定夹具已经松开了。这时我们所需要使用延时断开功能就能实现上述的控制过程，如图 6-69 所示。

（2）保压式液压站

再举一个例子，我们使用的是保压式的液压站，有压力检测开关，压力低时自动启动液压站电动机，当压力检测开关有信号时，就停止液压电动机的工作。但是使用了一段时间后，发现压力稍有不足，希望压力开关有了信号之后电动机继续运行 10s，也就是让电动机迟一些停止运行，这时我们就要使用到延时断开功能，如图 6-70 所示。

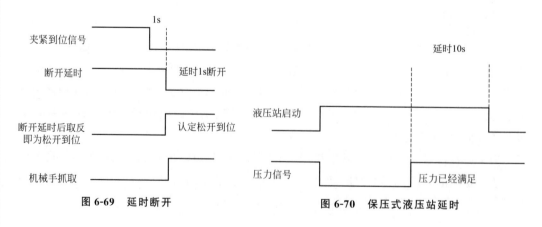

图 6-69　延时断开　　　　　　　　图 6-70　保压式液压站延时

M代码

M代码在数控系统中起到对机床辅助控制的作用，用来快速实现某一功能的代码。M代码既包含对加工程序的控制、主轴的控制等标准的系统功能，也包含诸如夹具控制、自动换刀等完成一系列动作控制的用户自定义功能。

M代码既可以单独执行，也可以在加工程序中执行。其标准格式为 M＋数字，不同的数字指向不同的控制功能，M代码中的数字也称为 M值。

6.6.1 标准 M 代码

标准 M代码功能是数控系统提供的，不需要使用者自己编辑，在程序中执行就能运行，常见的如表 6-13 所示。

表 6-13　标准 M 代码

M 代码	功能
M00	程序停止
M01	条件程序
M02	程序结束
M03	主轴正转
M04	主轴反转
M05	主轴停止
M06	自动换刀
M08	冷却启动
M09	冷却关闭
M19	主轴定向
M98	调用子程序
M99	子程序结束返回

M代码中，在执行时，例如 M01、M03，可以简化成 M1 和 M3。

6.6.2 自定义 M 代码

自定义 M代码指的是用户自行定义的 M代码，需要根据实际的控制情况进行对机床及设备的控制。通常来说，PLC中定义的 M代码功能不要与系统提供的标准功能重复，比如说标准 M代码 M5 是用来实现主轴停止的功能。在 PLC程序中，我们又定义了 M5 用做夹具的松开控制。这样在加工和调试过程中就容易发生混淆，进而导致机床及设备会出现"误动作"，有可能造成人员伤亡和设备损坏。

6.6.3　M 代码冲突

或许会有人问，如果在 PLC 程序中自定义 M 代码与标准 M 代码功能重复，会是什么情况。如果自定义的 M 代码功能与数控系统支持的标准的 M 代码一样，那么两个 M 代码功能都会被数控系统执行，只不过数控系统会优先执行用户定义的 M 代码功能，再执行标准的 M 代码功能。上文中举例用 M5 来实现夹具的松开控制，那么当加工时也会使用 M5 用来停止主轴旋转，这时会优先执行夹具松开功能，这个时候主轴还在旋转，有可能把被松开的工件带飞出来，造成人员伤亡和设备损坏。

当然我们也可以利用数控系统优先执行自定义 M 代码的原理，来完善数控系统的标准 M 代码功能。只有当数控系统提供的标准 M 代码功能无法满足我们实际的工作需要时，我们才会在 PLC 中重新定义标准 M 功能，以满足实际的工作需求。

例如说，我们需要在主轴停止旋转前停止冷却功能，一般的加工编程处理就是在执行 M5 之前，执行 M9。如果我们为了避免在加工程序处理的时候忘记添加 M9，那么我们就需要将 M5 进行重新定义，让系统执行 M5 之前，先停止冷却功能。

6.6.4　PLC 处理

由前文内容我们可知，M 代码的定义是在 LEVEL2 中完成的，下文会详细地介绍如何在 PLC 中定义 M 代码。

(1) 定义 M 代码

我们在编写 M 代码的 PLC 时，一定会用到三个系统变量，分别为位变量 F7.0、字节变量 F10 和位变量 G4.3。同时也会使用到一个字节 R 变量和一个系统功能 SUB25。图 6-71 为标准的一组共 8 个 M 代码定义格式，其中 F7.0、SUB25、0001 及 F10 是固定格式，0000000003 和 R10 不是固定的。

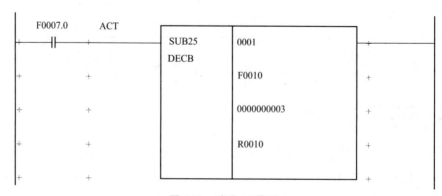

图 6-71　定义 M 代码

我们按照图 6-71 逐个说明：

① 位变量 F7.0，当 F7.0 为 1 的时候，表示数控系统正在执行 M 代码，也就是说数控系统在执行 M 代码时，F7.0 才为 1，否则状态为 0。

② 字节变量 F10，当数控系统执行 M 代码时，F10 等于 M 代码中的数字，例如执行 M7 时，F10 的值为 7，执行 M88 时，F10 的值为 88，由于字节的取值范围不超过 255，因此只能定义 M 值不超过 255 的 M 代码。

③ 0000000003 等同于 3，表示的是此组的 M 代码的定义是从 M3 开始，定义了一共 8 个 M 代码，分别为 M3、M4、M5、M6、M7、M8、M9 及 M10。

④ 字节变量 R10，也可以是 R50，没有特定的值，但有两个定义的前提：

a. 一个选定的 R 变量没有被其他的程序所占用，目的是防止其控制上的误动作。

b. R 变量的选定的范围要固定，例如我们约定 R10～R90 用来定义 M 代码，或者 R500～R600 用来定义 M 代码。

⑤ 功能 DECB（SUB25），表示的是将定义的这 8 个 M 代码分别赋值给 R10 中的 8 个位，对应关系是定义的 M 值（M 代码中的数字）由小到大与 R10 中的位由低到高相对应，M3 对应的是 R10.0，M10 对应的是 R10.7，对应的关系见表 6-14。

表 6-14 功能 DECB（SUB25）

R10	R10.7	R10.6	R10.5	R10.4	R10.3	R10.2	R10.1	R10.0
M 代码	M10	M9	M8	M7	M6	M5	M4	M3

⑥ 当 M3～M10 在被数控系统执行时，对应的位的变量值为 1，例如水冷启动 M8 被执行时，R10.5 的值为 1，当执行其他 M 代码时，R10.5 变成 0，为了保持水冷启动一直工作，我们将水冷（SHUILENG）与 M8 进行"或"的逻辑处理，见图 6-72 中的虚线部分，如果 Y0.0 为 1，会一直保持"水冷启动"的状态。

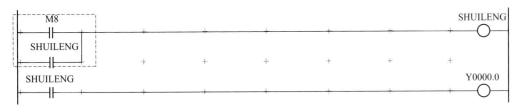

图 6-72 M 代码启动控制

⑦ 当我们需要停止水冷功能时，需要执行 M 代码 M9，M9 对应的 R 变量为 R10.6，数控系统执行 M9 后，R10.6 为 1，为了能停止水冷功能，PLC 中我们需要将其作为水冷启动的使能，这时我们的 PLC 就需要如图 6-73 所示方式处理。

⑧ 我们再定义一组 M 代码，见表 6-15，是从 M11～M18，这里我们将 F10 的 8 个值分别赋值给字节 R11，如图 6-74 所示。

表 6-15 F10 的 8 个值分别赋值给字节 R11

M11	M12	M13	M14	M15	M16	M17	M18
R11.7	R11.6	R11.5	R11.4	R11.3	R11.2	R11.1	R11.0

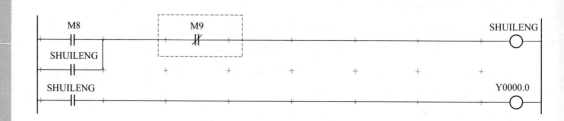

图 6-73　M 代码启动控制

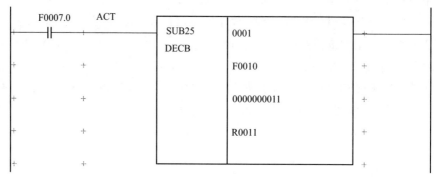

图 6-74　定义新 M 代码

⑨ 位变量 G4.3，这个是前文中没有使用的系统变量，因为前文只是如何定义 M 代码。当 M 代码执行的控制完成后，需要将 G4.3 置为 1。当 G4.3 的值为 1 后，数控系统会认为当前的 M 代码已经结束运行，方能继续执行下一行程序，否则数控系统会一直处于执行状态，如图 6-75 所示。

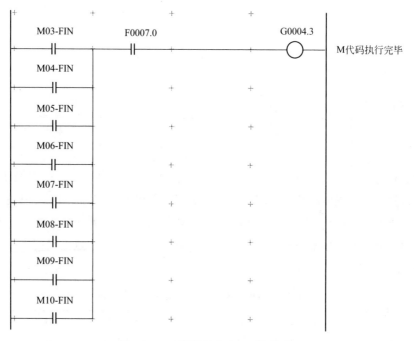

图 6-75　M 代码结束 G4.3 的处理

(2) M 执行完成

上文中我们已经提到了，当 M 代码执行完毕后，需要将系统变量 G4.3 置为 1。在日常工作中，M 代码执行完毕的确认，有以下几种情况：

① 通过输入信号，即控制到位的输入信号确定 M 代码执行完毕，例如控制夹具夹紧的 M 代码，当执行 M 代码后，在指定的时间内，夹紧到位信号赋值给 G4.3，这时将夹紧到位信号作为 M 代码执行完毕的标志。假设 M10 是夹具夹紧的 M 代码，X0.0 是夹具夹紧到位信号。

图 6-76 是在读取输入信号模块中定义的夹具夹紧完成的中间变量 R100.0。

图 6-76　夹具输入信号

图 6-77 是执行 M10 后，判定 M 代码执行完毕的 PLC 简单处理。

图 6-77　M 代码控制完成输入信号处理

② 立即完成，即不需要任何的输入信号的确定，就将 G4.3 置为 1。例如启动水冷电动机，水箱中一般没有水冷电动机启动的反馈信号，即输入信号传递给 I/O 模块，这时，我们在定义水冷启动的 M 代码 M8 时，直接将 R10.5 赋值给 G4.3，如图 6-78 所示。

图 6-78　M 代码控制完成即时处理

③ 没有输入信号，但需要延时完成。例如我们在使用部分型号的夹具时，只有夹具夹紧到位信号，没有夹具松开到位信号，对于控制夹具夹紧的 M 代码，需要使用夹具夹紧到位信号赋值给 G4.3 作为夹具夹紧完成的标志；但是对于控制夹具松开的 M 代码，需要等待若干秒，例如等待 2000ms，即 2s，也就是等待夹具松开的机械动作完成后，此时再将 G4.3 置为 1，如图 6-79 所示。

④ 我们把上述三种情况放在一个 PLC 程序中，就变成了如图 6-80 所示的形式。

⑤ 由于上述三种情况都使用了系统变量 F7.0，为了程序的简洁性，我们单独将 F7.0 提取出来，如图 6-81 所示。

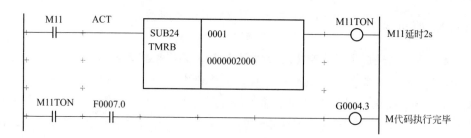

图 6-79　M 代码控制完成延时处理

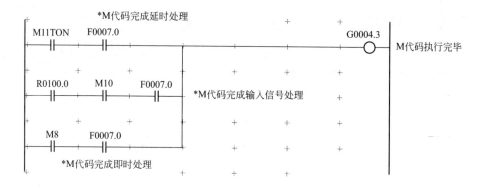

图 6-80　M 代码控制完成处理

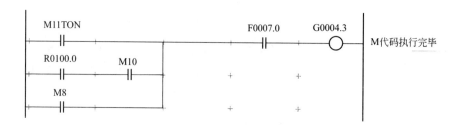

图 6-81　M 代码控制完成处理

6.6.5　调用子程序

　　M 代码控制的对象通常是动作或者电动机的控制，如夹具的松开夹紧控制、自动门的打开与关闭、水冷的启动与停止等。

　　如果我们想通过 M 代码进行多组动作控制以及主轴、伺服轴的位置控制，那又该如何处理呢？这就需要通过 M 代码调用子程序来实现上述的目标。

　　M 代码调用子程序最常见的就是利用 M6 进行自动换刀、M60 进行自动换台（卧式加工中心），由于这两个过程的 PLC 相对比较复杂，此处仅做简单的介绍。

　　当利用 M 代码执行子程序时，是通过参数设定完成的，详见表 6-16。

　　当参数 6071 被设定为 6 的时候，当数控系统执行 M6 时，NC 就会调用 O9001 的子程序，如果 6071 被设定为 66，当 M66 被执行时，调用的子程序也是 O9001。

表 6-16　M 代码执行子程序参数设定

参数	6071	6072	6073	6074	6075	6076	6077	6078	6079
设定值	6	60	0	0	0	0	0	0	0
对应的子程序	O9001	O9002	O9003	O9004	O9005	O9006	O9007	O9008	O9009

当参数 6071 被设定为 6 的时候，此时的 M6 与其他的 M 代码 M8、M10 等不一样，此时的 M6 是由 NC 进行处理，而不是 PLC 来进行处理，因此说 M6 既不需要通过 PLC 中的 F10 进行定义，也不需要通过 G4.3 进行完成判定。这时的 M6 在执行时，仅仅是用来指向 O9001 这个子程序。

O9001～O9009 与其他的加工程序在格式上是一样的，其内部可以包含主轴与伺服轴的位置插补控制，也可以执行 M 代码、循环与跳转等代码，见表 6-17。

表 6-17　O9001 加工程序

工件程序	注释
O9001；	
M5；	主轴停止
G0G90X0Y0Z0；	X、Y、Z 轴快移到位置 0
M11；	M 代码
G4X3；	暂停 3s
IF［♯1000EQ0］GOTO11；	逻辑判断及跳转到 N11
N11♯3000＝1（SPINDLE STATUS ERR）；	宏报警：3001 SPINDLE STATUS ERR
M00；	子程序结束

当然，我们也可以在 PLC 中定义 M6，当数控系统执行 M6 的时候，系统同样会执行 O9001 这个子程序，如果 O9001 中也包含了 M6 这个代码，这时 PLC 定义的 M6 才会被执行，一般来说不建议这么做，会容易造成混淆。

6.7 强制输出

在实际的工作中，当我们控制某项动作的时候，由于机床的状态未满足条件，无法正常通过按钮和 M 代码实现，就需要对输出信号进行强制输出，对于机床的调试与维护十分方便。由于直接对输出信号进行强制输出的操作相对比较复杂，我们会在后文中详细提到，这里只讲如何用 M 代码和 K 参数实现强制输出。

前文中我们讲到了通过按钮和 M 代码 M87 共同控制夹具夹紧功能。在实际的控制中，对于输出信号的输出端使能除了常见的急停和复位，还会有其他的若干个限制条件，见图 6-82 中的条件 1（TIAOJ1）、条件 2（TIAOJ2）和条件 3（TIAOJ3）。

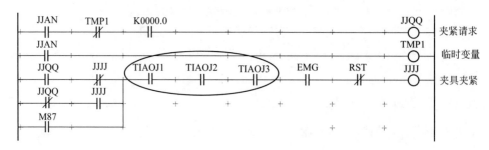

夹紧请求
临时变量
夹具夹紧

图 6-82　强制输出应用前提

　　为了实现强制控制的目的，我们就需要一个 M 代码 M97 或者 K 参数 K1.0（M97 和 K1.0 可以任意）将条件 1、条件 2、条件 3 进行"或"操作，这样就可以继续通过按钮和 M 代码实现控制了，如图 6-83 所示。

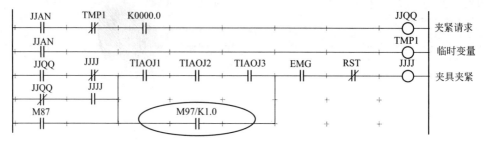

夹紧请求
临时变量
夹具夹紧

图 6-83　M 代码或者 K 参数间接强制输出

　　有人或许会问，为什么不将 M 代码或者 K 参数直接进行控制夹具夹紧的输出，如图 6-84 这种 PLC 处理。

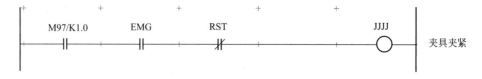

夹具夹紧

图 6-84　M 代码或者 K 参数直接强制输出

　　上述的 PLC 处理是也是可以的，但这种情况会改变操作者原有的操作习惯，要求操作者有相对丰富的调试经验，才允许通过 M 代码或者 K 参数进行强制输出操作，虽然方便但存在危险隐患。

6.8
动作控制

　　在实际应用中，动作控制是最常见的控制需求，例如夹具的松开与夹紧动作、自动门的打开与关闭动作、液压缸的伸出与缩回动作、转台固定角度的正负旋转动作等。

　　上述的这些机械动作在内部结构上有不同的体现形式，但是在电气控制上却是一样的，即双输入与双输出的控制。我们现在以夹具的控制为例，来拆解一下标准动作控制的流程。

① 夹具的控制有两个输入信号，分别为夹具在松开时的松开到位信号，夹紧时的夹紧到位信号，要确定这两个输入信号的硬件地址；

② 满足夹具控制的使用前提条件；

③ 在允许使用夹具的情况下，夹具的控制需要有两个请求信号，由按钮开关和 M 代码共同发出，分别为请求夹具松开的信号和请求夹具夹紧的信号；

④ 夹具的控制有两个输出信号，分别为夹具的松开信号和夹紧夹具的控制信号，有了松开和夹紧的请求信号，就能通过相应的电磁阀进行动作的控制；

⑤ 夹具松开夹紧的控制状态，分别为控制执行中、控制执行超时、控制执行完毕，控制的状态需要由请求与输入信号的关系进行确认。

同样，上述的知识点会在后文中详细叙述。

6.9 调试手册

调试手册，是技术工作中的重要部分，调试手册的实用程度凸显电气工程师的技术水平尤其是技术经验水平，一本优秀的调试手册，会让数控机床的调试工作变得得心应手，极大地提高工作效率。

根据使用者的身份的不同，调试手册的内容也是不一样的，也就是操作的权限不同。一般的调试手册包含了如下内容：

① 机床所使用的输入信号和输出信号的地址及意义；

② 自定义按钮的使用功能；

③ 自定义 M 代码及意义；

④ K 参数设定值及意义；

⑤ 常用的机床参数设定，例如换刀点、换台点位置、主轴定向角度的设定；

⑥ 常见的故障与解决方法。

技　能
应用篇

第7章

实际案例

在实际工作中，数控机床的 PLC 编程一般不需要全部编写，更多地是在现有的程序上增加某项功能。本章会重点介绍常见的控制需求、具体的 PLC 代码、常用技巧及调试手段。

常见的控制需求有：

① 增加按钮功能，实现"一键双控"，即按一下启动控制，再按一下停止控制；

② 增加 M 代码功能，与按钮一同实现控制；

③ 增加一个控制按钮及 M 代码去控制机械设备的动作；

④ 增加一个控制按钮及 M 代码去控制照明灯的通断。

7.1 添加按钮功能

我们在前文中，简单介绍了普通按钮及控制按钮的 PLC 处理。这里会详细地介绍通过发那科的 FANUC Ladder 添加按钮的过程。

基本的思路过程如下：

① 先定义按钮的输入地址 X0.2 及按钮灯的输出地址 Y0.2；

② 再编写按钮的控制逻辑；

③ 按钮的输入地址与输出地址通常是一样的，例如如果定义 X3.7 为某按钮的输入地址，那么对应的灯的地址也要为 Y3.7。

前文中我们讲到了，在定义中间变量的时候，要选择固定范围的 R 变量地址作为输入信号和输出信号，我们这里使用 R100～R199 作为输入信号的中间变量，使用 R200～R299 作为输出信号的中间变量。

7.1.1 定义按钮输入地址的中间变量

我们打开发那科的 PLC 软件 FANUC Ladder，在 Sub-program（功能程序）的 IN-PUT（输入信号）中定义按钮输入地址的中间变量（图 7-1），在 OUTPUT（输出信号）中定义按钮灯输出地址的中间变量。

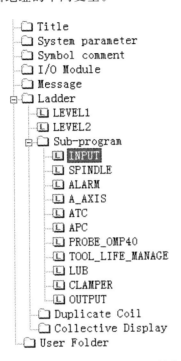

图 7-1 定义输入信号的中间变量

打开 INPUT 功能程序，这时 FANUC Ladder 的页面的工具栏会由不可用的灰色状态变成可用状态，如图 7-2、图 7-3 所示。

图 7-2 工具栏不可用

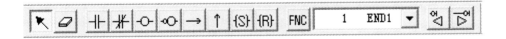

图 7-3 工具栏可用

我们在打开的 INPUT 页面中，似乎没有找到能输入代码的行，如图 7-4 所示。

我们选择 X0000.1 的下一行，按下组合键【CTRL】+【F8】若干次，这时会出现若干空白行，如图 7-5 所示。

这时，我们点击工具栏上的"读取"按钮，并把它放置在空白行的最左端，如图 7-6、图 7-7 所示。

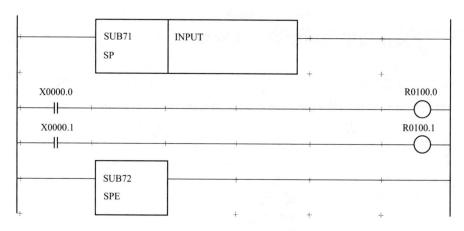

图 7-4　没有空白的行添加程序

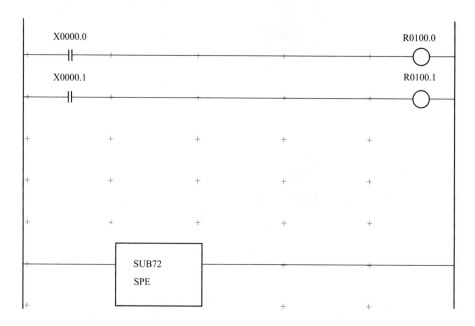

图 7-5　梯形图出现若干空白行

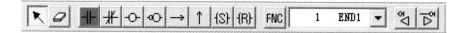

图 7-6　读取快捷按钮

　　这时的读取图形是红色的，我们用鼠标选中"读取"的图形，在键盘上输入"x0.2"后回车，不区分大小写，下同，如图 7-8 所示。

　　这时我们点击"写入"按钮，再点击 X0.2 的读取图形，如图 7-9 所示。

　　如果我们点击"写入"按钮，没有点中 X0.2 的话，就会出现"断开"的情形，见图 7-10。

　　这时，我们通过工具栏上的水平连接符【→】，将断开的线路"连接"上即可，见图 7-11。

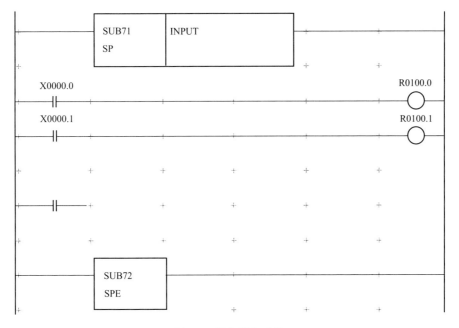

图 7-7　添加读取功能

图 7-8　添加按钮的输入地址 x0.2

图 7-9　添加按钮输入地址的中间变量 1

图 7-10　断开的 PLC "线路"

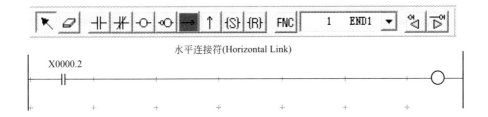

水平连接符(Horizontal Link)

图 7-11　连接的 PLC "线路"

这时整行的图形都变成了红色，我们用鼠标选择"写入"的图形，然后在键盘上输入 r100.2 后，同样不区分大小写，这时整行的颜色就变成了正常的黑白色，如图 7-12 所示。

图 7-12　添加按钮输入地址的中间变量 2

这样我们就完成了按钮的输入信号 X0.2 的中间变量 R100.2 的定义。

前文中我们讲到了符号编程，我们可以给 R100.2 起个名字，并添加注释。鼠标右键点击 R100.2，选择其属性（Property），如图 7-13 所示。

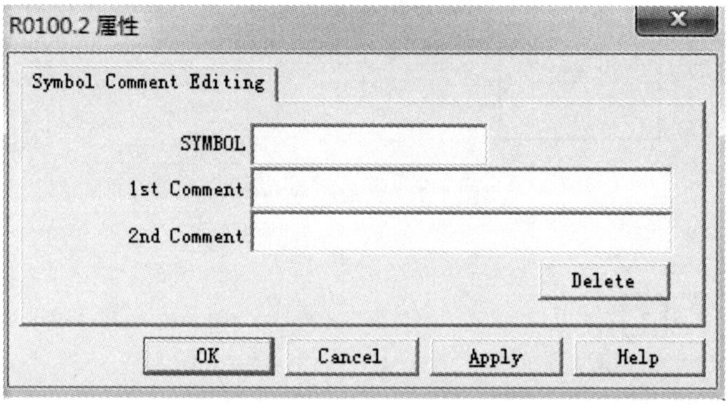

图 7-13　R100.2 的属性（未添加）

我们在"SYMBOL"中输入任意的字母及数字组合，假设该按钮是用来实现夹具 1 夹紧与松开功能的，我们可以输入 JJ1AN.I（夹具 1 按钮的拼音首字母），后面的".I"是标示符，用来表示该地址是输入信号。

属性中的"Comment"可以添加 R100.2 的注释，能添加两个，优先显示第 1 注释（1st Comment），可以是中文的注释（取决于发那科的功能版本），也可以是英文或者拼音的注释，这里我们添加"夹具 1 按钮输入地址"或者拼音"JIAJU1 ANNIU SHU-RU DIZHI"，见图 7-14。

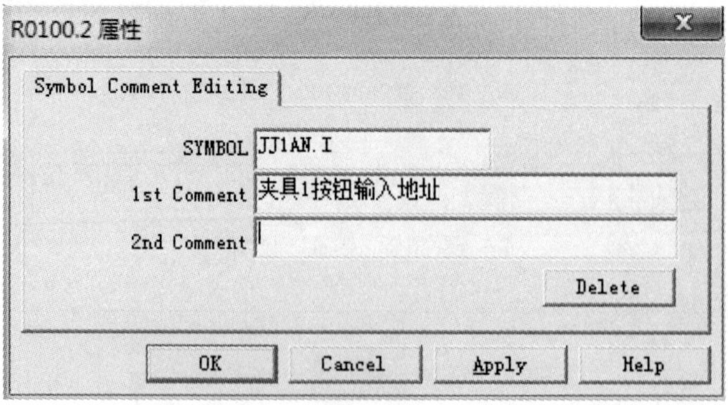

图 7-14　R100.2 的属性（已添加）

点击【OK】，完成对 R100.2 的符号定义，见图 7-15，这样我们就完成了按钮输入地址中间变量的定义。

夹具1按钮输入地址

图 7-15　按钮输入地址中间变量定义结束

我们通过组合键"Ctrl＋S"或者软件左上方的保存按钮来保存已经编写好的代码，这时会弹出一个确认的菜单，选择【OK】即可，如图 7-16 所示。

图 7-16　确认保存更改

当然了，我们出于某些目的，也可以不对 R100.2 进行任何注释等处理，完成中间变量的定义后，直接保存退出（图 7-17）。

图 7-17　不添加任何注释

7.1.2　定义按钮输出地址的中间变量

按钮输出地址的中间变量的定义与输入地址中间变量的定义的过程是一样的，不同的是"读取"的对象是中间变量 R 变量，"写入"的变量是 Y 地址，按图 7-18 定义好之后，保存退出，这里就不再进行赘述了，我们可以将 R200.2 的符号属性定义为"JJ1AN.Y"，将 Y0.2 定义为夹具按钮灯的地址，符号属性定义为"JJ1AN.O"。

图 7-18　定义输出变量的中间变量

7.1.3　按钮的逻辑控制

我们在前文中讲到了按钮区分普通按钮和控制按钮，因此需要对不同控制目的按钮编写不同的 PLC。普通按钮的安全性要低一些，但相应的 PLC 也很简单，控制按钮的安全性高一些的控制，相应的 PLC 要复杂一些。为了保持按钮控制的 PLC 代码一致性，也可以全部按照安全性更高的控制按钮的逻辑进行编程，只不过编写的过程会稍微复杂一些。

(1) 添加逻辑控制

我们定义了按钮的输入信号及输出信号的中间变量，就可以使用中间变量对按钮的控制过程进行 PLC 编程了。

我们在 FANUC Ladder 的主页面，选中"Sub-program"任一个程序块，按键盘上的【F9】键，这时会弹出如图 7-19 所示对话框。

```
Add sub-program                                    X

 | Symbol Comment Editing |

    sub-program   P |5      |↕|

    Kind of        |Ladder        ▼|

    Symbol         |ANNIU ZHUANYONG          |

    FirstComment   |                         |

    SecondComment  |                         |

                        Symbol&Comment   | Delete |

    |   OK   |  | Cancel |   | Apply |   | Help |
```

图 7-19　新增功能程序

其中"sub-program P"的数字 5 是软件自动生成的，可以不用修改，在"Symbol"中输入"ANNIU ZHUANYONG"（按钮专用的拼音），由于我们定义符号时使用了拼音，因此第 1 注释（FirstComment）可以不用注释，点击【OK】即可，这时软件会自动进入新定义的功能程序，如图 7-20 所示。

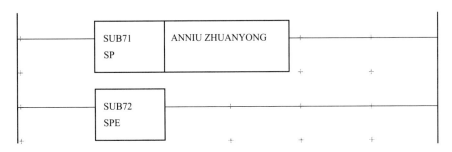

图 7-20　空白的按钮专用功能块

由于没有空白行填写 PLC 代码，还是需要组合键【Ctrl】+【F8】来实现，这时我们就需要根据自己的控制需求来定义按钮的 PLC 代码。按钮的逻辑控制的过程中会使用到临时变量，我们这里暂定 R800～R999 为临时变量。

(2) 普通按钮的逻辑控制（一）

由于前文中简单介绍了一般按钮的 PLC 编程及控制时序，这里我们"照猫画虎"地编写普通按钮的控制逻辑，如图 7-21 所示。

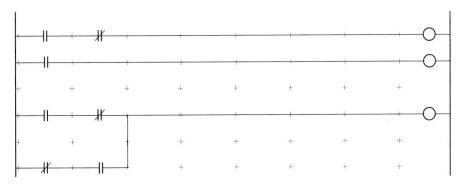

图 7-21　理想的按钮的空白梯形图

我们通过软件上方如图 7-22 所示的功能键"画"出我们想要的梯形图。

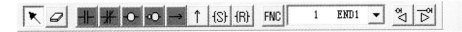

图 7-22　梯形图的逻辑功能键

但是我们在"画"这个梯形图的过程中，却画成了图 7-23 所示的样子。

如何将第三行和第四行合并在一起，也就是实现逻辑或的功能？同样还是在软件界面的工具栏中有垂直连接符【↑】的功能，与水平连接符功能相似，如图 7-24、图 7-25 所示。

细心的读者会发现，这个按钮的空白梯形图画错了，第三行下多了一个读取的功能，这时我们还会借助水平连接符功能，将多余的读取功能给替换掉。点击【→】后，直接点击多余的读取功能即可。我们也可以使用"橡皮擦"的功能，将多余的读取功能给"擦掉"，然后再通过水平连接符功能将断开的部分连接上，如图 7-26、图 7-27 所示。

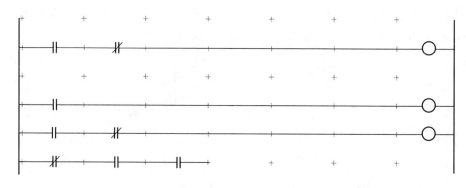

图 7-23　出错的按钮的空白梯形图

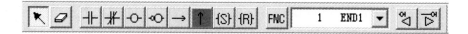

图 7-24　垂直连接符（Vertical Link）

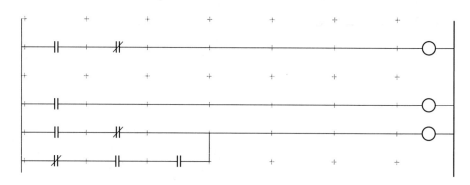

图 7-25　垂直连接符的添加

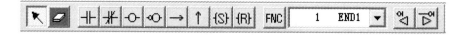

图 7-26　橡皮擦功能（ERASER）

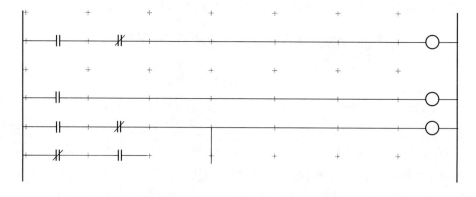

图 7-27　使用橡皮擦功能

最终我们获得了所需的空白按钮的 PLC，如图 7-28 所示。

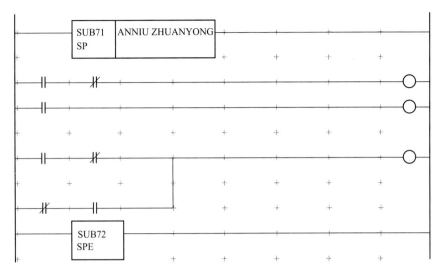

图 7-28 "画好"的普通按钮的梯形图

(3) 普通按钮的逻辑控制 (二)

由于我们没有添加任何的变量，此时的梯形图是红色的。我们按照上文的中间变量的定义，我们添加输入变量中间变量 R100.2（JJ1AN.I）和输出变量中间变量 R200.2（JJ1AN.O），定义临时变量 R800.0 及 R800.1，由于前文中我们给中间变量添加了符号，实际显示的效果见图 7-29。

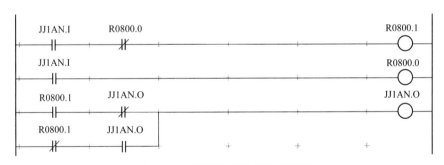

图 7-29　填写变量后的按钮梯形图

如果所有的中间变量 R 都没有定义符号的话，梯形图会显示其实际的地址，会变成图 7-30 的情况。

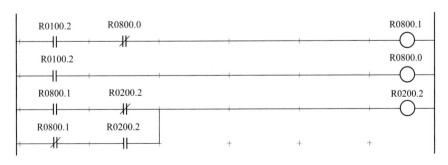

图 7-30　没有定义符号的梯形图

(4) 控制按钮的逻辑控制

前文中介绍了控制按钮的逻辑时序图，并没有提供详细的梯形图代码，这里会给出全部的代码及详细的说明。

相比普通控制按钮，增加了两个额外的功能，分别为延时接通及下降沿功能，我们按照下述步骤来完成全部的 PLC 编写过程。

首先还是先读取按钮的输入地址的中间变量 R100.2，如图 7-31 所示。

图 7-31 读取按钮输入信号中间变量

同样，此时的梯形图的颜色是红色的，这里我们需要对 JJ1AN.I 进行延时接通处理，我们需要添加工具栏中的功能【FNC】按钮，见图 7-32。

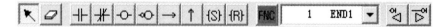

图 7-32 FNC 按钮

将其与 JJ1AN.I 进行"连接"，见图 7-33。

图 7-33 梯形图添加功能

由于延时接通的功能是 SUB24，因此我们需要更改添加的功能，我们双击"SUB1"，将数字 1 改成 24，此时功能就会变更为延时接通的 SUB24，如图 7-34 所示。

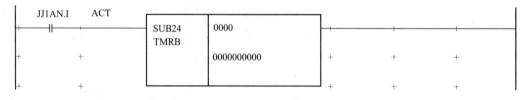

图 7-34 变更功能类型

SUB24 中包含了两个数字，分别是 0000 和 0000000000，其中 0000 为延时接通功能的序号，实现不同功能的延时接通功能的编号是不允许一样的（详见附录 10.2 节），双击 0000 后，我们这里设定 88；其中 0000000000 为延时接通的延时时间，单位是 1ms，如果我们延时 3s 的话，双击 0000000000，就将其设定为 3000，如图 7-35 所示。

此时我们发现，这时的梯形图还是红色的，说明此行的梯形图并没有编写结束，我们还少了一个用来实现 JJ1AN.I 的延时接通的变量，这时我们在 SUB24 添加"写入"

功能，写入临时变量 R800.0，如图 7-36 所示。

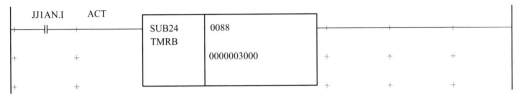

图 7-35 设定延时接通编号及延时时间

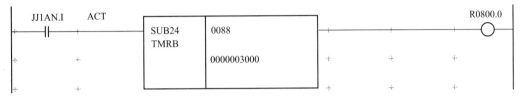

图 7-36 延时接通临时变量

当我们添加"写入"及变量 R800.0 后，这时此行的梯形图变成了正常的黑白色，表示该行的梯形图是完整的。

当我们完成延时接通的 PLC 编写后，还要对延时接通的下降沿进行 PLC 编程，这个编写的过程同延时接通一样，不再进行赘述，下降沿的临时变量我们使用 R800.1，如图 7-37 所示。

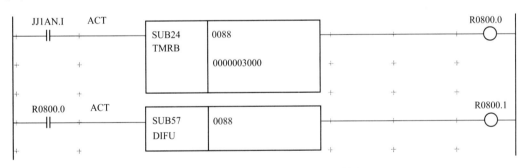

图 7-37 延时接通后的下降沿 PLC 编程

此时我们通过 R800.1 实现控制按钮的 PLC 编程，见图 7-38。

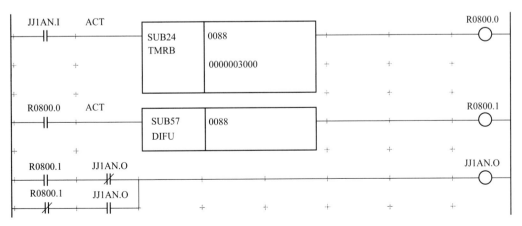

图 7-38 控制按钮的梯形图

(5) 模拟运行

我们通过"模拟运行"的方式，来理解一下控制按钮的 PLC 运行过程：

① 控制按钮的初始状态，没有按下按钮，也没有按钮的输出，见图 7-39。

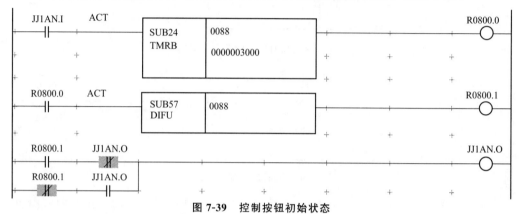

图 7-39　控制按钮初始状态

② 当我们按下按钮时，此时 JJ1AN.I 接通，但由于延时接通的作用，此时 R800.0 还为 0，未接通，见图 7-40。

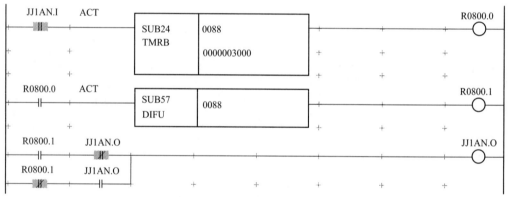

图 7-40　按下按钮，未超过 3s

③ 当按按钮的时间超过 3 秒钟后，R800.0 接通，但由于手还未松开，此时的 R800.1 为 0，未接通，见图 7-41。

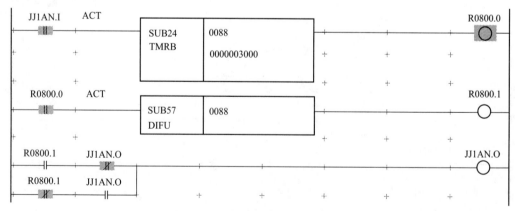

图 7-41　按下按钮超过 3s，未松手

④ 当我们松开手时，R800.0 由 1 变成 0，为下降沿变化，此时的 R800.1 为 1 接通。第三行上，此时 JJ1AN.O 还未接通，其值为 0，取反为 1 与 R800.1 接通 JJ1AN.O，见图 7-42。

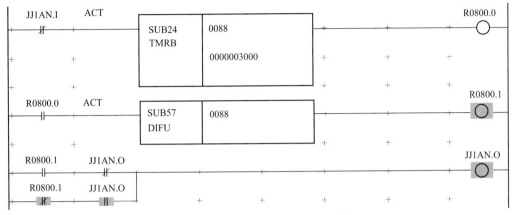

图 7-42　按下按钮超过 3s，松手瞬间

⑤ 由于 R800.1 是脉冲信号，瞬间接通，当 R800.1 为 0 后，R800.1 取反与 JJ1AN.O 继续保持 JJ1AN.O 接通，见图 7-43。

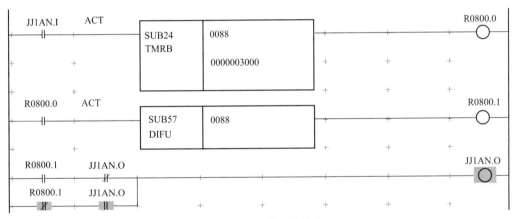

图 7-43　启动并保持输出

⑥ 当我们再次按下按钮后，同样由于延时接通，R800.0 为 0，未接通，见图 7-44。

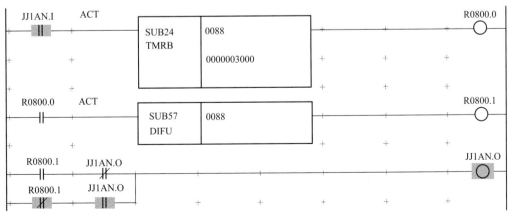

图 7-44　再次按下按钮，未超过 3s

⑦ 当我们再次按下按钮后，超过 3s，此时 R800.0 为 1，接通，如图 7-45 所示。

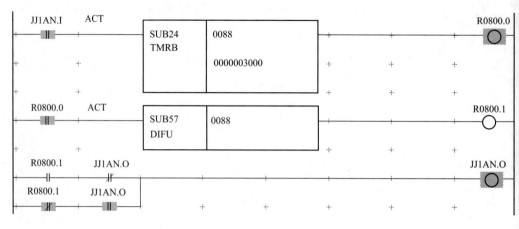

图 7-45　再次按下按钮超过 3s，未松手

⑧ 同样，由于未松手，此时的 R800.1 仍为 0，未接通，当我们松开手后，这时 R800.1 检测的是 R800.0 的下降沿，此时为 1，瞬间接通，R800.1 取反则将已接通的线路断开（第三行下），导致 JJ1AN.O 为 0 断开，又恢复到初始状态，如图 7-46 所示。

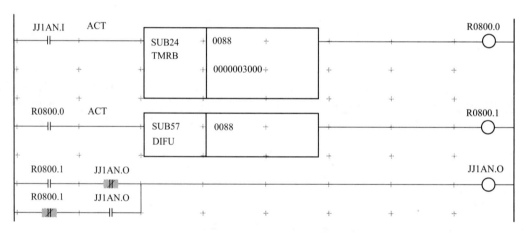

图 7-46　控制按钮取消控制

(6) 按钮硬件接线

如果按钮是控制面板上的自定义按钮，不需要额外接线，如果是外置按钮，其包含了按钮的输入地址与按钮灯的输出地址，如图 7-47 所示。

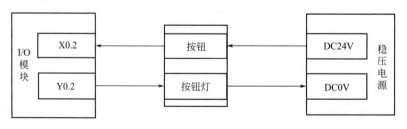

图 7-47　外部按钮的硬件接线

7.2 夹具的控制功能

我们学会了如何在 PLC 中定义按钮的功能，我们就要进一步学习如何通过按钮及 M 代码共同实现控制。在此，我们依然以夹具夹紧作为按钮和 M 代码的控制对象。

值得强调的是，控制夹具夹紧的按钮灯是与夹具夹紧是一同控制完成的，灯亮表示夹具正在夹紧，灯灭，表示夹具没有夹紧动作。

我们定义夹具夹紧输出的中间变量为 R200.3，对应的实际输出地址是 Y0.3。

为此我们需要在定义输出信号的功能程序中定义 R200.3 及 Y0.3，如图 7-48 所示。

图 7-48　定义夹具夹紧输出地址

7.2.1　查看 M 代码是否被定义

由于 M 代码的定义是在发那科梯形图中的 LEVEL2 中，因此我们打开发那科 PLC 的 LEVEL2，向下查找 M 代码定义的区域，通常来说 M 代码的定义区域是集中的，而且是连贯的，如图 7-49 所示。

我们看到，现有的 PLC 中定义了 M29～M37 八位 M 代码后，再定义就是 M90～M97 以及 M98～M106。因此该 PLC 中没有 M87 的定义，因此我们需要重新定义 M 代码 M87 的功能。这里我们简单地复习一下如何在 PLC 中定义 M 代码，核心有三个系统变量，分别为 M 代码的启动信号，位变量 F7.0；M 代码的完成信号，位信号 G4.3；获取 M 值的字节变量 F10，以及中间变量 R。

由于 R13 和 R15 已经被用来定义 M 代码，因此我们使用 R14 定义 M 代码 M89～M82。

我们将 M89～M82 共 8 位，按照 M 值的大小由高到低指向给 R14 的高位到低位，详见表 7-1。

表 7-1　R14 定义 M 代码 M89～M82

高←低	BIT7	BIT6	BIT5	BIT4	BIT3	BIT2	BIT1	BIT0
R14	R14.7	R14.6	R14.5	R14.4	R14.3	R14.2	R14.1	R14.0
M 代码	M89	M88	M87	M86	M85	M84	M83	M82

由表 7-1 可知，M87 对应的变量是 R14.5，我们就使用 R14.5 来完成 M87 的 PLC 编程。

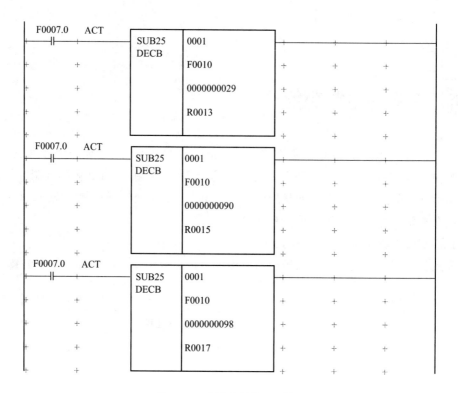

图 7-49 查看全部的 M 代码

7.2.2 M 代码保持控制

R14.5 在 M87 执行的过程中的值为 1，当系统执行其他 M 代码的时候，则变为 0。因此说，我们需要对 R14.5 进行"信号保持"，让它一直为 1，直到被夹具松开的 M 代码或者按钮将其赋值为 0。

我们在水冷的控制过程中介绍过，通过输出的信号与 M 代码进行逻辑或，将输出保持为 1，因此同理，我们将 M87 与 R200.3 进行逻辑"或"处理，如图 7-50 所示。

图 7-50 M87 保持控制

我们将按钮控制夹具夹紧和 M 代码控制夹具夹紧的控制合并在一起，就变成了图 7-51 所示完整的 PLC 控制过程。

当我们滚动鼠标滑轮后，会发现编写好的 PLC 发生了变化，见图 7-52，梯形图软件会自动地将 JJ1AN.Y 和 R200.3 "合并"在一起。

或许有细心的读者会发现，由于 M 代码与按钮共同控制夹具夹紧，因此当 M 代码控制夹具夹紧的时候，其按钮功能的控制功能是失效的，如果想取消 M 代码对夹具夹紧的控制，我们还需要定义另一个 M 代码 M88。

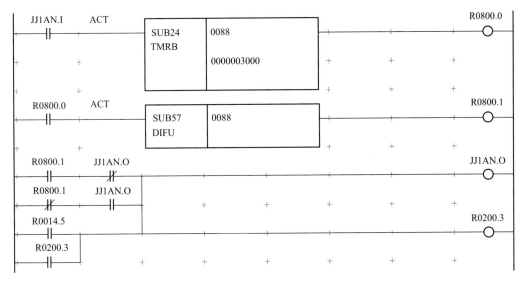

图 7-51　夹具夹紧的完整控制过程

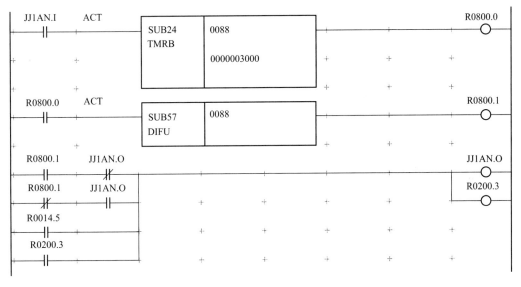

图 7-52　夹具夹紧的完整控制最终代码

7.2.3　M 代码取消夹具夹紧

我们在定义夹具夹紧的 M 代码 M87 的时候，也定义了 M88。因此我们直接使用 M88 指向的 R 变量 R14.6。

为了让 M88 能终止 M87 的控制，而不影响按钮的控制，我们可以将 M87 控制的部分进行终止，当然也可以对按钮和 M87 的控制全部终止。如果我们是对夹具夹紧的按钮和 M 代码全部进行终止的话，相对很简单，在 R200.3 变量前加一个取反的 R14.6 即可，也就是说 M88 对应的 R14.6 是 M87 与按钮控制的使能信号，见图 7-53。

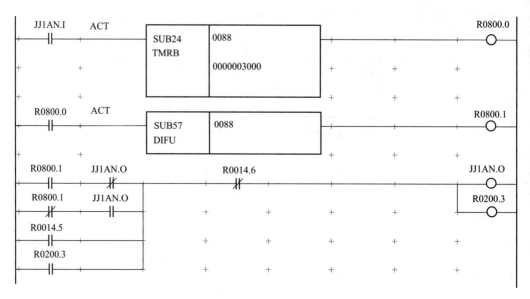

图 7-53 M88（R14.6）终止夹具夹紧控制

如果我们想仅仅对 M87 的控制部分进行控制终止的话，则需要将 R14.5 和 M200.3 一同进行控制终止，见图 7-54。

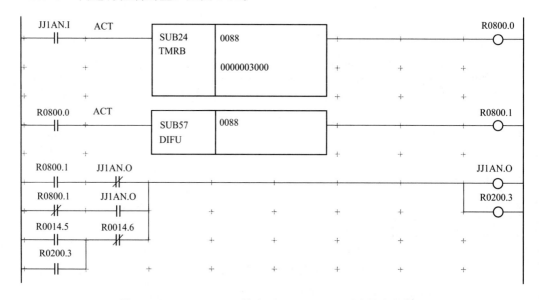

图 7-54 M88（R14.6）终止 M87（R14.5）对夹具夹紧控制

由此我们也能看出，PLC 的编程过程是多样的，多重手段的，其过程在于实际的控制需求及 PLC 编程人的想法，我们不必拘泥于一种编程方法。

7.2.4 M87 已被定义

上文中，我们讲到了 M87 未被定义的情况，如果在实际的 PLC 中，发现 M87 已经被定义了，见图 7-55，那我们要如何处理呢？

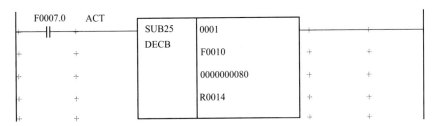

图 7-55　M87 已被定义

我们可知 R14 中的位与 M 代码的对应关系，见表 7-2。

表 7-2　R14 中的位与 M 代码的对应关系

高←低	BIT7	BIT6	BIT5	BIT4	BIT3	BIT2	BIT1	BIT0
R14	R14.7	R14.6	R14.5	R14.4	R14.3	R14.2	R14.1	R14.0
M 代码	M87	M86	M85	M84	M83	M82	M81	M80

这时我们要使用"交叉表"功能，查看 R14.7 是否被定义占用，同时查看 R14.6 是否被定义占用。我们通过组合键【Ctrl】+【J】来调出交叉表，在文本框中我们输入 "r14.7"和"r14.6"后回车进行搜索，发现搜索的结果为空，表示 R14.7 和 R14.6 都未被调用，见图 7-56。

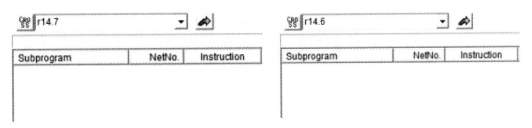

图 7-56　R14.6 和 R14.7 未被调用

于是我们继续使用 M87 来建立夹具夹紧的控制，PLC 中 M 代码 M87 对应的 R 变量是 R14.7。同时使用 M86 来取消夹具夹紧的控制，对应的 R 变量是 R14.6。

或许有人会问，不是用 M88 来取消夹具夹紧的控制么，怎么又变成 M86 了，原因在于 M 代码用来定义什么功能是没有明确限制的，根据实际情况具体来编程，因此说非标准的 M 代码功能是不必记忆的。

7.2.5　夹具控制使能

前文中我们介绍了输出信号的使能条件，尤其是动作控制的输出使能条件，其中复位和急停是必不可少的两个条件，因此我们还要在夹具夹紧的使能中加入急停和复位信号，如图 7-57 所示。

在实际的工作中，控制的使能条件不仅仅是复位和急停两个限制条件，还会包含了其他若干个系统状态（F 信号）及机械状态的输入信号（X 信号）对输出进行限制，例如除了急停和复位还需要五个限制条件，那我们该如何完成 PLC 的编写呢？

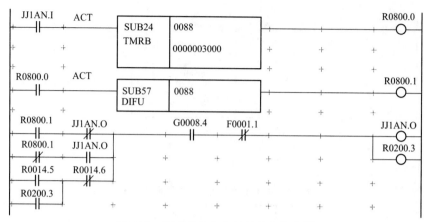

图 7-57 受急停和复位控制的夹具夹紧

想说继续添加使能条件的读者看到图 7-58 后，是不是表示很为难。

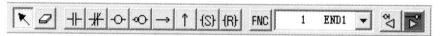

图 7-58 使能添加空间有限

继续添加了三个使能（SHINENG1、SHINENG2、SHINENG3）后，发现不能再添加了，这时不要担心，FANUC Ladder 提供了增加编程空间的功能，如图 7-59 所示。

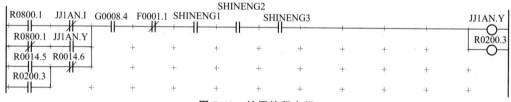

图 7-59 增加编程空间功能

我们点击增加编程空间的按钮若干次后，就变成了图 7-60 的样子。

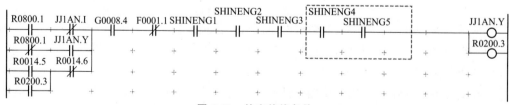

图 7-60 扩展编程空间

我们如愿添加了剩余的两个使能条件（SHINENG4、SHINENG5），见图 7-61。

图 7-61 补充使能条件

有增加编程空间的功能，就有减少编程空间的功能，见图 7-62。

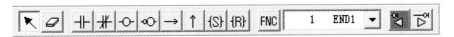

图 7-62　减少编程空间功能

由于在扩展编程空间的时候，我们多扩展了两列，且大部分的使能条件都不会很多，因此我们就需要使用减少编程空间功能，点击功能按钮若干次即可，如图 7-63 所示。

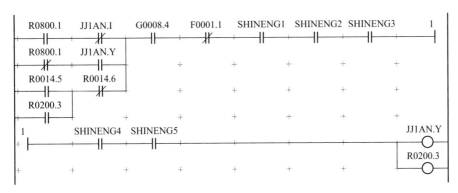

图 7-63　减少编程空间后的显示

7.2.6　夹具松开控制

夹具会包含夹紧和松开两个控制功能，我们如何处理呢，是不是也需要再定义一个按钮功能和 M 代码呢？

实际上梯形图还提供了"取反写入"的功能。我们只需将夹具夹紧的控制信号"或"一个取反写入的变量，我们定义 R200.4 为夹具松开信号中间变量，即可完成对夹具的松开控制，如图 7-64、图 7-65 所示。

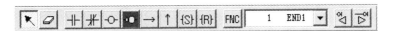

图 7-64　取反写入功能

同时我们还需要在"OUTPUT"功能程序中定义 Y0.4，作为夹具松开输出信号，如图 7-66 所示。

7.2.7　M 代码完成

夹具夹紧完成和松开完成通常需要有夹具夹紧到位信号和夹具松开到位信号进行确定，在实际的工作中可能会出现这种情况，夹具夹紧有到位信号，没有夹具松开到位信号，通过这种特殊的案例，来讲解 M 代码控制完成的 PLC 处理。

前文中我们讲过，PLC 的完成需要将 G4.3 赋值 1。夹具夹紧的完成通过夹具夹紧到位的信号来确认，而夹具松开的完成则通过夹具松开信号延时 3s 来确认。

我们定义 X0.3 为夹具夹紧到位信号，对应的 R 变量为 R100.3。

首先我们先在"读取输入信号"的功能程序中定义 R100.3 和 X0.3，如图 7-67 所示。

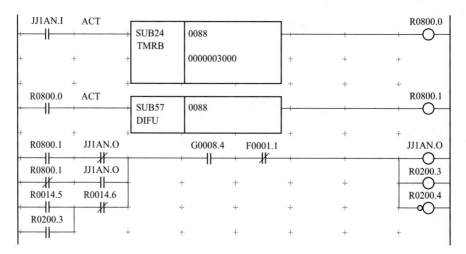

图 7-65　夹具夹紧松开控制

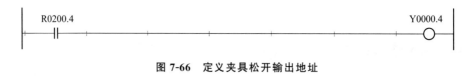

图 7-66　定义夹具松开输出地址

图 7-67　定义夹具夹紧到位信号

然后通过交叉表的功能，搜索 G4.3，见图 7-68。

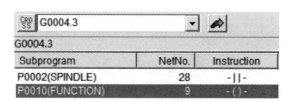

图 7-68　G4.3 的交叉表

双击"写入"指令的那一行，软件会自动跳转到 G4.3 被写入的页面，如图 7-69 所示。

由于定义了若干个 M 代码，因此这若干个 M 代码在完成时都需要对 G4.3 写入赋值。我们不用理会其他的 M 代码完成的定义。

我们需要做的是通过 F7.0（M 代码启动）、R100.3（夹具夹紧到位）以及 R200.3（夹具输出信号）共同来完成 M 代码控制夹具夹紧完成的编程：表示的是在执行 M 代码的情况下有输出且输出到位，此时 M 代码执行完毕。我们先输入三个"读取"信号，并通过垂直连接符与 G4.3 进行连接，由于未输入三个读取的信号，因此此时的梯形图为红色，见图 7-70。

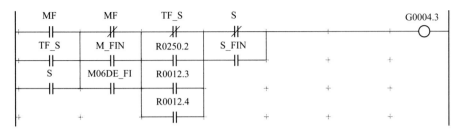

图 7-69　G4.3 赋值页面

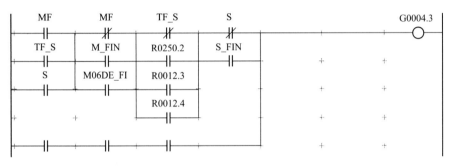

图 7-70　M 代码控制夹具夹紧完成的梯形图 PLC 处理 1

我们分别输入 F7.0、R100.3 和 R200.3，这时梯形图的颜色变成正常的黑白色，表示当前的 PLC 是完整的，见图 7-71，由于 F7.0 已经被定义成符号 MF 了，故而不显示 F7.0。

图 7-71　M 代码控制夹具夹紧完成的梯形图 PLC 处理 2

那么我们如何实现 M 代码控制夹具松开完成的 PLC 编程呢？

由于夹具松开输出是"取反"的夹具夹紧输出，因此对于夹具松开到位的完成方案有两个，一个是对夹具松开输出信号进行延时接通作为夹具松开到位信号，另一个是对夹具夹紧输出信号进行延时断开处理。

我们这里采用对夹具夹紧信号延时断开作为夹具松开到位信号。我们效仿定义按钮延时接通时的过程定义延时断开，不同的是需要将延时接通的功能 SUB24 修改成 SUB77，同时使用 R800.5 作为延时断开的临时变量，如图 7-72 所示代码编写到 G4.3 的上一行。

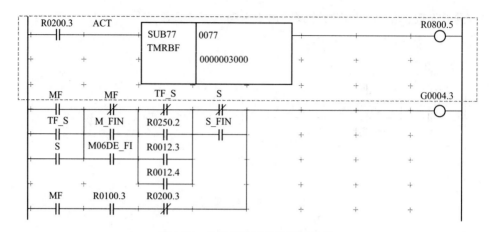

图 7-72 夹具松开到位的延时处理

然后我们按照夹具夹紧到位实现 M 代码完成的方法去实现夹具松开到位的 M 代码完成方法。我们在其下一行添加控制夹具松开的 M 代码完成程序，如图 7-73 所示。

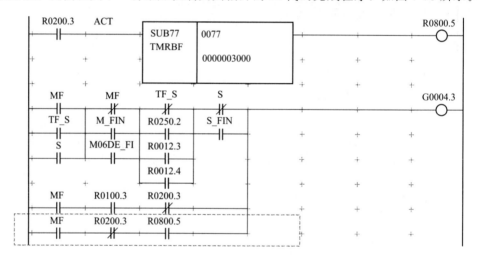

图 7-73 控制夹具松开的 M 代码完成

7.2.8 报警处理

由于各种原因，诸如线路故障、电磁阀故障及气源压力低等原因，都会造成夹具松开或者夹紧在指定的时间内未完成的超时情况，因此我们还要对按钮和 M 代码控制未完成的情况，也就是超时的情况进行报警处理，由于上文中的夹具松开没有松开到位信号，因此仅需要对夹具夹紧在指定的时间内未完成的情况进行报警处理。

我们假定在夹具夹紧输出 3s 内获取到夹紧到位，如果超过 3s 没有获取到夹紧到位信号，则认为夹紧超时，需要进行报警。

首先我们要确定报警的形式及内容，夹具夹紧未完成的话，则需急停处理，而不是进行信息提示，因此我们将报警号定义为 1 开头的报警。

我们打开"Message"界面，找到报警的连续的两个空白行，例如我们定义 A4.3

作为夹具夹紧超时报警，同时预留 A4.4 作为夹具松开超时报警，如图 7-74 所示。

33	A4.0	2040PLEASE CHANGE TOOL REACHED LIFE
34	A4.1	1500MAG NOT READY
35	A4.2	1042 RING SPRAY QF31 OFF
36	A4.3	
37	A4.4	
38	A4.5	
39	A4.6	
40	A4.7	
41	A5.0	1040THERE IS ALARM IN MAG
42	A5.1	2041MAG.JOG IS ON

图 7-74　定义夹具夹紧超时报警

我们在 A4.3 后的空白行输入报警号 1043 或任意，只要与其他的报警号不同即可。
在 1043 后输入报警内容，输入英文也行，拼音亦可（大部分版本不支持中文），我们此
处选择输入拼音"1043 JIAJU JIAJIN CHAOSHI"，同时在 A4.4 后输入"1044 JIAJU
SONGKAI CHAOSHI"作为预留，报警号与报警内容中间有空格。对应的报警内容为
"EX1043 JIAJU JIAJIN CHAOSHI"和"EX1044 JIAJU SONGKAI CHAOSHI"，如
图 7-75 所示。

33	A4.0	2040PLEASE CHANGE TOOL REACHED LIFE
34	A4.1	1500MAG NOT READY
35	A4.2	1042 RING SPRAY QF31 OFF
36	A4.3	1043 JIAJU JIAJIN CHAOSHI
37	A4.4	1044 JIAJU SONGKAI CHAOSHI
38	A4.5	
39	A4.6	
40	A4.7	
41	A5.0	1040THERE IS ALARM IN MAG
42	A5.1	2041MAG.JOG IS ON

图 7-75　夹具报警号 A4.3、A4.4 及报警内容

点击保存后，退出当前页面。我们回到"按钮专用"功能程序。在夹具夹紧松开控
制的梯形图的下一行，开始编写超时报警程序。

上文我们讲到了，夹具夹紧的输出有了之后，如果 3s 之内没有接收到夹具夹紧到
位信号的话，那么就要报警提示。因此我们对夹具夹紧输出的信号进行延时 3s 接通。
我们使用 R800.6 作为延时接通的临时变量，如图 7-76 所示。

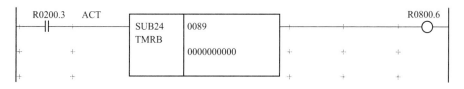

图 7-76　夹紧超时报警的 PLC 处理

当延时接通信号 R800.6 为 1 的时候，如果此时夹紧到位信号依然为 0，则报警
"EX1043"。夹紧超时报警的 PLC 编写见图 7-77。

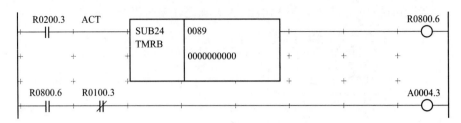

图 7-77 夹紧超时报警完成

7.2.9 电气硬件部分

① 需要两个继电器,继电器脚 1 和脚 5 为常开,分别进行夹紧和松开控制,如图 7-78 和图 7-79 所示。

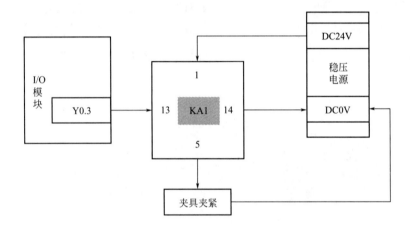

图 7-78 夹具夹紧接线图

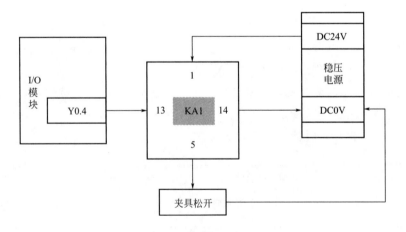

图 7-79 夹具松开接线图

② 一个继电器同时控制两个动作,继电器脚 1 和脚 5 为常开,脚 4 和脚 8 为常闭,如图 7-80 所示。

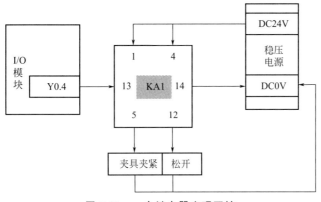

图 7-80　一个继电器实现双控

7.2.10　总结

我们定义夹具的 PLC 控制功能汇总如下：

① 定义输入信号：按钮的地址 X0.2、夹具夹紧到位信号地址 X0.3，没有夹具松开到位信号；

② 定义输入信号中间变量：按钮的地址 R100.2、夹具夹紧到位信号地址 R100.3；

③ 定义输出信号：按钮灯的地址 Y0.2、夹具夹紧输出地址 Y0.3、夹具松开输出地址 Y0.4；

④ 定义输出信号中间变量：按钮灯的地址 R200.2、夹具夹紧输出地址 R200.3、夹具松开输出地址 R200.4；

⑤ 按钮控制，延时接通与下降沿的处理；

⑥ M 代码，输出信号的保持及终止处理；

⑦ 夹具控制的使能处理，一个是系统的状态，另一个是其他控制对象状态的干涉；

⑧ 夹具控制的超时处理，也就是报警的处理。

重点来了，夹具夹紧松开的 PLC 控制过程，是典型的双输入双输出控制，即两个控制到位的输入信号，两个控制动作的输出信号。采用相同控制模式的还有自动门的打开与关闭、主轴的夹紧与松开、机械手的伸出和缩回、液压缸的前进与后退等，这就是为什么本文会着重讲解夹具的 PLC 控制过程，既能方便读者理解控制过程，同时又是常用的控制功能。因此只要弄清双输入双输出的"一键双控"及 M 代码的控制过程，我们不仅能读懂发那科的梯形图，也能自行编写梯形图形式的 PLC 程序。

7.3

添加照明灯功能

照明灯的 PLC 控制过程与夹具的控制过程一样，按一下灯亮，再按一下灯灭。相比而言，只是少了反馈的到位信号。由于灯在开启和关闭的过程中几乎没有风险，因此按钮的 PLC 可以按照普通按钮的逻辑控制即可。

由于照明灯的控制过程比较简单，不涉及到其他的控制功能，为了让 PLC 的结构更加"直观"，我们将输入输出信号的 R 变量定义及逻辑功能的实现都放在一个功能程序中（实际的 PLC 编写需要将输入输出信号与控制功能要分开），再由 LEVEL2 进行调用。

7.3.1 定义输入输出地址

我们定义 X0.5 为按钮的输入地址，Y0.5 为按钮灯的输出地址，Y0.6 为照明灯的输出地址。

相应的中间变量为 R100.5 为按钮输入地址的中间变量，R200.5 为按钮灯输出地址的中间变量，R200.6 为照明灯输出地址的中间变量。

7.3.2 新建照明灯功能程序

我们进入 FANUC Ladder 软件的主界面，点击 Sub-program 中的任意一个功能程序，按【F9】，这时会提示增加一个功能程序，如图 7-81 所示。

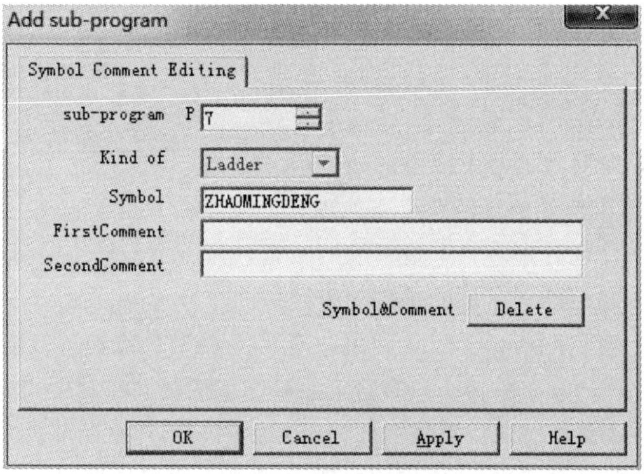

图 7-81 新增一个功能程序

我们重点关注的是 Symbol 的定义，我们输入"ZHAOMINGDENG"，照明灯的中文拼音，由于其控制过程简单，因此不对其进行注释，即 FirstComment 为空，点击【OK】。这时 FANUC Ladder 会自动打开这个"ZHAOMINGDENG"的程序界面，我们暂且保存并关闭当前的程序界面，回到 FANUC Ladder 的主界面。

7.3.3 调用照明灯功能程序

我们打开 LEVEL2，找到程序调用的集中区域，在定义输出信号功能

（OUTPUT）的上一行新增一空白行调用 ZHAOMINGDENG 的功能，如图 7-82
所示。

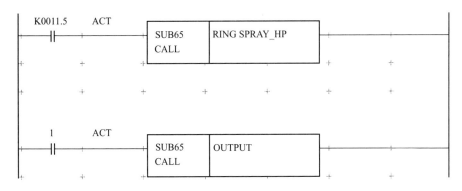

图 7-82　新增一空白行

由于照明灯是机床的必须功能，同输入输出信号定义是一样的，因此我们就不
用 K 参数进行功能调用，而是参照 OUTPUT 的调用过程调用 ZHAOMINGDENG
功能。

首先我们整体选中 OUTPUT 调用过程，见图 7-83。

图 7-83　整体选中功能块

选中后按组合键【Ctrl】+【C】，复制这部分 PLC，然后在 OUTPUT 的上一行按组
合键【Ctrl】+【V】，粘贴这部分 PLC，见图 7-84。

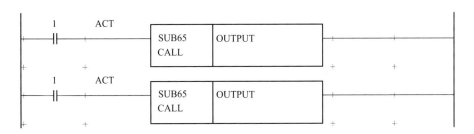

图 7-84　粘贴 PLC

这样我们就得到了两个被调用的功能 OUTPUT，我们双击上面的 OUTPUT 字
母，然后输入 "zhaomingdeng" 后回车，不区分大小写，即完成对照明灯功能的调用，
如图 7-85、图 7-86 所示。保存并关闭当前页面。

图 7-85　修改调用的功能程序

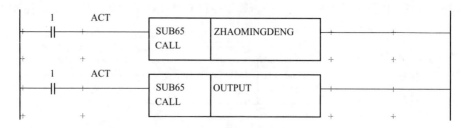

图 7-86　完成照明灯的调用

7.3.4　照明灯的全部 PLC 代码

我们打开之前定义的 ZHAOMINGDENG 功能程序，先增加空白行后定义照明灯的输入及输出信号，见图 7-87。

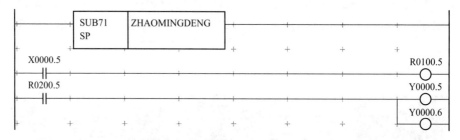

图 7-87　定义照明灯的硬件地址及中间变量

我们点击 R200.5，然后按组合键【Ctrl】+【F8】增加若干空白行，用来编写照明灯的控制逻辑，如图 7-88 所示。

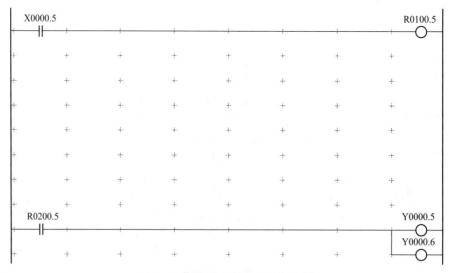

图 7-88　新增空白行编写控制过程

接下来，我们就要开始画空白的普通按钮的 PLC 程序了，如图 7-89 所示。

我们使用临时变量 R801.0 和 R801.1 作为按钮的临时变量。我们输入全部的中间变量 R，如图 7-90 所示。

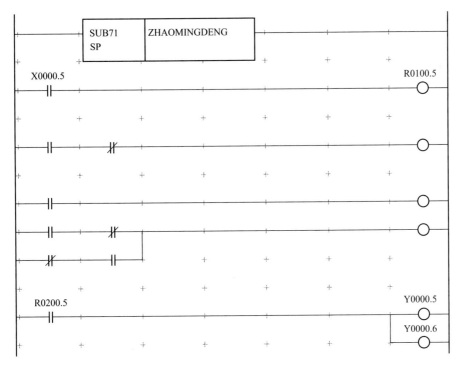

图 7-89 空白的按钮控制过程

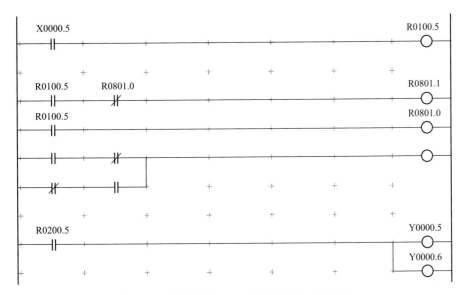

图 7-90 空白按钮的 PLC 程序中输入 R 变量 1

由于照明灯没有任何的使能条件，没有输入端使能，即包括什么情况下都能使用，也没有输出端使能，即不受任何信号的影响，故而图 7-91 即为照明灯的全部 PLC。

7.3.5 电气硬件部分

按钮控制照明灯，硬件只需要一个按钮、继电器及照明灯。

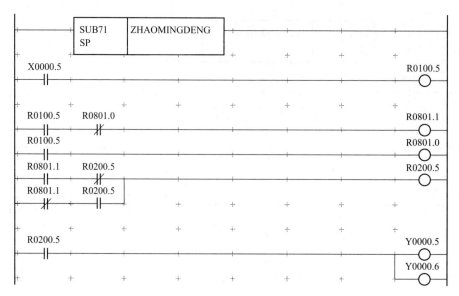

图 7-91　空白按钮的 PLC 程序中输入 R 变量 2

(1) 按钮接线

外置按钮的接线很简单，这里不再赘述，详见图 7-92。

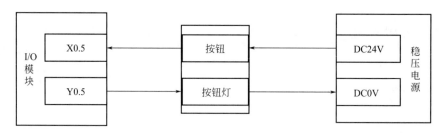

图 7-92　按钮接线图

(2) 照明灯电压是 DC24V

目前机床上应用的照明灯通过继电器对其进行控制，如图 7-93 所示。

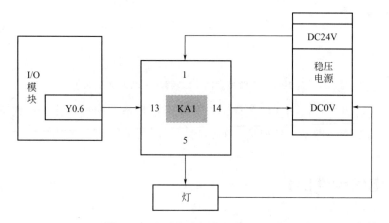

图 7-93　照明灯电源电压是 DC24V

(3) 照明灯电压是 AC220V

照明灯的工作电压是 AC220V 的话，也可以通过继电器间接对其控制，由于工作电压高，需要对照明灯增加保护功能的空开（空气开关），如图 7-94 所示。

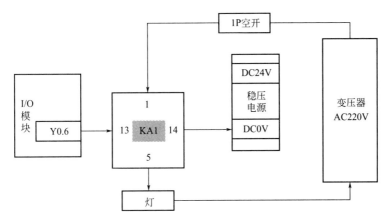

图 7-94　照明灯电源电压是 AC220V

7.4

增加排屑器功能

排屑器的主要控制对象是排屑器电动机，是三相交流电动机，可以接三相 AC220V，也可以接三相 AC380V，要求可对其进行正转、反转及停止的控制，其控制过程包含了按钮控制和 M 代码控制，图 7-95 为排屑器实物图。

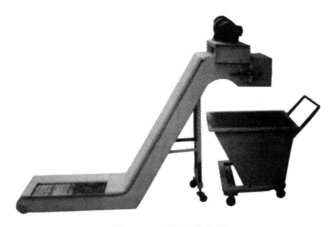

图 7-95　排屑器实物图

我们可以将排屑电动机的控制一分为二，分别为正转和停止，反转和停止。这样我们就能通过两个按钮来实现对排屑电动机的控制。

M 代码控制则有三个，分别控制正转、反转及停止。

排屑电动机的控制与夹具夹紧松开的控制过程是一样的，与夹具控制不同的是排屑电动机的控制没有反馈信号，也就是说不需要到位信号。

7.4.1　定义输入输出地址

我们通过表 7-3 定义排屑器功能所需的 I/O 地址。

表 7-3　排屑器功能所需的 I/O 地址

I/O 地址	功能	R 变量
X0.7	正转、停止按钮地址	R100.7
Y0.7	正转、停止按钮灯	R200.7
X1.0	反转、停止按钮地址	R101.0
Y1.0	反转、停止按钮灯	R201.0
X1.1	马达保护器辅助触点信号	R101.1
Y1.1	排屑器正转输出信号	R201.1
Y1.2	排屑器反转输出信号	R201.2

7.4.2　PLC 编写

为了更加形象地说明 PLC 的运行过程，我们这里同样将输入输出信号的定义及逻辑控制部分的代码都写在一个功能程序中，与前文照明灯的 PLC 编写过程一样。

(1) 新建功能程序

新建功能程序的过程同之前一样，选择 Sub-program 中任意一个功能程序，按【F9】。我们新建了一个功能程序，定义符号为"PAIXIEQI"，即排屑器的拼音，如图 7-96所示。

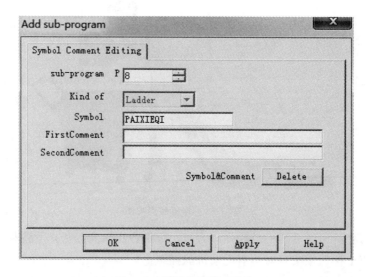

图 7-96　新增排屑器功能块

由于其控制过程简单，且不与其他的功能程序有太多的交集，就不对其进行注释了，点击"OK"即可。

(2) 调用功能程序

排屑器功能并不是机床运行的必备功能，因此我们需要通过 K 参数对其进行条件调用。我们暂时定义 K0.0 为 1 时，调用排屑器功能。

与其他的功能程序调用一样，排屑器的功能调用一定要在调用输入地址功能之下，调用输出地址功能之上，如图 7-97 所示。

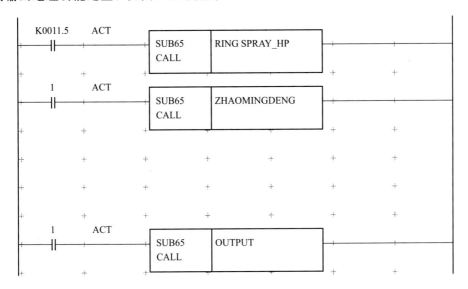

图 7-97　调用排屑器功能程序

我们既可以直接编写调用 PAIXIEQI 的 PLC，也可以通过复制的方法来实现，我们这里采用复制的方法。我们复制 K11.5 这一行的 PLC 代码，如图 7-98 所示。

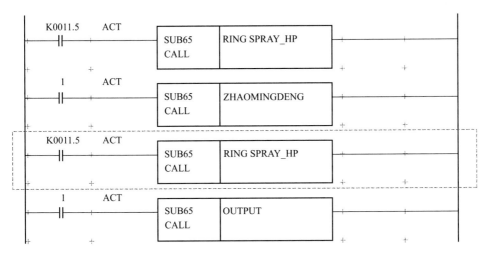

图 7-98　复制功能程序

在 LEVEL2 中调用的功能程序，一定要在调用输出信号之上，即 SUB65 CALL

OUTPUT 的上一行。

我们双击第一个 K11.5，将其修改成 K0.0，双击第二个 RINGSPRAY＿UP，将其修改成"paixieqi"，不区分大小写，见图 7-99。

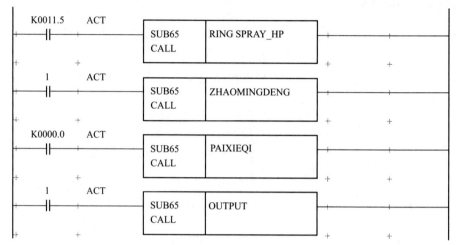

图 7-99　调用排屑器功能

看到这里，或许会有读者产生疑问，调用 RING SPRAY＿HP 功能使用的是 K11.5，我们定义了 K0.0 为 1 调用排屑器功能，那么 K0.0 会不会已经被其他的功能占用了呢？

我们通过交叉表来检验一下 K0.0 的调用情况，同样通过组合键【Ctrl】+【J】，调出交叉表的搜索页面，我们输入"k0.0"后并搜索，见图 7-100。

图 7-100　K 参数的交叉表

通过搜索的结果我们发现 K0.0 已经被占用了，因此我们换一个 K 参数，比如调用 RING SPRAY＿HP 的 K11.5 的下一位，即 K11.6 再搜索一次试试，如图 7-101 所示。

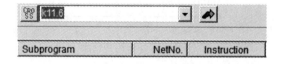

图 7-101　K 参数未被调用

搜索的结果为空，故而我们将调用排屑器的 K 参数由 K0.0 更改为 K11.6，如图 7-102 所示，将 K11.6 设置为 1 时，调用排屑器功能写入到调试手册中。

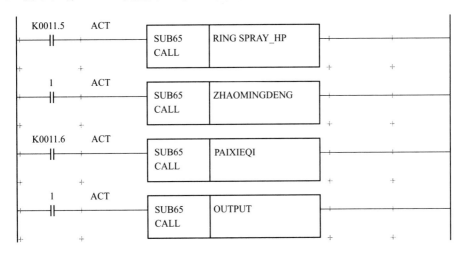

图 7-102 修改 K 参数的调用功能

由此，我们能看出，K 参数的设定是任意的，没有参照性的。不同厂家的 K 参数设定是不一样的，甚至同一厂家不同型号机床的 K 参数都有可能不一致。

(3) 定义输入输出信号

前文中我们说了，将输入信号和输出信号都定义在功能程序中，是为了方便理解 PLC 的结构。在此再申明一下，输入信号与输出信号是不能定义在功能程序中的。

我们打开之前增加的 PAIXIEQI 功能程序，我们根据表 7-4 进行输入信号及输出信号的定义。

表 7-4 输入信号及输出信号的定义

I/O 地址	功能	R 变量
X0.7	正转、停止按钮地址	R100.7
Y0.7	正转、停止按钮灯	R200.7
X1.0	反转、停止按钮地址	R101.0
Y1.0	反转、停止按钮灯	R201.0
X1.1	马达保护器辅助触点信号	R101.1
Y1.1	排屑器正转输出信号	R201.1
Y1.2	排屑器反转输出信号	R201.2

根据表 7-4，我们得知共有 3 个输入信号，4 个输出信号，我们画出如图 7-103 所示的 PLC。

我们输入相应的输入输出信号及 R 变量，如图 7-104 所示。

(4) 定义按钮部分

控制排屑电动机的旋转，按钮的 PLC 编程应为控制按钮的逻辑，我们先画一个排屑器正转按钮的 PLC，见图 7-105。

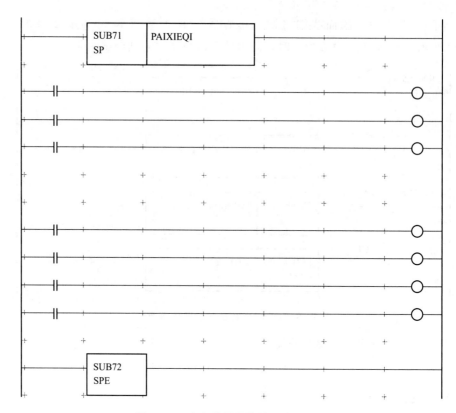

图 7-103　定义排屑器的输入输出信号

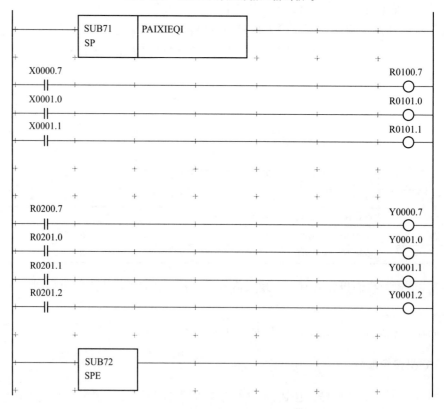

图 7-104　输入输出信号的中间变量 R 变量

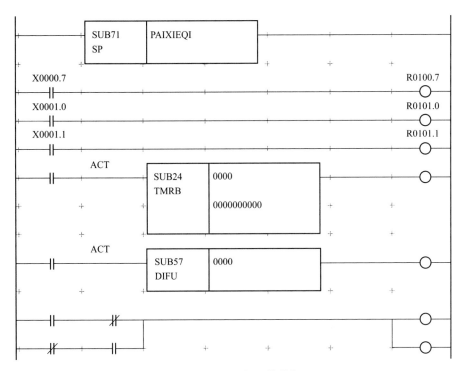

图 7-105 排屑器正转按钮

我们定义临时变量 R801.0 和 R801.1，延时接通功能的序号为 90，延时时间为 5s，下降沿功能的序号也为 90，如图 7-106 所示。

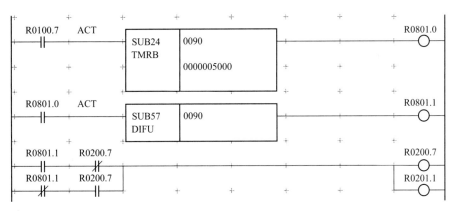

图 7-106 增加排屑器正转按钮功能

我们再仿照这个过程添加排屑器反转按钮功能，如图 7-107 所示。

(5) 排屑器 M 代码定义

我们定义 M73 为排屑器正转，M74 为排屑器反转，定义 M75 为排屑器停止。我们同样要先查看 M73～M75 是否被占用，查看 M 代码的定义，需要在 LEVEL2 中查看，见图 7-108。

我们发现只定义了 M29～M36 和 M80～M87，因此我们需要重新定义 M73～M75。

同样，每次只能定义 8 个 M 代码，且与现有的 M 代码保持连续性，因此我们定义 M72～M79 共 8 个 M 代码。

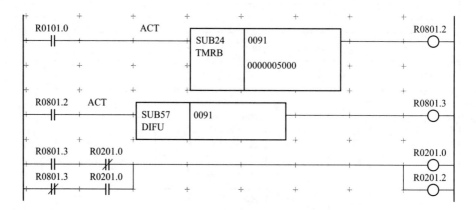

图 7-107　增加排屑器反转按钮功能

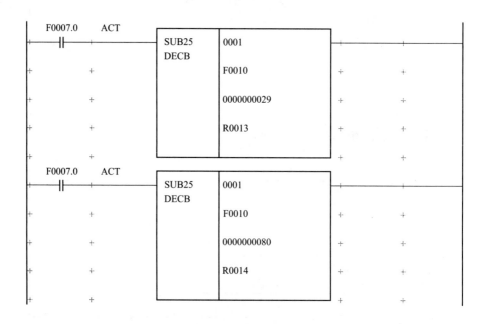

图 7-108　查看排屑器的 M 代码是否被调用

我们依然采用复制的方法，实现定义上述的 8 个 M 代码，如图 7-109 所示。

我们双击第一个 0000000080，将其修改成 72，这就完成了 M72～M79 的定义，如图 7-110 所示，接下来我们就要选择一个 R 变量字节，用来指向 M72～M79。

我们通过滚动鼠标滑轮向下继续查看其他 M 代码的定义及 R 变量的使用情况，见图 7-111。

我们发现最后定义了 R18 和 R21，再向下就是功能程序的调用了，SUB65 CALL INPUT。因此我们选用 R19 作为 M72～M79 的中间变量，如图 7-112 所示。

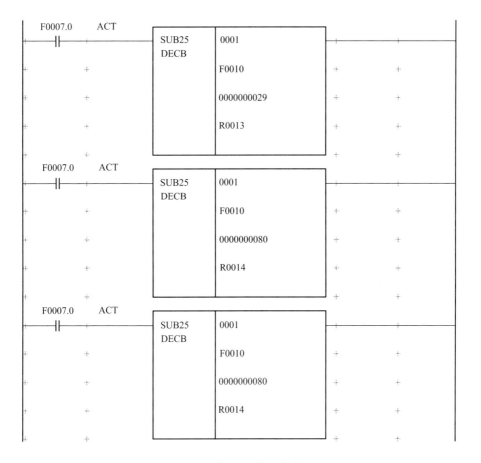

图 7-109 复制 M 代码的定义

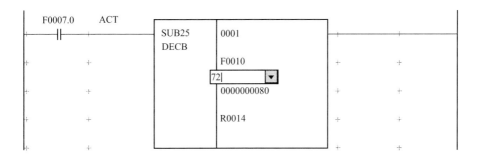

图 7-110 读取 M72～M79

见表 7-5，我们就能一目了然 R19 的位（BIT）与 M72～M79 代码的对应关系。

表 7-5 R19 的位（BIT）与 M72～M79 代码的对应关系

高←低	BIT7	BIT6	BIT5	BIT4	BIT3	BIT2	BIT1	BIT0
R19	R19.7	R19.6	R19.5	R19.4	R19.3	R19.2	R19.1	R19.0
M 代码	M79	M78	M77	M76	M75	M74	M73	M72

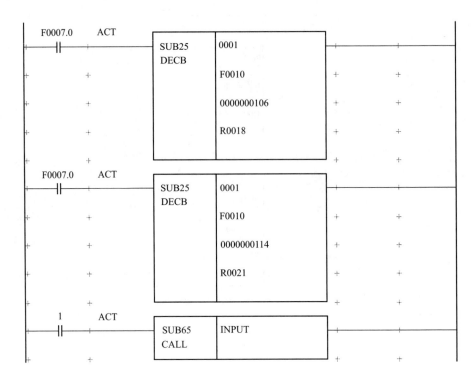

图 7-111　M 代码 R 变量的使用情况

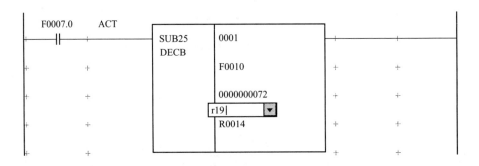

图 7-112　定义 M72～M79 中间变量 R19

我们保存并关闭 LEVEL2 页面。

(6) M 代码控制排屑器

M 代码控制排屑电动机的正转、反转同夹具的控制是一样的，这里不再赘述，控制过程如图 7-113、图 7-114 所示。

(7) M 代码完成

由于排屑电动机没有反馈信号，故而相应的 M 代码执行完成的 PLC 处理相比夹具要简单得多，我们通过交叉表找到对 G4.3 的赋值，然后添加 M 代码 M73（R19.1）、M74（R19.2）、M75（R19.3）将其赋值给 G4.3，见图 7-115。

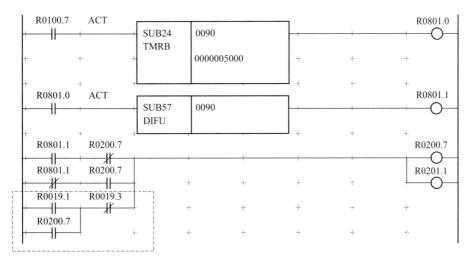

图 7-113　M73（R19.1）、M75（R19.3）控制排屑电动机正转与停止

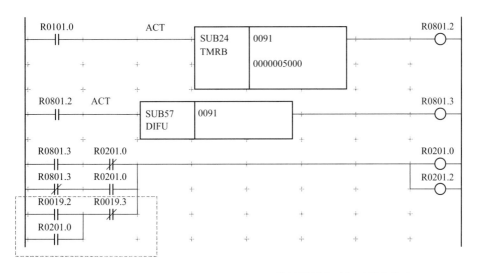

图 7-114　M74（R19.2）、M75（R19.3）控制排屑电动机反转与停止

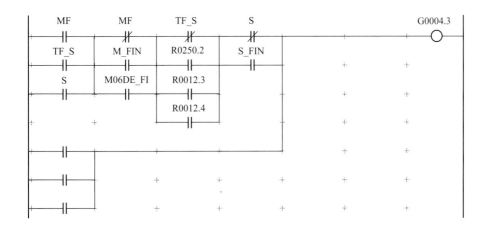

图 7-115　排屑器 M 代码完成 1

直接将 M 代码的 R 变量 R19.1、R19.2 和 R19.3 直接赋值给 G4.3 即可，见图 7-116。

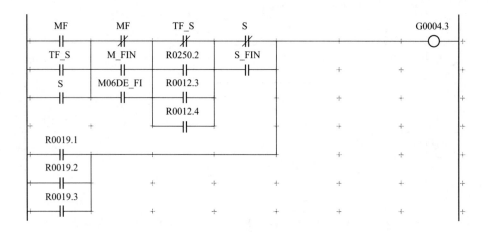

图 7-116　排屑器 M 代码完成 2

当我们滚动鼠标中轮的时候，FANUC Ladder 会自动整理 PLC 的格式，我们无需理会，如图 7-117 所示。

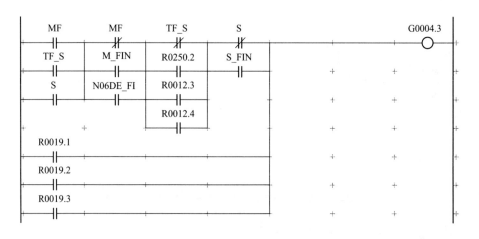

图 7-117　FANUC Ladder 自动完成 PLC 格式整理

(8) 软件互锁保护

由于排屑电动机是三相交流电动机，对于其正反转的控制，必须进行互锁保护。互锁保护，指的是两个信号此消彼长，可以都没有信号，但绝对不能同时存在。

软件上的互锁保护过程很简单，就是将正转的输出信号前"串联"一个取反的反转输出信号，反转的输出信号前"串联"一个取反的正转输出信号，如图 7-118、图 7-119 所示。

我们用同样的方法将反转输出信号 R201.0 进行逻辑保护，于是得到如图 7-120 所示的 PLC。

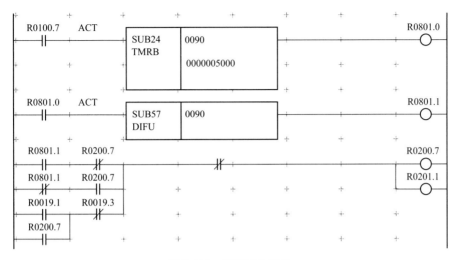

图 7-118 串联取反信号

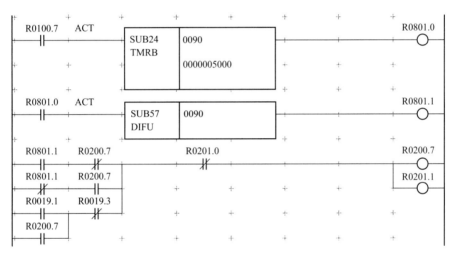

图 7-119 反转输出信号中间变量 R201.0 限定正转输出

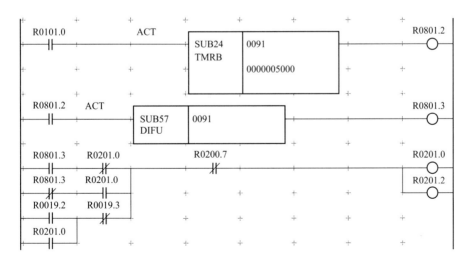

图 7-120 正转输出信号中间变量 R200.7 限定反转输出

(9) 硬件互锁保护

上文中讲到了 PLC 在软件层面的输出互锁，但实际的工作中，会出现输出信号的控制线路接错等故障造成控制正反转的两个接触器同时接通。因此说，不仅要在 PLC 中对电动机的正反转进行互锁，还要通过接触器的硬件互锁保证控制电动机正反转的两个接触器不会同时接通，实现硬件上的互锁保护。

或许读者会问，为什么要进行硬件互锁保护，如果不进行互锁保护会有什么样的风险。为了说明互锁保护的用途，首先介绍一下如何实现三相电动机的正反转控制及接线。

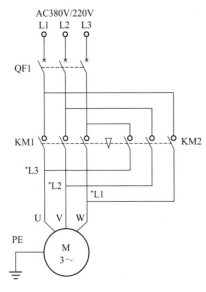

图 7-121　三相交流电动机的正反转控制

假如交流电动机的正转接线是 U、V、W，如果实现反转，只需要调整交流电动机的正转接线的相序，即 U、V、W 中任意两个调换，变成 U、W、V 或者 V、U、W 接线，这个相序的改变是输出信号通过继电器控制接触器来完成的，图 7-121 为交流电动机正反转控制的接线图。

图 7-121 中 L1、L2、L3 是进线电压，与电动机的 U、V、W 对应，可能是 AC380V 或者 AC220V，通过电动机保护器 QF1 完成对电动机的保护，通过接触器 KM1 和 KM2 的互锁接通线路控制电动机的正反转控制。当 KM1 断开，KM2 接通后，电动机的 U、V、W 的接线顺序就变成了 *L3、*L2、*L1，也就是说改变了 U 和 W 的接线，即可实现对电动机的反转控制。

再说明一下如果 KM1 和 KM2 不通过互锁的方式会造成什么样的后果。如果 KM1 和 KM2 同时吸合的话，那么 L1 就与 *L3 接通，*L1 与 L3 接通，最终的结果就是 L1 与 L3 直接接通，因此就造成了线路短路，虽然有电动机保护器对线路的保护，但还是存在短路危险。

(10) 辅助触点报警

由于保护排屑器电动机的电动机保护器配备了辅助触点作为反馈信号，故而还要添加辅助触点的报警。辅助触点为常开开关，当电动机保护器吸合时接通。如果电动机保护器出现"跳闸"的断开现象，则辅助触点的输入信号为 0，此时 PLC 则发出报警。至于报警号及报警内容的定义，我们应该在 FANUC Ladder 中的"Message"中查看。

我们打开"Message"后，发现 A2.7 为空白，因此我们就将 A2.7 作为排屑器辅助触点的报警，报警号定义为 1 开头，也就是排屑器辅助触点断开的话，机床急停，如图 7-122 所示。

对于报警号 1 后面的数字，我们根据报警号的上下文，发现 A2.4 中的报警号是

17	A2.0	1000 SPINDLE FAN-AIR-SWITCH OFF
18	A2.1	1001 TOOL CHECK SIGNAL MISS
19	A2.2	1002 DOOR OPEN SIGNAL MISS
20	A2.3	1003 T IN SP
21	A2.4	1004 ERR T NO
22	A2.5	2016 PLEASE CLOSE DOOR
23	A2.6	2017 CHECK SPINDLE WITH TOOL
24	A2.7	
25	A3.0	PROBE SYSTEM ERROR
26	A3.1	PROBE ON/OFF ERROR
27	A3.2	PROBE SIGNAL ERROR
28	A3.3	PROBE BATTERY LOW
29	A3.4	SPINDLE ROT IS PROHIBITED
30	A3.5	2035 A AXIS HAVE NOT CLAMPED
31	A3.6	2036 A AXIS HAVE NOT UNCLAMPED

图 7-122　定义报警

1004，因此我们暂定是辅助触点报警号是 1005，为了防止与其他的报警号发生冲突，因此在工具栏中"Search"，即"查找"后的文本框中输入 1005，见图 7-123。

图 7-123　报警搜索方向键

最左侧的"望远镜"按钮为向下搜索，如果选中【DIR】后，再点"望远镜"按钮，即为向上搜索。

我们先点击"望远镜"按钮向下搜索，进行报警号搜索。我们发现 A5.5 行的 1005 被选中（图 7-124），说明报警号 1005 已经被占用，因此我们定义 A2.7 的报警号为 1006 再试一次，结果没有报警号 1006 被选中，我们点击【DIR】后，再向上搜索一次，发现报警号 1006 已经被 A4.2 占用，见图 7-125。

42	A5.1	2041MAG.JOG IS ON
43	A5.2	1042SET MAG.JOG OFF THEN CHANG T
44	A5.3	
45	A5.4	
46	A5.5	1005 LUBRICATION OIL QF OFF
47	A5.6	2056 LUB.PRESS LOW
48	A5.7	2057 LUB.OIL IS LOW

图 7-124　向下搜索报警号

32	A3.7	
33	A4.0	2040PLEASE CHANGE TOOL REACHED LIFE
34	A4.1	1500MAG NOT READY
35	A4.2	1006 RING SPRAY QF31 OFF
36	A4.3	
37	A4.4	
38	A4.5	
39	A4.6	
40	A4.7	

图 7-125　向上搜索报警号

继续更换 A2.7 对应的报警号，最后我们发现搜索报警号 1007 的时候，不论是向上搜索还是向下搜索都没有搜索结果。最终，我们定义报警号 1007 为辅助触点报警 A2.7 的报警号，至于报警内容，要包含报警的原因及电气元件序号，如果是国内使用的话，建议使用拼音及最简单的英语单词，因此我们定义 1007 的报警内容为 "PAIX-IEQIQF1OFF"，即为排屑器 QF1 跳开，见图 7-126。

20	A2.3	1003 T IN SP
21	A2.4	1004 ERR T NO
22	A2.5	2016 PLEASE CLOSE DOOR
23	A2.6	2017 CHECK SPINDLE WITH TOOL
24	A2.7	1007 PAI XIE QI QF1 OFF
25	A3.0	PROBE SYSTEM ERROR
26	A3.1	PROBE ON/OFF ERROR
27	A3.2	PROBE SIGNAL ERROR

图 7-126　定义报警号及报警内容

我们保存并关闭 "Message" 页面。我们已经定义了 A2.7 为排屑器辅助触点报警的变量，还要在排屑器的功能程序中添加报警的条件。我们再打开 PAIXIEQI 功能程序。

在定义输出信号的上一行，按钮及 M 代码的 PLC 代码下方，添加报警代码。由于是辅助触点信号为 0 时报警，那么就要对 R101.1 取反后赋值给 A2.7，见图 7-127。

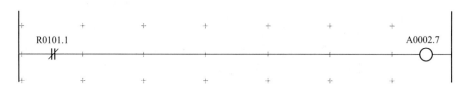

R0101.1　　　　　　　　　　　　　　　　　　　　　　　　　　　A0002.7

图 7-127　添加辅触报警 A2.7

7.5

编译PLC程序工作

我们每次增加一个 PLC 功能或者修改 PLC 逻辑后，都要对 PLC 的编写是否正确进行一次检查，专业的术语也就是编译工作（Compile），编译只能检查出编写的 PLC 代码是否符合系统要求，但编写的逻辑是否正确是无法识别的。

Tool　Window　Help

Mnemonic Convert...

Source Program Convert...

Data Conversion ▶

Compile...

Decompile...

图 7-128　调出编译选项

在 FANUC Ladder 的最上面的页面选项中，选择工具【Tool】或者快捷键【AlT】+【T】，调出工具页面，见图 7-128。

我们选择 "Compile..."，这时调出编译的对话框，见图 7-129。

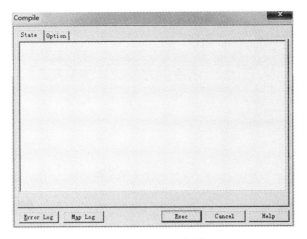

图 7-129　编译对话框

选择【Exec】，即"执行"编译工作，见图 7-130。

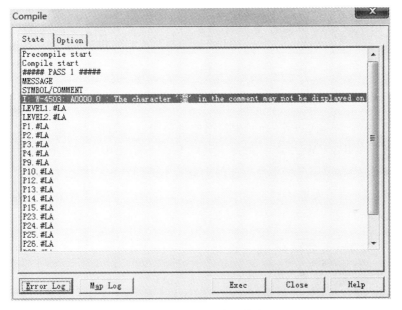

图 7-130　PLC 编译结果

看最后一行的统计结果，错误统计（Error Count）结果为 0，警告统计（Warning Count）结果为 1。在编译的列表中，看到了"I：W-4506：A0000.0：The character '湟' in the comment may not be displayed on"。出错的信号是 A0000.0，也就是 A0.0，出错的原因是注释（Comment）中出现了可能无法在 CNC 上显示的字符，目前中小机床应用的发那科系统，一般不支持中文显示，所以我们要修复这个警告（Warning）。

点击【Close】关闭对话框，我们通过交叉表搜索一下 A0.0 信号，见图 7-131。

双击任意一行的搜索结果，这时 FANUC Ladder 会自动打开引用 A0.0 的功能程序及所在的行，并通过光标显示。我们鼠标右键点击 A0.0，选择其属性"Property"，调出 A0.0 的属性，如图 7-132 所示。

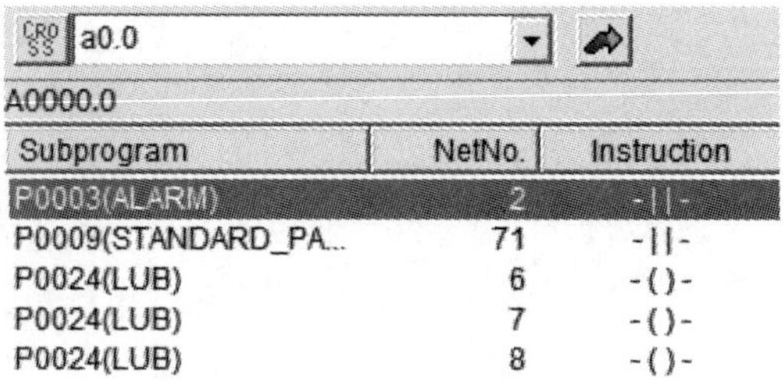

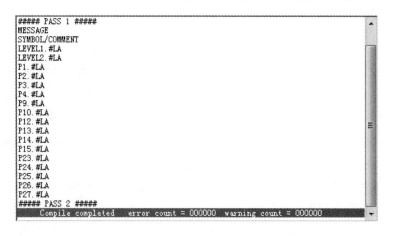

图 7-131　A0.0 交叉表

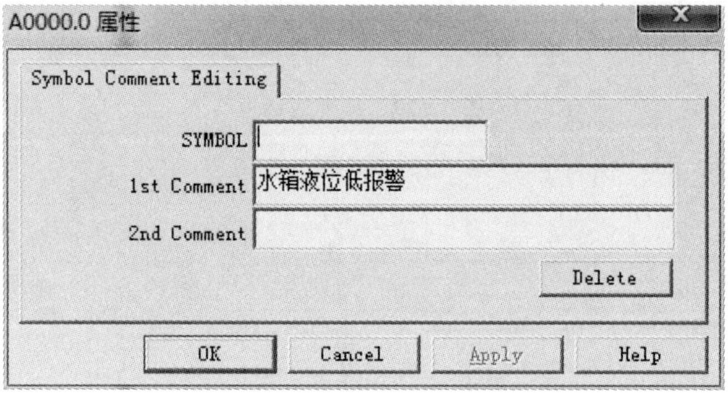

图 7-132　A0.0 的中文属性

发现第 1 注释（1st Comment）中使用的是中文，我们将"水箱液位低报警"改成拼音"SHUIXIANGYEWEIDI"。值得强调的是，不要使用中国式的英语对其进行注释，否则很容易造成中国人看不懂，外国人也看不懂的情况，修改完 A0.0 的第 1 注释后，点击【OK】，保存后再编译一次，如图 7-133 所示。如果不保存直接编译的话，可能会出现 PLC 软件未响应等情况，而强制关闭后之前的修改全部失效。

图 7-133　第二次编译 PLC

当我们修改 A0.0 的注释后，第二次编译的结果是错误统计为 0，警告统计为 0，表明当前的 PLC 没有任何语法的问题，这时我们就可以将 PLC 程序转成数控系统能识别的格式后再传输到数控系统中运行了。

7.6
生成PLC文件

我们在电脑上修改的 PLC 是源程序，并不会被数控系统识别并执行，因此需要将其转换成数控系统能识别并执行的形式，也就是二进制的机器语言。

我们点击 FANUC Ladder 最上方的 "File" 文件相关，或者组合键【ALT】+【F】，选择 "Export" 导出功能，见图 7-134。

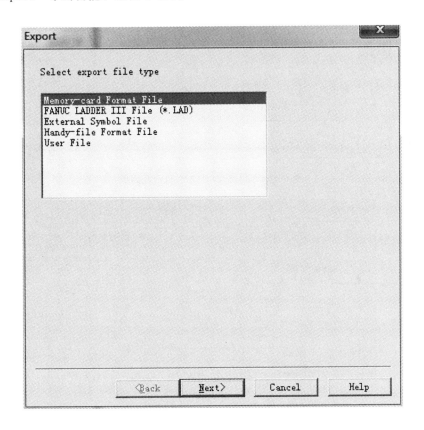

图 7-134　导出 PLC 文件

选择第一个选项，"Memory-card Format File" 内存卡格式文件，然后点击【Next】继续下一步操作，见图 7-135。

点击【Browse】，即浏览文件的路径并输入文件的名字，路径及文件名可以是任意，为了方便时候查找，就存放在电脑桌面，命名为 "PLCOK"，并保存，见图 7-136。

最后点击【Finish】完成全部操作，见图 7-137。

我们切换到电脑桌面后，就能找到一个没有任何图标的文件 "PLCOK"，我们将其复制到 CF 卡中，将其导入到数控系统中。

图 7-135　导出 PLC 文件的名及路径

图 7-136　保存 PLC 文件

图 7-137　完成导出

7.7 恢复PLC

PLC 程序的恢复与备份是一个逆向的操作，但是与 PLC 的备份稍有不同，因为要使得 PLC 生效，不仅需要将 PLC 文件"恢复"到系统中，还需要将恢复的 PLC "写进"数控系统中。

7.7.1 导入 PLC

在恢复 PLC 之前，我们一定要先按下急停按钮，避免机床发生误动作。

我们按照下述步骤进行 PLC 的恢复工作：

依次按【SYSTEM】→【PMCMNT/PMC 维修】→【I/O】进入如图 7-138 画面。

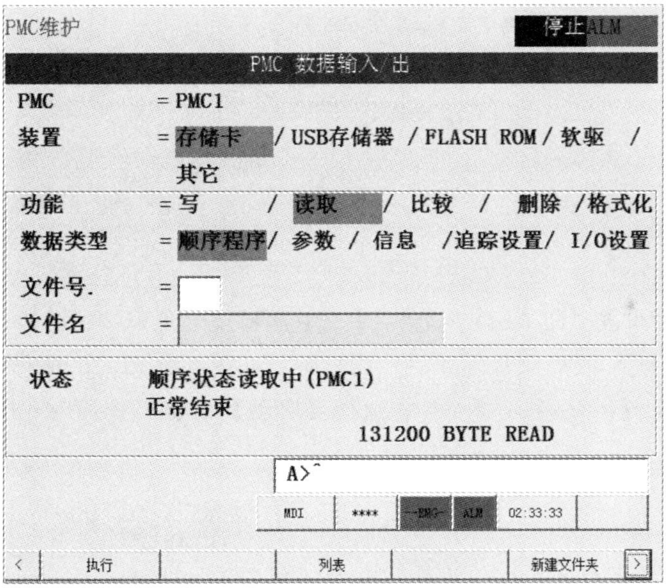

图 7-138　读取 PLC 文件

由于我们是将 PLC 恢复到数控系统中，对于数控系统来说就是读取存储卡的数据，因此我们在"功能"处，选择"读取"，我们恢复的是 PLC，在数据类型处，选择的是"顺序程序"。

文件名选择 PLC 的文件名称，如果知道文件名，直接输入即可，如果不知道，可以通过【列表】按键进入 CF 卡进行浏览选择，我们知道文件名，因此我们在文件名处输入 PLCOK，然后点击左下角的"执行"。

当读取 PLC 文件完成后，在"状态"的框架中会显示"正常结束"，同时也会显示＊＊＊BYTEREAD。

7.7.2　PLC 生效

前文中我们介绍过，要使得新的 PLC 生效，不仅要读取 PLC，还要将 PLC 写入到"FLASH ROM"中，我们接下来的工作就是要将已经读取的 PLC 文件写入到"FLASH ROM"中，按照如图 7-139 所示，按下执行即可写入 FLASH ROM 中。

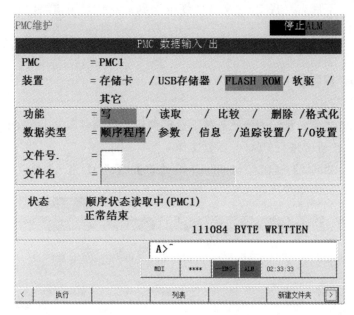

图 7-139　写入 PLC 文件

当 PLC 文件写进"FLASH ROM"中后，需要按下急停按钮，否则可能会出现机床的误动作。当写入 PLC 文件完成后，我们还要重新启动 PLC，我们通过操作系统按键【PMCMNT】→【PMC 状态】，然后选择【启动】按键如图 7-140 所示，即可启动 PLC 程序了。

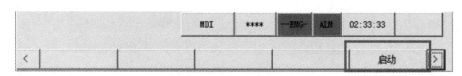

图 7-140　启动 PLC

由于数控系统版本的不同，可能还会需要重新启动 CNC 才能将 PLC 生效。

08

第8章
常用电气调试方法

8.1
万用表

万用表（图 8-1）是电气工程师最基本、最常用的诊断工具，用来诊断电气控制线路接线是否正确、判断电气设备是否故障的必要工具。

万用表包含了显示屏，用来显示读取的电压值、电阻值等等。

还有一个功能选择旋钮，通过旋钮选择不同的测量对象，直流电、交流电、电阻以及测量的范围。

8.1.1 万用表的选择

重点来了，在工厂的用电环境中，我们必须选择 CAT Ⅲ 安全等级的万用表，也就是说万用表外观上必须标有 CAT Ⅲ，如图 8-2 所示。

对于没有 CAT Ⅲ 安全标识的万用表是禁止用来测量工厂中的电源的，如图 8-3 所示。

有关 CAT 等级的详细说明请见附录"CAT 等级"。

市面上万用表的种类和功能都很多，但在数控机床电气调试的应用中，常用到以下几个功能：

① AC380V/220V 的测量；

② DC24V 与 DC0V 的测量；

③ 电阻的测量；

④ 线路通断检测功能（蜂鸣器）。

图 8-1　万用表实物图

图 8-2　带有 CAT Ⅲ 安全标识的万用表

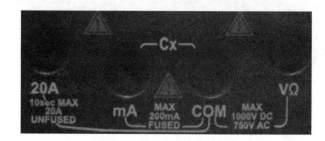

图 8-3　没有带有 CAT Ⅲ 安全标识的万用表

　　普通的万用表一般都能满足上述技术需求。有些万用表的测量范围是手动调整的，操作上稍微麻烦一些，但价格便宜；有些万用表的测量范围是自动调整的，但价格要贵一些。

8.1.2　万用表的使用

　　重点来了，万用表有红黑两根表笔，黑色的线要接到万用表的"COM"，即公共端，红色的线要接到"VΩ"，表示当前测量的对象是电压和电阻功能，如果接错的话，可能会烧坏万用表甚至人身危险，切记！切记！切记！如图 8-4 为万用表的接线口。

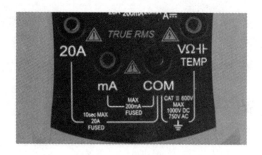

图 8-4　万用表的接线口

(1) AC380V/220V 的测量

　　数控机床的交流电压通常只有两个值，分别是 AC380V 和 AC220V，在用万用表对其进行测量时，应该旋转旋钮，将其指向交流电测量功能 V～，在该区域内万用表上标识的 500V 和 200V，如图 8-5 所示，表示的是该挡位下能测量的最大电压值，由于我们测量的交流电压是 AC380V 和 AC220V，因此我们选择挡位是 500V，如果我们选择的挡位是 200V，测量 AC220V 或者 AC380V 显示的结果是"1 ."，表示该测量结果已经超出范围。

AC380V 的电压比较高，有一定的危险，通常不用万用表就能进行基本的判断，因为用到 AC380V 的地方只有机床的总电源开关以及变压器。机床通电之后，如果电气柜内的电气设备的灯都没有亮或者部分亮，那就是总电源开关或者变压器出了故障，更换一个新的就可以了。

AC220V 是我们日常生活中的用电电压，虽然 AC220V 也有一定的危险性，但是相比 AC380V 来说已经安全得多了。普通的绝缘就能避免我们被 AC220V 电伤。因此新手在使用万用表测量 AC220V 时不必过于紧张。

(2) DC24V 的测量

DC24V 是安全的，干燥的手是可以直接触摸而不发生触电风险，所以在使用万用表测量 DC24V 的时候更要大胆一些。万用表的直流测量功能的标示符是 V⋯，由于测量的是 DC24V，因此选择挡位是 200V，如图 8-6 所示。如果测量的直流电压值是 −24，说明红色表笔和黑色表笔在测量 DC24V 和 DC0V 反向了，由于数控机床内不存在 −DC24V，因此并不影响实际的判断结果。如果显示的电压值是 23.8V 或者 24.3V，稍微小于或者大于 24V 的话，可以视为万用表测量精度或者电阻造成的压降问题，同样不会影响判断结果，如果测量的直流电压低于 22V 或者高于 DC26V，那就说明稳压电源出现了故障，需要调整稳压电源的输出电压或者更换新的稳压电源。

图 8-5　万用表交流挡

图 8-6　万用表直流挡位

(3) 电压测量的注意事项

有些万用表的挡位是自动选择的，只要选择测量的功能是直流电压、交流电压、电阻即可，不需要手动旋转测量的范围。

重点来了，不论是手动挡位的万用表还是自动挡位的万用表，测量功能绝对不能选错，见图 8-7、图 8-8。常见的错误情况是：选择了测量交流电压的功能去测量直流电压，或者选择了测量直流电压的功能去测量交流电压，如果测量功能选错，可能会烧毁万用表甚至危及使用者的生命安全。

图 8-7　交流电压测量功能 V～

图 8-8　直流电压测量功能 V⎓

（4）电阻的测量

电阻值的测量与电压的测量不同，通常测量电阻时，电阻值的范围都比较小。一般不超过 200Ω，如图 8-9 所示。

重点来了，测量电阻时一定要在关闭电源的情况下测量，才能准确测量。

（5）蜂鸣器功能

蜂鸣器功能的应用更加简单，主要是判断某一根电线是否出现内部断开或者整体线路是否断开的情况，如果线路是接通的，则蜂鸣器会一直响，如果电线内部断开，则蜂鸣器不响。如图 8-10 为万用表蜂鸣器功能。

图 8-9　万用表电阻测量功能

图 8-10　万用表蜂鸣器功能

重点来了，测量电线线路内部的通断时，同样也要关闭电源才能准确判断。

8.1.3　机床上电前的准备工作

重点来了，数控机床在第一次通电之前，要进行通电前检查。检查的内容有：

① 检查 DC24V 与 DC0V 是否短路，也就是需要测量稳压电源的 DC24V 与 DC0V

输出点之间的电阻，如果电阻为零，则有短路行为，需要查找短路的原因，如果有十几欧姆的电阻值，说明线路正常。

② 检查两个稳压电源的 DC0V 是否连通，需要使用万用表的蜂鸣器功能，如果两个 DC0V 是连通的，那么蜂鸣器会发声提示。

③ 检查放大器的进线是否可靠连接，检查放大器与电动机动力线是否可靠连接，光栅尺、编码器接口是否可靠连接。判断可靠连接的方法很简单，用手稍微用力拉每一根线，如果没有被拉下来，即认为可靠连接。

8.2 输出信号的万用表诊断

机床出现故障时，不一定会发生报警，其根本原因在于没有反馈信号，例如排屑电动机没有启动、没有松开到位的夹具等。

图 8-11 是前文中普通电动机的控制过程，如果电动机没有旋转的话，如何用万用表来找到原因呢？

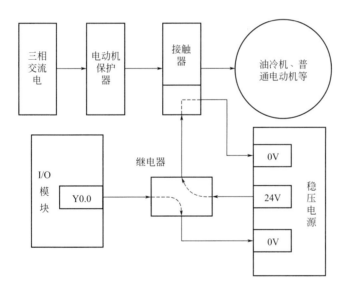

图 8-11　继电器控制普通电动机运行

我们整理一下思绪，正常电动机的运行是需要电源的，能切断电源的主要有两个电气元件，分别为保护功能的电动机保护器以及控制功能的接触器与继电器。我们顺着这个最基本的思路就能找到故障的原因。

① 电动机不能运行时，首先查看是否报警，这个报警来自电动机保护器的辅助触点。

a. 如果电动机保护器跳开的话，会有 PLC 报警，手动将电动机保护器的旋钮"推合"到 ON 的位置，此时报警消失。

b. 如果电动机保护器没有跳开且有 PLC 报警的话，那就说明辅助触点的接线或者辅助触点内部出现了故障，我们由前文可知，输入信号来自稳压电源的 DC24V，我们可以通过测量辅助触点两端的电压，如果辅助触点两端的电压是 0V，表明内部是接通的，表明辅助触点是正常的，如果是 24V，那说明辅助触点内部是断开的，需要更换辅助触点。

② 如果没有报警，那就说明可能是接触器的控制环节出现了故障，就要通过按钮功能对电动机进行启动控制，查看继电器和接触器是否有吸合的动作。

a. 如果继电器的状态灯没有亮，表示继电器没有吸合，说明输出信号不能控制继电器。

b. 如果继电器有吸合动作，接触器没有吸合动作，说明继电器不能控制接触器。

c. 不论是输出信号控制继电器还是继电器控制接触器，出现了问题通常只有两个原因，一个是硬件问题，继电器或者接触器坏了；另一个是 DC24V 经过继电器和接触器后，没有连接到 DC0V，需要通过万用表选择直流电压测量功能，选择大于 24V 的挡位，对继电器和接触器的控制电源进行电压测量。

③ 如果接触器有吸合和断开的动作，那就是由接触器通往电动机的线路出现了断开，可以通过蜂鸣器来判断连接的线路是否断开。为了避免发生触电风险，我们需要将电动机保护器手动选择到断开或者关闭电源再操作。

④ 如果上述都没有问题的话，我们就要将电动机电源的保护盖拆开，在接通电源的情况下逐个测量任意两相的电压，即分别测量 U 和 V 之间的电压，U 和 W 之间的电压以及 V 和 W 之间的电压，选择万用表的交流电压测量，选择 380V 以上的挡位，测量其电压值，如果测量的结果为 380V 或者 220V 的话，那就说明是电动机内部出现了故障，需要更换新的电动机。

⑤ 结论总结：如果有电源，就要找到从电源到电动机这个线路具体哪个环节出现了问题，是保护环节的电动机保护器出现了问题，还是控制环节继电器、接触器出现了问题。

⑥ 如果是对夹具的控制、自动门的控制等，检查的对象就是输出信号对继电器及电磁阀的控制，其检查的过程是类似的，只不过测量对象的电压是 DC24V，不再赘述。

8.3

输入信号的万用表诊断

我们根据前文学习的内容，将常见的造成 PLC 报警的原因汇总如下：

① 辅助触点断开造成的 PLC 报警；

② 液位信号、压力信号、温度信号等造成的 PLC 报警；

③ 动作执行未完成造成的报警，例如自动门开与关未完成、夹具松开与夹紧未完成、机械动作是否完成等。

我们可以将 PLC 报警，归结于输入信号的电信号的丢失。因此诊断这三种报警很简单，其根源在于相应 DC24V 的丢失，也就是说稳压电源发出的 DC24V 经过辅助触点或者接近开关后，没有接到相应的输入点上，图 8-12 为输入信号的电气接线图，我们在前文中已经介绍过了。

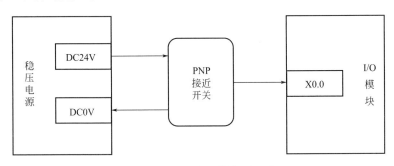

图 8-12　输入信号接线原理图

如果发生因输入信号导致的 PLC 报警，那么我们解决这类的 PLC 报警就很容易了，图 8-13 就是可能出错的环节。

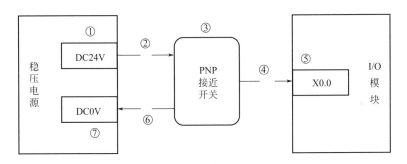

图 8-13　可能出错的环节

① 电线没有与稳压电源的 DC24V 点接牢；

② 稳压开关经过接线端子时两端的电线没接牢或者接错；

③ 接近开关坏了或者检测的信号状态异常（辅触报警优先考虑此种情况）；

④ 接近开关的信号线（黑色），经过接线端子时没接牢；

⑤ 电线与输入点没接牢或者地址接错；

⑥ 接近开关返经过接线端子时两端的电线没接牢或者接错（辅触等两线开关无此路）；

⑦ 电线与 DC0V 没接牢（辅触等两线开关无此路）。

以上这些情况皆可使用万用表进行辅助诊断，测量的对象就是断开处两端是否有DC24V，如果有 DC24V 表示相应的线路断开，如果电压为 0V，表示相应的线路正常。

8.4
PLC诊断

如果在上文的诊断过程中输出信号为 0 的话，就不能再使用万用表进行问题查找了。没有输出的重要原因有两个，一个是功能程序没有被调用，另一个就是控制的使能条件没有得到满足。

前文中我们讲过，K 参数可以调用 PLC 中的功能程序。如果通过按钮和 M 代码在控制的时候，如果没有输出信号且没有任何报警信息的话，通常是 K 参数对其进行限制，需要修改相应 K 参数的值。

通过按钮和 M 代码进行控制的时候，如果没有输出信号且存在 PLC 报警，就属于控制的使能条件没有得到满足，由于急停和复位是最基本的控制，因此通常忽略。

重点来了，控制的使能条件通常是其他设备的状态对其进行限制，也就是其他设备的输入信号限制了当前控制，例如主轴不能旋转、限定主轴旋转的通常是夹具没有夹紧到位、主轴刀具没有夹紧到位或操作门没有关门到位等。

对于 PLC 诊断，我们一般遵循这么一个原则，那就是通常来说现有的 PLC 逻辑是没有错误的，原因在于数控机床已经运行很久了，而且 PLC 是软件功能，稳定性极高，如果 PLC 的逻辑出现了问题，那么数控机床在运行的时候会频繁故障。因此我们对 PLC 进行诊断的思路就很清晰了，一个是 K 参数，决定该控制功能是否调用；另一个就是其他设备输入信号的中间变量。

8.4.1　K 参数限制

K 参数的限制的情形比较简单，如果是 K 参数限定了输出信号的话，与之相关的报警也没有。根据 K 参数的调用功能程序的用途，我们可知，当不能实现单独的控制功能时，例如水冷电动机不运行，且没有报警的话，通常就是对应的 K 参数没有设置。

我们可以通过 LEVEL2 中查找相应的调用功能，如图 8-14 所示。

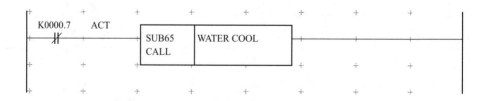

图 8-14　K 参数调用功能程序

得知 K0.7 只有被设定为 0 的时候，才能调用水冷（WATER COOL）功能，修改

K0.7 的值即可。

8.4.2　输入信号的限制

其他设备的状态限定了当前控制的输出信号，见图 8-15。此种情况稍微复杂但也很容易解决。

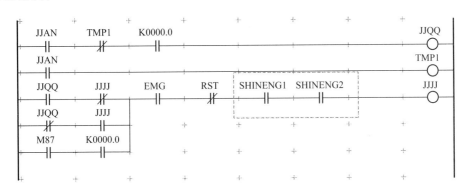

图 8-15　没有输出信号的重点检查对象：SHINENG1、SHINENG2

重点来了，如果熟知数控机床的机械控制过程、机械手刀库的运行过程、交换站的运行过程的话，就很容易查找问题，甚至不用看 PLC 就能解决。原因在于所有的机械设备在运行时有严格的运行顺序，例如复杂的刀库控制，其每一步的动作控制在完成后都有相应的到位信号，当上一步的机械动作到位信号为 1 后，这时才能运行下一步机械动作。如果没有进行下一步的机械动作，那就一定是上一步的机械动作未完成，相应的输入信号则为 0。

8.4.3　PLC 查看

当我们了解了机床的电气设备，尤其是机械设备的运行原理，我们就很容易找到造成故障的原因，而此时查看 PLC 程序不过是一种辅助手段。

我们以主轴不能旋转为例，由于主轴的旋转是受到 NC 控制，因此 PLC 如果要对主轴的旋转进行控制的话，那么一定是将主轴旋转使能的系统 G 信号置为 1。我们通过查询附录"F 信号与 G 信号列表"可知，允许主轴正转的 G 信号是 G70.5，允许主轴反转的 G 信号是 G70.4。由此看来，NC 的控制功能划分得十分详细。我们也为了简化这个问题查找的流程，就以允许主轴正转的 G 信号 G70.5 为诊断变量。

我们通过交叉表查看 G70.5 的调用情况，见图 8-16。

我们需要查看的是将 G70.5 进行赋值的 PLC 引用处，见图 8-17。

我们双击 G70.5 在交叉表中的赋值引用后，见图 8-18。

我们看到，为了保证主轴的旋转安全，对于主轴旋转的限制条件很多。为了便于我们更好地查看 PLC，因此我们将 PLC 程序"横向拉伸"，将 PLC 编程页面进行扩展，多次点击图 8-18 中的按钮【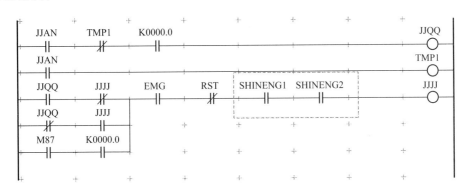】，直到显示全部的 PLC 程序，见图 8-19。

g70.5

G0070.5 : cw

Subprogram	NetNo.	Instruction
LEVEL2	33	-||-
LEVEL2	34	-|/|-
P0002(SPINDLE)	18	-||-
P0002(SPINDLE)	19	-|/|-
P0002(SPINDLE)	21	-||-
P0002(SPINDLE)	27	-||-
P0002(SPINDLE)	30	-||-
P0002(SPINDLE)	31	-( )-
P0002(SPINDLE)	33	-||-
P0002(SPINDLE)	37	-|/|-
P0002(SPINDLE)	40	-||-
P0003(ALARM)	10	-|/|-
P0009(STANDARD_PA...	56	-||-
P0009(STANDARD_PA...	62	-||-
P0009(STANDARD_PA...	65	-||-
P0010(FUNCTION)	4	-||-

图 8-16　G70.5 的交叉表

g70.5

G0070.5 : cw

Subprogram	NetNo.	Instruction
LEVEL2	33	-||-
LEVEL2	34	-|/|-
P0002(SPINDLE)	18	-||-
P0002(SPINDLE)	19	-|/|-
P0002(SPINDLE)	21	-||-
P0002(SPINDLE)	27	-||-
P0002(SPINDLE)	30	-||-
P0002(SPINDLE)	31	-( )-
P0002(SPINDLE)	33	-||-
P0002(SPINDLE)	37	-|/|-
P0002(SPINDLE)	40	-||-
P0003(ALARM)	10	-|/|-
P0009(STANDARD_PA...	56	-||-
P0009(STANDARD_PA...	62	-||-
P0009(STANDARD_PA...	65	-||-
P0010(FUNCTION)	4	-||-

图 8-17　G70.5 的赋值引用

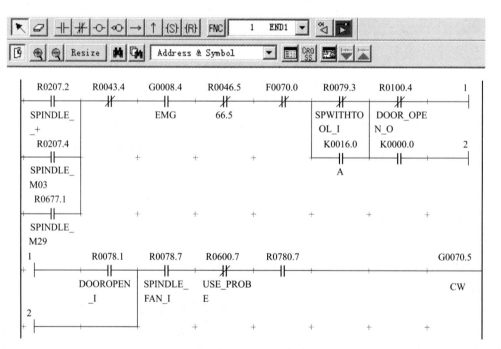

图 8-18　G70.5 的引用处

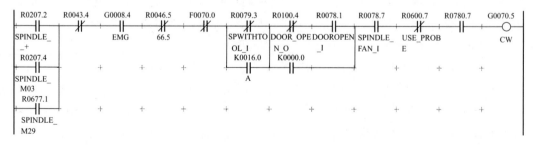

图 8-19　PLC 代码的全部显示

根据我们前文的论述，造成输出限制的原因通常是由输入信号引起的，因此限制主轴旋转的输入信号的中间变量就是我们查看的重点，因此 R43.4、R46.5、R79.3、R100.4、R78.1、R78.7 六个 R 变量是我们重点查看的对象，或许会有读者问为什么不包含 R600.7 和 R780.7，原因在于我们对于输入信号的中间变量 R 的定义区间通常是 R0～R200 之间。由于我们不清楚 PLC 设计者定义的输入变量的 R 变量区间，因此需要逐个测试，使用的方法依然是交叉表功能。

　　我们选中 R43.4，然后按快捷键【Ctrl】+【J】，调出 R43.4 的交叉表，如图 8-20 所示。

　　发现 R43.3 仅仅是出现在主轴——SPINDLE 的功能程序中，我们前文中介绍过，不会将输入信号定义在功能程序中，因此 R43.3 一定不是其他设备的输入信号的中间变量。由于输入信号占用的 R 变量是一个连续的、集中的变量区间，因此 R46.5 也一定不是输入信号的中间变量。

R0043.4		
Subprogram	NetNo.	Instruction
P0002(SPINDLE)	31	-|/|-
P0002(SPINDLE)	32	-( )-
P0002(SPINDLE)	34	-|/|-

图 8-20　R43.3 的交叉表

　　我们查看 R79.3 的交叉表结果，见图 8-21。

R0079.3 : SPWITHTOOL_I		
Subprogram	NetNo.	Instruction
LEVEL2	8	-( )-
P0002(SPINDLE)	31	-|/|-
P0002(SPINDLE)	34	-|/|-
P0003(ALARM)	11	-||-
P0003(ALARM)	16	-||-
P0003(ALARM)	21	-|/|-
P0012(TOOL_ZHUANTA)	33	-||-
P0012(TOOL_ZHUANTA)	34	-||-

图 8-21　R79.3 的交叉表结果

　　发现 R79.3 出现在 LEVEL2 中，由前文内容我们可知，有些机床制造商会将输入信号的定义写在 LEVEL2 中（这是非常错误的 PLC 编程方法），而不是写在一个单独的功能程序中，因此我们查看 R79.3 赋值的引用处，如图 8-22 所示。

图 8-22　R79.3 的引用处

　　因此我们认定 X6.7 的值为 0 时（取反），主轴才能正转，由于 X6.7 没有定义符号，且 R79.3 的符号"SPWITHTOOL_I"比较晦涩，且描述也不一定准确，具体的含义只能查看原理图中对于 X6.7 的功能定义了。

由于输入信号的中间变量 R 的范围是连续的、集中的，因此我们可以认定 R78.1，R78.7 都是输入信号的中间变量，我们继续通过交叉表的功能，找到 R78.1 与 R78.7 所代表的输入地址 X 的具体地址，如图 8-23、图 8-24 所示。

图 8-23　R78.1 代表的输入变量 X3.1

图 8-24　R78.7 代表的输入变量 X3.7

X3.1 的值为 1，主轴才能正转，有读者或许会问，R78.1 的符号"DOOROPEN"是门开的意思，那么 X3.1 一定是门打开到位信号，这个推理过程是对的，但是结果不一定准确。首先变量的符号不一定准确，其次，门的打开的时候主轴才能正转的话，不符合安全逻辑。

R0100.4		
R0100.4 : DOOR_OPEN_O		
Subprogram	NetNo.	Instruction
P0001(WATER COOL)	13	-||-
P0001(WATER COOL)	13	-|/|-
P0001(WATER COOL)	13	-()-
P0001(WATER COOL)	14	-||-
P0002(SPINDLE)	3	-||-
P0002(SPINDLE)	4	-||-
P0002(SPINDLE)	5	-||-
P0002(SPINDLE)	31	-|/|-
P0002(SPINDLE)	34	-|/|-
P0003(ALARM)	20	-|/|-
P0009(STANDARD_PA...	50	-|/|-
P0009(STANDARD_PA...	51	-|/|-
P0009(STANDARD_PA...	54	-||-

图 8-25　R100.4 的交叉表

或许读者会问，R78.7 的符号我认得，是主轴风扇，怎么对应的 X3.7 的符号是一个松开信号，前后不搭，这就表明这家机床制造商的 PLC 经过很多人修改过，因此 PLC 的符号管理比较混乱。我们不去管它，只需要通过查询电气原理图中 X3.7 的信号功能定义。

或许又有读者会问，那 R100.4 是不是限制主轴旋转的输入信号呢，我们继续通过交叉表功能查看 R100.4 的引用情况，如图 8-25 所示。按照该"PLC 设计者的思路"发现 R100.4 并没有出现在 LEVEL2 中，因此 R100.4 也不是限制主轴正转的输入信号的条件。

最终我们得知，X6.7 的值为 0，X3.1 的值为 1，X3.7 的值为 1，才能允许主轴正转。具体的输入信号代表的含义，需要查看原理图中对输入信号的定义。

第9章

工业4.0

2014 年 10 月 11 日，《中德合作行动纲要：共塑创新》正式公布，这个涵盖了政治、经济、文化、农业、工业、文明等内容的纲要中，"工业 4.0 合作"的内容颇为引人瞩目。工业 4.0 合作，意味着我国要在工业化与信息化同步发展的战略中更快地促进两者的融合，对促进经济社会的发展有着重要的价值。

所谓工业 4.0，是基于工业发展的不同阶段作出的划分。按照目前的共识，工业 1.0 是蒸汽机时代，工业 2.0 是电气化时代，工业 3.0 是信息化时代，工业 4.0 则是利用信息化技术促进产业变革的时代，也就是智能化时代，见图 9-1。

(a) 工业1.0：蒸汽机时代　　(b) 工业2.0：电气化时代　　(c) 工业3.0：信息化时代　　(d) 工业4.0：智能化时代

图 9-1　工业发展的不同阶段

工业 4.0 这个概念最早出现在德国，2013 年 4 月的汉诺威工业博览会上正式推出，其核心目的是为了提高德国工业的竞争力，在新一轮工业革命中占领先机。德国这样一个战略，愿意与中国共同创新，更好地借助信息化来加速产业的变革。

如今的工业生产是人操作机器，今后机器会装上智能设备，产品、仓库等与生产相关的整个链条都会嵌入智能化设备，通过云技术把所有资源都连接起来，生成大数据，在人与物之间形成互动，自动修正生产中出现的问题。

德国弗劳恩霍夫协会将在其下属 6～7 个生产领域的研究所引入工业 4.0 概念，西门子公司已经开始将这一概念引入其工业软件开发和生产控制系统等。

面对工业 4.0，国内已经有企业注意到，先期到德国进行考察，且已经在摸索着尝试了。

9.1 工业物联网

工业 4.0 的核心是工业物联网的智能工业。

工业物联网有两部分组成：工厂内部，把工业自动化设备与企业信息化管理系统联动起来，实现工厂的数字化管理；工厂外部，依靠云服务平台为各个企业提供服务，通过大数据的采集、云端的分析，实现众多企业的联动。

展望未来，工业物联网将呈现三大演进趋势。第一，设备联接日趋多元化，数据处理向边缘倾斜。接入工业物联网的智能设备数量和类型越来越多，互联互通产生的海量数据倾向于在数据源头进行处理，而不需要将数据传输到云端，更加适合数据的实时和智能化处理，因此更加安全、快捷、易于管理。

第二，由产业个体向生态系统转型。工业物联网领域的公司将由单一的产业个体向价值链的参与者转变，公司间通过建立并发展紧密的战略合作关系，成为工业物联网解决方案供应商生态系统的一份子。

第三，应用由设备和资产向产品和客户转移。工业物联网不仅能够实现设备的互联，还能够通过优化产品类型、维护客户关系为企业服务。然而，目前工业企业所获得的产品和客户信息量远少于资产和设备的信息量。因此未来工业企业为了开发更具吸引力的产品或提升现有客户关系，企业需要大量产品和客户的相关信息支持。

重点来了，实现工业 4.0 的手段是工业物联网的搭建，而工业物联网搭建的最基本条件就是从工厂中的设备读取各种数据，只有获取了这些最基础的数据，才能以此为基础构建更大的数据平台。

9.2 第三方的函数库（API）

工业物联网开发的第一步，也是重要的一步，就是通过数控系统与电脑或者服务器联机的方法，借助数控系统厂家提供的函数库，也就是 API 来读写数控系统中的数据。由于数控系统的厂家不同，其读写数控系统数据的函数库也不同，由于每个数控系统制造商都有自己的函数库，本文以发那科数控系统提供的函数库 FOCAS 为例，进行详细的论述。

9.2.1　发那科的 FOCAS

VB、C＃等编程语言，甚至 Excel 借助 VBA 都能调用 FOCAS 读取数控系统中的数据，而硬件上则需要通过电脑与数控系统联机的方法实现，一般来说一台笔记本电脑或者台式机都能通过一根普通的网线实现。因此我们要实现对发那科数控系统的数据的读写，我们需要一台电脑、一根网线、一个 VB 安装包、FOCAS 的 API 文件 Fwlib32. bas 以及 API 说明文档。

9.2.2　联机

对于联机大家还是比较熟悉的，就是将两台电脑通过网线进行硬件连接，然后将两台电脑的 IP 设置成一个同一个 IP 区域即可。

(1) 电脑 IP 设定

首先我们先设定电脑的 IP，由于电脑的版本比较多，设定的页面自然也有所不同，但设定的过程与原理是一样的，因此本文以 Win7 为例，进行 IP 的设置。

我们打开电脑端的控制面板，找到并打开网络和共享中心，然后找到访问类型为"Internet"，点击下方的连接，查看其属性。

双击选择"Internet 协议版本 4（TCP/IPv4）"，见图 9-2、图 9-3。

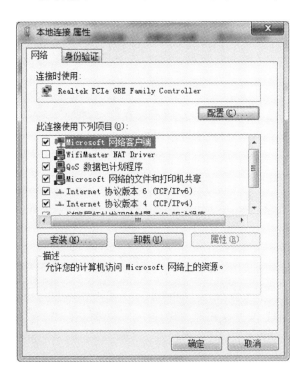

图 9-2　本地连接属性

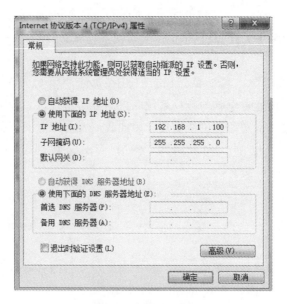

图 9-3　电脑 IP 设定

将电脑的 IP 地址设定为"192.168.1.100"，子网掩码设定为"255.255.255.0"，点击【确定】后再【确定】即完成电脑 IP 的设定。

(2) 数控系统 IP 设定

在 MDI 方式下，按【SYSTEM】以及扩展键【＞】若干次找到如图 9-4 所示的项目，按软键选择【内藏口】。

图 9-4　内藏口软键

按软键选择【公共】，并按如图 9-5 所示设置"IP 地址"为"192.168.1.1"和"子网掩码"为"255.255.255.0"，其他不用修改。

重点来了，电脑的 IP 地址与 CNC 的 IP 地址都属于"192.168.1.×"，也可以任意，但两个 IP 地址中的×是不能相同的。

按软键选择【FOCAS2】，并如图 9-6 所示设置"TCP"为 8193、"UDP"为 8192和"时间间隔"为 50。

(3) ping 一下

在 ping 之前，要关掉电脑的防火墙功能，在"操作面板"中，找到"Windows 防火墙"，在屏幕的左侧找到"打开或关闭 Windows 防火墙"，然后将"Windows 防火墙"选项都选择关闭，见图 9-7。

ping 功能可以用来检测两台电脑是否已经联机。应用的格式是 ping＋空格＋IP 地址。

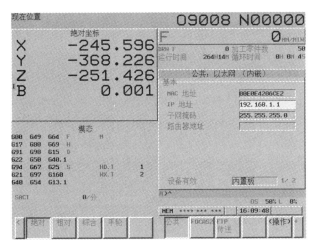

图 9-5　设定 IP 地址与子网掩码

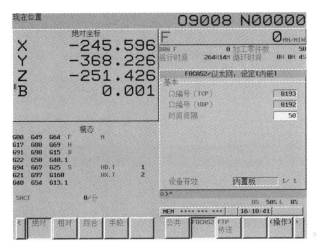

图 9-6　设定 FOCAS2

自定义每种类型的网络的设置

您可以修改您所使用的每种类型的网络位置的防火墙设置。

什么是网络位置?

家庭或工作(专用)网络位置设置

启用 Windows 防火墙

☐ 阻止所有传入连接，包括位于允许程序列表中的程序

☑ Windows 防火墙阻止新程序时通知我

关闭 Windows 防火墙(不推荐)

公用网络位置设置

◉ 启用 Windows 防火墙

☐ 阻止所有传入连接，包括位于允许程序列表中的程序

☑ Windows 防火墙阻止新程序时通知我

◉ 关闭 Windows 防火墙(不推荐)

图 9-7　关闭 Windows 防火墙

我们通过键盘的组合键"WIN＋R"调用"运行"功能，并输入数控系统的 IP 地址（WIN 键为图案为窗户图标的按键），如图 9-8 所示。

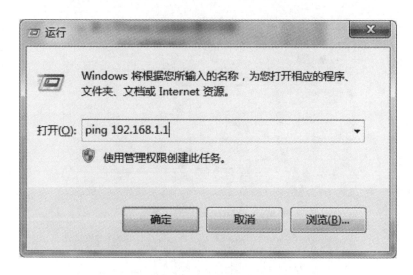

图 9-8　ping 数控系统的 IP

如果 ping 的结果是"无法访问目标主机"（图 9-9），那么说明网线没有正确连接，或者 IP 设定错误，或者防火墙没有关闭。ping 的正常结果如图 9-10 所示。

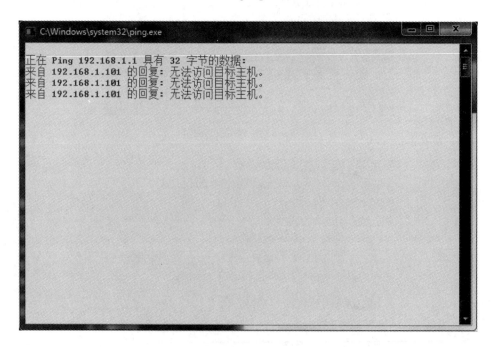

图 9-9　ping 的超时结果

上文中的介绍是完成了电脑对 CNC 的联机检测，我们还需要 CNC 对电脑的联机检测，检测的手段也是 ping 功能。

我们按照如下操作：【SYSTEM】→【内嵌】→【PING】→【(操作)】，见图 9-11。

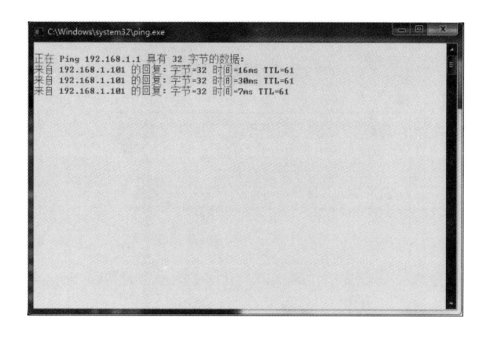

图 9-10　ping 的正常结果

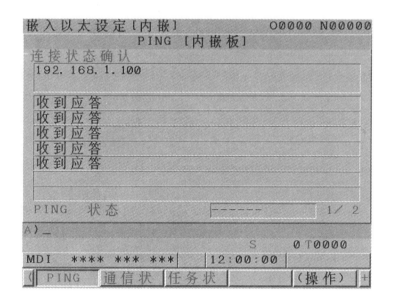

图 9-11　CNC 侧的 ping 的正常结果

(4) 安装 VB

我们安装 VB6.0（中文版），有关 VB6.0 的安装包网络上很多，请自行安装。安装好之后打开 VB6.0，如图 9-12 所示。

我们在打开的页面的右侧，右键点击"Form1"，选择"添加模块"，即导入函数库功能，见图 9-13。

图 9-12 选择标准 EXE

图 9-13 添加模块

在弹出的添加模块的对话框中选择"现存",见图 9-14。

双击"Fwlib32.bas"文件完成模块添加。

这时 VB 界面右侧的"工程"中多了一个模块,我们可以点开"模块",可以看到里面包含了我们刚刚添加的 Fwlib32.bas 文件,如图 9-15 所示。

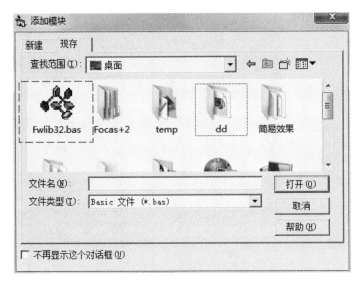

图 9-14 添加发那科的 API 模块

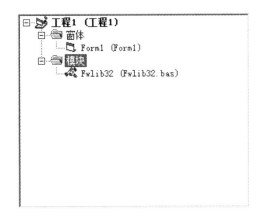

图 9-15 查看已添加的模块

(5) 编写 VB 程序

由于此章节的内容比较专业，涉及到大量的 VB 编程代码，操作相对复杂，希望各位读者能耐心、用心地看完，如果能看懂如下的实例，那么基本上就能掌握 FOCAS 的一般开发过程，同时为了让各位读者能最快地消化 VB 代码，故而只保留了必要的代码，而不是全部的 VB 代码。

我们将 VB 中的 Form1，横向拉伸一下，添加如下控件：一个标签 Label，一个文本框 Text 以及一个按钮 Command，见图 9-16、图 9-17。

添加标签 Label 控件过程，先点左侧的 "A"，然后在 Form1 中画一个 label 出来，自动命名为 "Label1"；

同理，点击左侧的 "ab"，在 Form1 中画一个文本 Text 控件出来，自动命名为 "Text1"；

在左侧点击 "ab" 下方的长方块，添加按钮 Command 控件。

图 9-16 控件列表

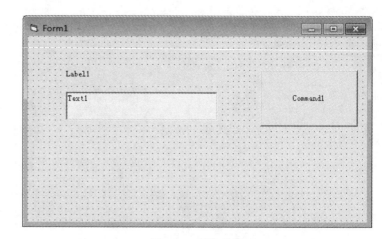

图 9-17 添加控件

我们双击"Form1"的空白处，进入 Form1 的代码页面，在"Private Sub Form _ Load（）"下方与"End Sub"上方添加如表 9-1 所示代码。

表 9-1

Private Sub Form_Load( )	注释(不必输入,下同)
Label1. Caption＝"输入 CNC 的 IP 地址"	定义 Label1 标题
Text1. Text＝""	清除 Text1 文本内容
Command1. Caption＝"联机查看"	定义 Command1 标题
End Sub	

需要强调的是，此处输入的双引号是英文状态下的双引号""，而不是中文的双引号""，下同。此时按键盘上的【F5】键，VB 的程序运行结果如图 9-18 所示。

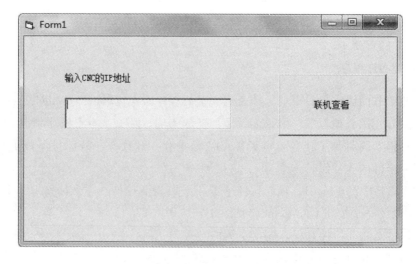

图 9-18 VB 运行结果

我们关闭运行的界面，双击"Command1"，进入按钮的源代码页面，输入如表 9-2 所示代码。

表 9-2

Private Sub Command1_Click()	注释
ip＝Text1. Text	将文本框 Text1 中的 ip 地址赋值给 ip
If　ip＝"" Then	如果 IP 内容为空
MsgBox "IP 为空",vbCritical,"请输入 IP"	提示"IP 为空"
Exit Sub	退出当前按钮功能
End　If	
ret1＝cnc_allclibhndl3(ip,8193,3,ghandle)	通过 cnc_allclibhndl3 获取句柄(固定用法)
If　ret1＜＞0　Then	如果返回的结果 ret1 不为 0
MsgBox"联机失败:"& ret1,vbInFormation,"提示"	提示联机失败
Else	
MsgBox"联机成功",vbInFormation,"提示"	如果返回的结果 ret1 为 0(固定用法),则提示联机成功
Form1. Caption＝ghandle	此时将界面的标题改成获取的句柄
End　If	
End Sub	

此时按【F5】键运行程序，并在空白的文本框中输入 CNC 的 IP，然后点击"联机查看"按钮，运行结果如图 9-19 所示。

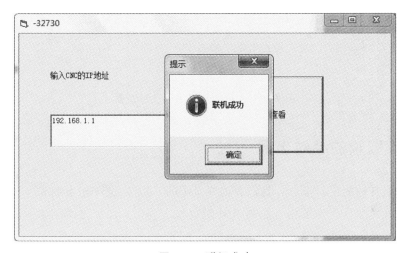

图 9-19　联机成功

这里我们是通过 FOCAS 的函数功能 cnc＿allclibhndl3 实现的，cnc＿allclibhndl3 有两个作用，一个是用来测试联机的结果，另一个功能是用来获取句柄 ghandle，只有获取了 ghandle 的值，才能从 CNC 中读取所有的数据，而且 ghandle 的值每次进行读取的时候都不是固定的。

VB 语句 ret1＝cnc＿allclibhndl3（ip，8193，3，ghandle）中，只有变量 ip 不是固定值，其就是通过文本框中的 IP 进行获取。

9.3

读取CNC数据

读取 CNC 数据的步骤很简单，其步骤如下：

① 必须先获取句柄 ghandle 的值；

② 我们期望获取哪些数据；

③ 获取这些数据对应的 API；

④ 通过 FOCAS 说明文档，查看 API 所需要的输入信号、输出信号及函数运行的结果。

例如，我们如果想获取 CNC 的坐标值，那么就需要查找获取 CNC 坐标值的 API，我们通过附录"FOCAS API 查询表"查询相应的函数名，调用这个 API 的时候，其输入变量就是具体是哪个轴，是机械坐标还是工件坐标，其输出变量就是指定轴的指定坐标系的值。

由于 ghandle 会被其他的按钮功能反复使用，因此我们在 VB 的代码中，在最上方添加 "Public ghandle As Integer"，将 ghandle 定义为全局变量，如图 9-20 所示。

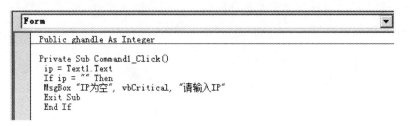

图 9-20　将 ghandle 定义为全局变量

9.3.1　读取轴的绝对坐标

为了读取各轴的绝对坐标，我们查询附录中的"FOCASAPI 查询表"，在"伺服轴与主轴的相关功能"找到了相应的 API 功能"cnc_absolute"。如何调用 cnc_absolute 还需要查找相关的说明文档。

我们在文件夹 SpecE 中搜索 cnc_absolute 功能介绍，见图 9-21，如果搜索不到请见附录"WIN7 搜索不到文件名"。

名称	修改日期	类型	大小	文件夹
cnc_absolute.htm	2008/4/22 15:58	360 se HTML Do...	1 KB	Position (
cnc_absolute.xml	2008/4/8 17:29	XML 文档	16 KB	Position (
cnc_absolute2.htm	2008/4/22 15:58	360 se HTML Do...	1 KB	Position (
cnc_absolute2.xml	2008/4/8 17:32	XML 文档	16 KB	Position (
cnc_prstwkcd.xml	2008/4/8 18:13	XML 文档	17 KB	Position (
cnc_rddynamic.xml	2008/4/8 17:58	XML 文档	26 KB	Position (
cnc_rddynamic2.xml	2008/4/8 17:59	XML 文档	23 KB	Position (
flist_All.xml	2008/4/22 15:58	XML 文档	601 KB	All (C:\用户
flist_Position.xml	2008/4/22 15:58	XML 文档	35 KB	Position (
GENERAL.HTM	2008/4/21 10:32	360 se HTML Do...	59 KB	SpecE (C:

图 9-21　搜索 cnc_absolute 功能

我们看到有两个 cnc_absolute 文件，只不过一个是 .htm 格式的网页文件，另一

个是 .xml 格式的数据文件。我们打开 htm 格式的文件。如果我们用 360 等浏览器打开该网页文件，显示的内容可能是空白，见图 9-22。

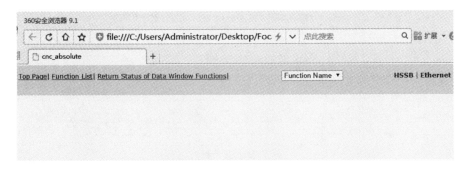

图 9-22　空白的 cnc ＿ absolute. htm 文件

我们点击 360 浏览器的地址栏中的闪电符号，选择"兼容模式"，如图 9-23 所示。

图 9-23　浏览器的兼容模式

此时依然不能显示网页中的内容，同时会出现一行信息"为了有利于保护安全性……"，见图 9-24。

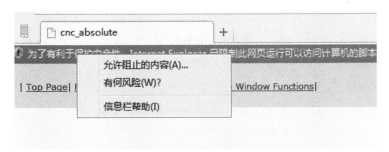

图 9-24　网页的安全性提示

我们点击该行信息并选择"允许阻止的内容"，这时又弹出一个安全警告的对话框，见图 9-25。

我们选择"是"后，这时浏览器会正常显示网页的内容，如图 9-26 所示。

由于网页中的内容都是英文的，我们不做全部的解读，我们重点看的对象有以下几个：

① Argument，表示的是当前函数调用的变量声明；

② Return，表示的是运行该函数功能后的返回值；

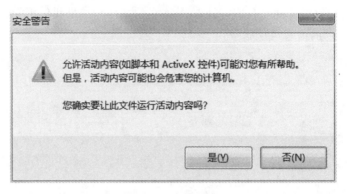

图 9-25　安全警告

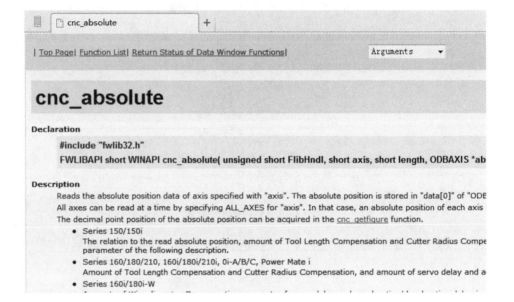

图 9-26　正确显示网页

③ Example，表示的是调用该函数功能的示例。

我们通过 Argument 可以知道函数需要哪些参数。

Argument 中的 FlibHndl［in］指的是联机时获取的 ghandle 的值，［in］表示的是输入变量，下同，这个变量是所有的 API 所必须的。

axis［in］也是输入变量，代表的是需要 cnc＿absolute 读取的绝对值的指定轴。如果输入固定格式"ALL＿AXES"，表示的是获取全部的轴坐标，如果是输入数字 1、2、3，表示的是对应的第一个轴、第二个轴、第三个轴的轴坐标，以此类推。

length［in］表示的是读取的数据存储在"ODBAXIS"中，需要指定它的数据长度，也就是说如果只读取一个轴的坐标的话，那么 length 对应的值就是 8，如果是读取全部的轴的坐标，那就要输入固定格式 $4＋4＊MAX＿AXIS$。

absolute［out］中的［out］是输出变量，下同。指的是通过该函数功能将存放坐标数据的 ODBAXIS 中的数据读取出来。

由此我们得到的读取全部轴的绝对坐标的函数功能是 cnc＿absolute（ghandle，

ALL _ AXES，4＋4 * MAX _ AXIS，jueduizuobiao），jueduizuobiao 的数据类型为 OD-BAXIS，包含了全部轴的坐标信息。

我们再看 Return，Return 表示的是函数运行的结果（如果 Return 的值是 0，表示的是已经将数据正确地读取），如果 Return 的值是 2（EW _ LENTH），那么表示的是我们的函数库在使用时 length 出错，如果 Return 的值是 4（EW _ ATTRIB），表示的是指定的轴信息出错。

实现返回的代码为 ret＝cnc _ absolute（ghandle，ALL _ AXES，4＋4 * MAX _ AXIS，zhouzuobiao）或者 ret＝cnc _ absolute（ghandle，1，8，xjueduizuobiao）。

有关 zhuozuobiao 也就是 ODBAXIS 的数据结构，需要导入到 Fwlib32. bas 中搜索，我们搜索"Type＋空格＋ODBAXIS"，发现 ODBAXIS 的数据结构如表 9-3 所示。

表 9-3

```
Type ODBAXIS
  nDummy As Integer           'dummy
  nType As Integer            'axisnumber
  lData(0 To MAX_AXIS-1)As Long 'data value
End Type
```

我们可知 .lData(0)、.lData(1)、.lData(2) 表示的是 X 轴、Y 轴、Z 轴的数据值，由于是读取数据值，因此我们定义 xabspos＝zhouzuobiao. lData（0），yabspos＝zhouzuobiao. lData（1），zabspos＝zhouzuobiao. lData（2）。

综上所述，我们得到全部的程序代码如表 9-4 所示。

表 9-4

Dim zhouzuobiao As ODBAXIS	定义 zhouzuobiao 为数据类型 ODBAXIS
ret＝cnc_absolute(ghandle，ALL_AXES，4＋4 * MAX _AXIS，zhouzuobiao)	调用 cnc_absolute 获取全部的轴的绝对坐标值
xabspos＝zhouzuobiao. lData(0)	将读取的值分别赋值给 xabspos，yabspos，zabspos
yabspos＝zhouzuobiao. lData(1)	
zabspos＝zhouzuobiao. lData(2)	

我们为了将绝对坐标读取出来，我们新定义一个 Label 标签，VB 软件会自动将其命名为 Label2；为了实现读取的功能，我们再新定义一个 Command 按钮，VB 软件会自动将其命名为 Command2，见图 9-27。

我们双击空白处，查看 Form1 的代码。在原有的 Command1. Caption＝" 联机查看" 与 End Sub 之间填写表 9-5 中代码。

表 9-5

```
Command2. Caption＝"获取绝对坐标"
Label2. Caption＝""
```

这时 Form1 的代码变成表 9-6 中的内容。

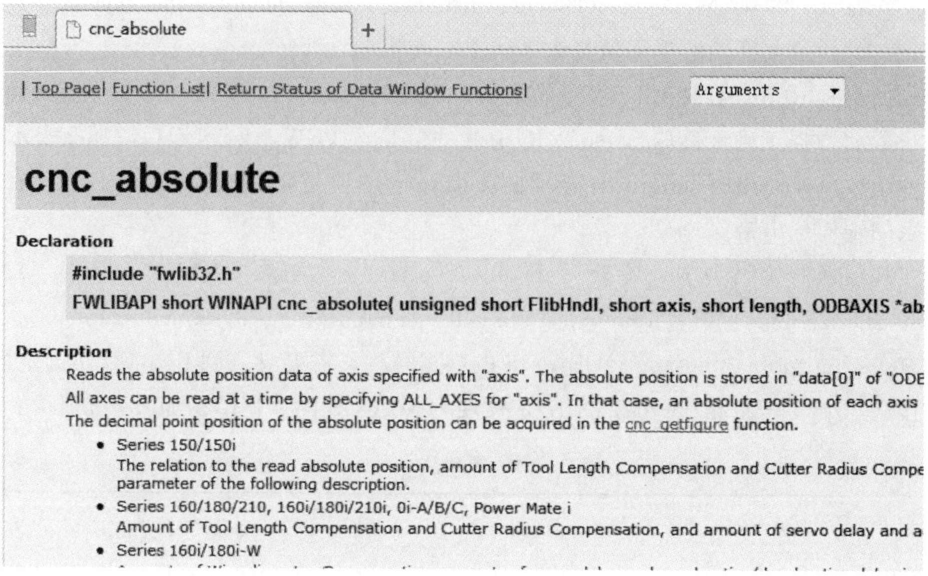

图 9-27　新建 Label2 与 Command2

表 9-6

```
Private Sub Form_Load()
Label1. Caption= "输入 CNC 的 IP 地址"
Text1. Text= ""
Command1. Caption= "联机查看"
Command2. Caption= "获取绝对坐标"
Label2. Caption= ""
End Sub
```

我们双击 Command2，在 Private Sub Command2 _ Click（）与 EndSub 之间复制如表 9-7 所示代码。

表 9-7

Private Sub Command2_Click()	注释
If　ghandle=0　Then　Exit　Sub	如果没有获取句柄,退出按钮功能
Dim zhouzuobiao As ODBAXIS	定义 zhouzuobiao 为 ODBAXIS 格式
ret=cnc_absolute(ghandle,ALL_AXES,4+4 * MAX_AXIS,zhouzuobiao)	读取 zhouzuobiao
If　　ret=0　Then	如果读取正确
xabspos=zhouzuobiao. lData(0)	将读取的值赋值给 xabspos
yabspos=zhouzuobiao. lData(1)	将读取的值赋值给 yabspos
zabspos=zhouzuobiao. lData(2)	将读取的值赋值给 zabspos
Label2. Caption = "X 轴绝对坐标为:" & xabspos & vbCrLf & "Y 轴绝对坐标为:"& yabspos & vbCrLf & "Z 轴绝对坐标为:"& zabspos	将读取的绝对坐标值保存到新建的 Label2 中,其中 vbCrLf 是换行符,& 是 VB 代码中字符串合并符,前后要有空格
Else	如果读取错误
MsgBox " 读 取 失 败, 返 回 值 为 " & ret, vbInFormation,"提示"	报警提示
End　If	
End Sub	

我们按【F5】查看一下运行的结果，首先输入 IP 地址"192.168.1.1"，然后点击【联机查看】按钮，当提示"联机成功"后，再按【获取绝对坐标】按钮，如图 9-28 所示。

图 9-28　获取绝对坐标

CNC 显示的绝对坐标值如图 9-29 所示。

图 9-29　CNC 显示的绝对坐标值

我们发现读取的绝对坐标与实际显示的绝对坐标相差了 1000 倍，其原因在于数控系统内部有关坐标的数值是以微米为单位的，而 CNC 显示的是坐标数值是以毫米为单位的，因此读取的坐标值就是实际显示值的 1000 倍。因此我们只需要在显示的过程中将读取的值除以 1000 即可。关闭 VB 运行界面，双击 Command2 查看其源代码，将 xabspos、yabspos、zabspos 的值除以 1000 即可，见表 9-8。

表 9-8

原有 VB 代码	校正后的 VB 代码
xabspos＝zhouzuobiao. lData(0)	xabspos＝zhouzuobiao. lData(0)/1000
yabspos＝zhouzuobiao. lData(1)	yabspos＝zhouzuobiao. lData(1)/1000
zabspos＝zhouzuobiao. lData(2)	zabspos＝zhouzuobiao. lData(2)/1000

这时再运行一次程序，显示的数值与 CNC 界面一致了。

由于按钮只能获取一次绝对坐标值，为了实现定期获取，我们在 VB 界面上添加一个定时器的控件。我们点击快捷栏中的怀表图标 Timer，然后在 Form1 中画一个，如

图 9-30 所示。

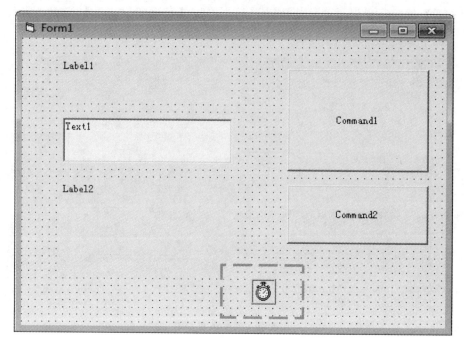

图 9-30　添加定时器功能

我们点击这个新添加的定时器控件，在屏幕的右下角查看其属性，将 Interval 的值修改成 500，表示的是每 500ms 运行一次。运行的内容就是 Command2 _ Click，也就是点击一次 Command2 按钮。我们再双击定时器控件查看源代码，输入表 9-9 所示代码。

表 9-9

If　ghandle=0　　Then Exit Sub	如果没有获取句柄,不执行定时器功能
Command2. Visible=Not Command2. Visible	为了增加效果,定时器每次运行时都将把 Command2 的显示属性取反,即实现闪烁效果
Command2_Click	调用 Command2 的点击功能

此时再按【F5】运行，点击【联机查看】按钮联机成功后，此时【获取绝对坐标】的按钮开始以 500×2ms 即 1s 为周期开始闪烁，如图 9-31 所示。

如果此时移动机床的话，每次读取的绝对坐标值也会发生变化。如果我们想把获取坐标的时间间隔缩小一些的话，可以将定时器 Timer1 的时间间隔 Interval 由 500 改成 100，但切记不能将时间间隔时间小于 40，因为机床在正常运行的时候，FOCAS 获取数据的时间最小间隔是 33ms 左右，如果我们将定时器的时间间隔设定小于 33，不仅会增加 CNC 运行的负荷，而且获取的数据的实际时间间隔依然是 33ms 左右，甚至有可能将获取数据的软件界面卡死。当然我们可以修改相关参数使得 FOCAS 获取数据的时间更低，但这种情况通常只能用来特定项目的检测，而不适用于日常的数据读取。

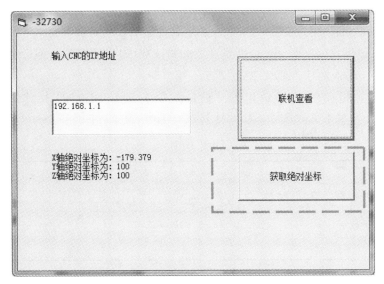

图 9-31　获取绝对坐标按钮闪烁

9.3.2　读取 PLC 信号

我们通过上文中的介绍，了解了 VB 调用 FOCAS 函数（API）的过程，我们再温习一下获取数控机床数据的过程。

① 首先要明确读取的对象；

② 其次找到相关的 API 功能；

③ 查询 API 说明文档确定如何调用 API 功能；

④ 查看 API 中的数据类型及结构；

⑤ 最后将读取的结果显示出来。

这里我们要开始读取 PLC 信号。依然查询附录的"FOCAS 的 API 查询表"，我们得知"pmc_rdpmcrng"可以用来读取某一范围的 PLC 数据，"Read PMC data（area specified）"。

我们再通过查看"pmc_rdpmcrng"的说明文档，查看"Argument"，"Return"以及"Example"。

通过"Argument"，我们得知要读取 PLC 信号，涉及到的变量有必不可少的输入变量"FlibHndl [in]"，对应 VB 中的程序就是 ghandle 的值，这个我们已经能实现了；输入变量"adr_type [in]"，这个介绍的内容很多，需要指定读取的 PLC 信号的类型，是输入信号 X，还是 K 参数，或者系统状态信号 F 等。通过定义"adr_type"的值，实现读取 PLC 信号的类型；输入"date_type [in]"，表示的是读取 PLC 变量的类型，发那科 PLC 使用的 PLC 变量都是字节（BYTE）和位（BIT），因此"date_type"对应的输入值就是 0；"s_number [in]"，表示的是读取的 PLC 地址的起始地址；"e_number [in]"对应的是读取 PLC 变量的结束地址。由于这个读取 PLC 信号是范围读取，因此需要指定读取的范围，也就是字节的起始点，而不是仅仅读取一个位的 PLC 信号。

length［in］也是输入变量，指定的是读取数据的长度，长度是 $8+N$，N 是读取数据的数量，如果我们读取一个位变量，例如只读取 X0 的字节值，那么 N 就是 1，如果读取 X0～X1 的值的话，那么 N 就是 2。

buf［out］，指向的是 PLC 信号存放的数据类型 IODBPMC 及其结构。我们在 Fwlib32.bas 中搜索 IODBPMC，其定义名为 IODBPMC1，见表 9-10。

表 9-10

```
Type IODBPMC1
    nType_a As Integer              ' PMC address type
    nType_d As Integer              ' PMC data type
    nDatano_s As Integer            ' start PMC address
    nDatano_e As Integer            ' end PMC address
    sCdata(0To4) As Byte            ' In case that the number of data is 5
End Type
```

由 "sCdata（0 To 4）As Byte 'In case that the number of data is 5" 可知，我们最多能读取五个字节，也就是说只能读取 X0～X4 或者 K1～K5 地址。

这样我们就得出了读取 PLC 信号的函数编写方法，例如我们只要读取 K 参数 K0 的值，我们使用如表 9-11 所示函数功能。

表 9-11

```
Private Sub Command3_Click()
    Dim pmc As IODBPMC1
    ret=pmc_rdpmcrng(ghandle,7,0,0,0,10,pmc)
    k0=pmc.sCdata(0)
    MsgBox"读取 K0 的值为:"& k0,vbInFormation,"读取成功"
End Sub
```

我们在 VB 的界面中添加一个按钮 Command，VB 将其自动命名为 Command3，将上述的代码复制到 Command3 _ Click 中，如图 9-32 所示。

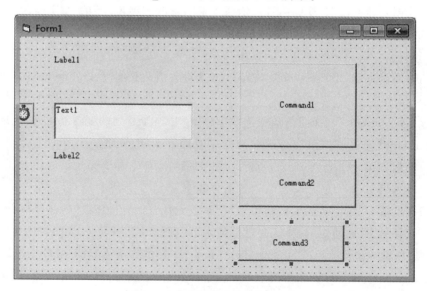

图 9-32 添加按钮控件 Command3

同时在 Form_Load()中添加如下代码

"Command3.Caption="获取 PLC 信号""

我们按【F5】运行 VB 程序,先点击【联机查看】获取句柄,然后再点击【获取 PLC 信号】按钮,见图 9-33。

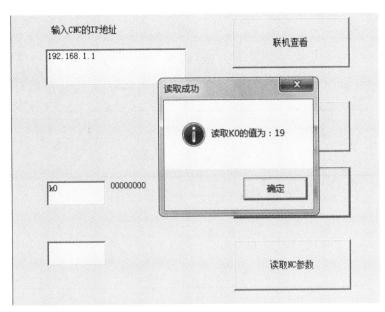

图 9-33 读取的 K0 的值

我们查看一下 CNC 侧 K 参数 K0 的值,K0 的值是 00010011,见图 9-34。

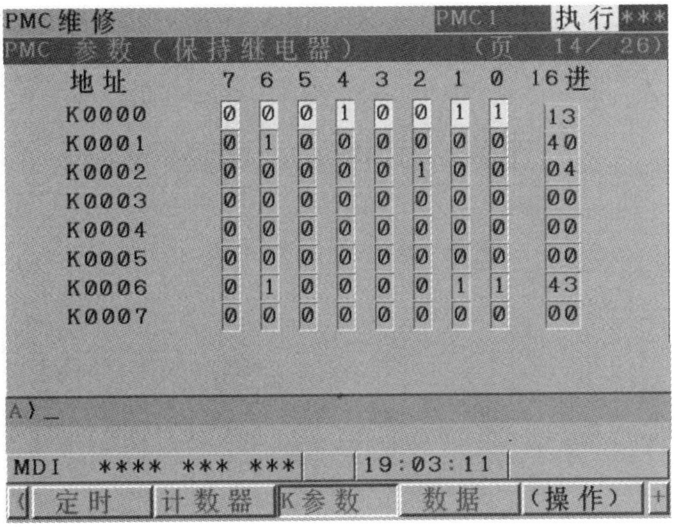

图 9-34 K0 的值

十六进制的值是 13,与读取的 19 相差甚多。造成读取的 PLC 信号的值与实际的值不同的原因在于读取的 PLC 的值是十进制的,我们如果将 19 转换成二进制的话,就是 10011,与 CNC 侧显示的结果是一样的。为了便于查看,我们还需要将读取的 K0 的值转换成二进制。

我们在 VB 代码中的最后一行添加一个十进制转二进制的功能，如表 9-12 所示。

表 9-12　十进制转换二进制功能代码

```
Public Function dec2bin(a1 As String) As String
a＝Val(a1)
Do While a＜＞0
r＝a Mod 2
a＝a\2
b＝CStr(r) & b
Loop
dec2bin＝String(8-Len(b),"0") & b
End Function
```

同时修改 MsgBox 部分的代码，将 K0 部分改成 dec2bin（k0），如表 9-13 所示。

表 9-13

```
Private Sub Command3_Click()
  Dim  pmc  As  IODBPMC1
  ret＝pmc_rdpmcrng(ghandle,7,0,0,0,10,pmc)
  Dim k0 as String
  k0＝Cstr(pmc.sCdata(0))
  MsgBox"读取 K0 的值为:"& dec2bin(k0),vbInFormation,"读取成功"
End Sub
```

此时再运行 VB 程序，运行的结果见图 9-35。

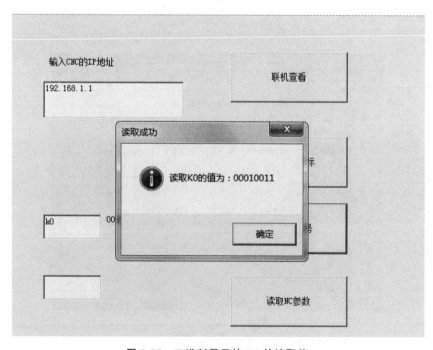

图 9-35　二进制显示的 K0 的读取值

这时获取的结果与 CNC 页面显示的结果一致。如果我们想获取 K1 的值的话，不需要修改获取的 PLC 信号类型 7，只需要修改读取的 PLC 地址的起始范围为"1，1"以及 MsgBox 中的"读取 K1 的值"部分，如表 9-14 所示。

表 9-14

```
Private Sub Command3_Click()
    Dim  pmc  As  IODBPMC1
    ret=pmc_rdpmcrng(ghandle,7,0,1,1,10,pmc)
    Dim k1 as String
    k1=Cstr(pmc. sCdata(0))
    MsgBox"读取 K1 的值为:"& dec2bin(k1),vbInFormation,"读取成功"
End Sub
```

读取的 K1 的值与实际 CNC 显示的 K1 的值一致，如图 9-36 所示。

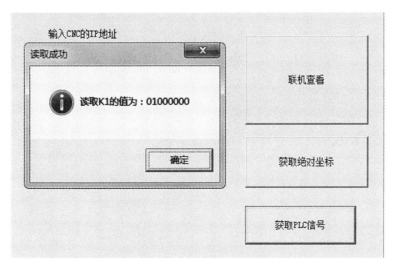

图 9-36 读取的 K1 的值

为了便于我们自由读取，我们在 VB 的 Form1 中添加一个文本框 Text，VB 将其自动命名为 Text2，用来输入 PLC 变量；添加一个标签 Label，Label 会自动命名为 Label3，如图 9-37 所示。

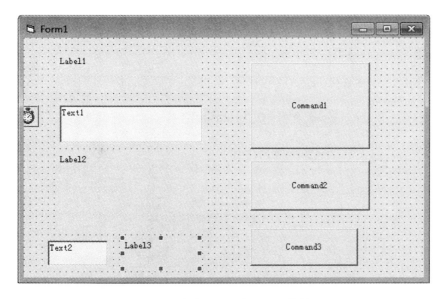

图 9-37 添加 Text2 和 Label3 控件

此时我们在 Form_Load 中添加如表 9-15 所示代码，初始化其状态。

表 9-15

```
Text2. Text=""
Label3. Caption=""
```

然后在 Command3 中作如表 9-16 所示修改。

表 9-16

```
Dim   pmctype   As   Integer
If     UCase(Left(Text2. Text,1))="K"    Then
pmctype=7
ElseIf   UCase(Left(Text2. Text,1))="G"    Then
pmctype=0
ElseIf   UCase(Left(Text2. Text,1))="F"    Then
pmctype=1
ElseIf   UCase(Left(Text2. Text,1))="Y"    Then
pmctype=2
ElseIf   UCase(Left(Text2. Text,1))="X"    Then
pmctype=3
ElseIf   UCase(Left(Text2. Text,1))="A"    Then
pmctype=4
Else
MsgBox"仅限于 X、Y、F、G、K 以及 A 信号的读取",vbCritical,"提醒"
Exit Sub
End   If

nstart=Val(Mid(Text2. Text,2,10))
nend=nstart

Dim   pmc   As   IODBPMC1
ret=pmc_rdpmcrng(ghandle,pmctype,0,nstart,nend,10,pmc)
Dim   k0   As   String
k0=Cstr(pmc. sCdata(0))
Label3. Caption=dec2bin(k0)
MsgBox  "读取"   &   UCase(Text2. Text)  &  "的值为:"  &   Label3. Caption,vbInFormation,"读取成功"
```

我们此时运行 VB 程序，先按【联机查看】按钮，输入"k6"后，再按【获取 PLC 信号】按钮，运行的结果见图 9-38。

图 9-38　获取的 K6 的值

我们输入"y2"，后再次点击【获取 PLC 信号】按钮，获得实际的输出信号 Y2 的值，如图 9-39 所示。

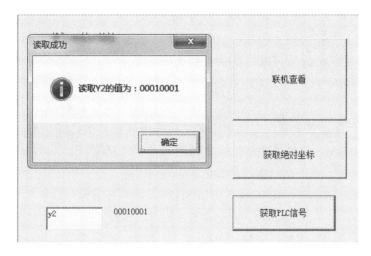

图 9-39　获取的 Y2 的值

获取的 Y2 的值与实际的 Y2 的值（见图 9-40）一致。

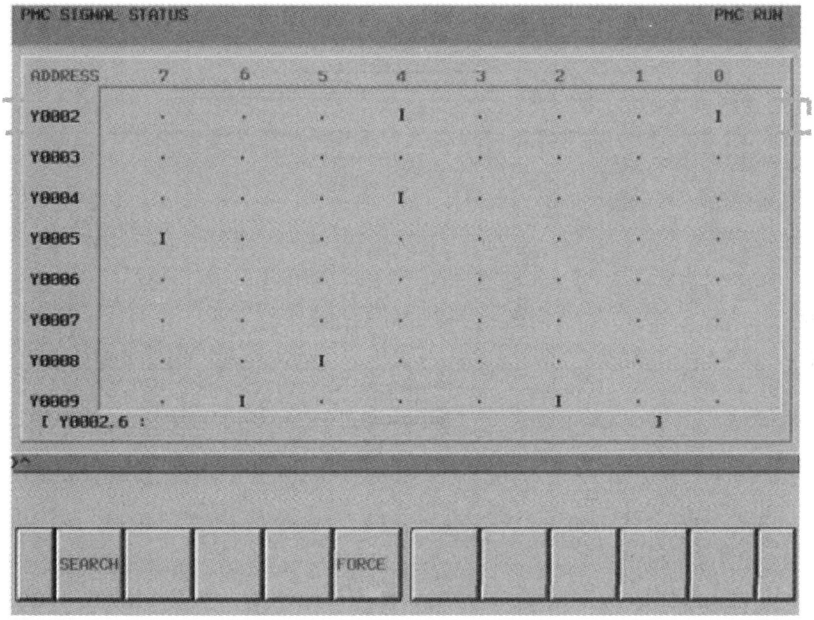

图 9-40　数控系统中 Y2 的值

9.3.3　读取 NC 参数

我们通过 FOCAS 函数库读取一个 NC 参数值的过程相比 PLC 要复杂一些，可是验证起来是非常简单的，但如果想读取全部的 NC 参数并且批量验证就非常难，除非使用发那科独有的 API 才能一次性地获取全部 NC 参数，而这个独有的 API 目前是不开放的。

我们通过查询"FOCAS API 查询表"，找到读取 NC 参数的函数功能为"cnc_rdparam"，然后再查看"cnc_rdparam"的说明文档。

FlibHndl [in] 是句柄 ghandle，我们在联机的按钮中已经获取到了，不再赘述；number [in]，指定参数号，也就是我们要读取的参数号；axis [in] 表示的是读取轴的名称，因为有的参数是轴相关参数，需要指定读取的是 X 轴参数还是 Y 轴参数或者是全部参数；length [in]，指定读取的数据的长度，也就是读取的 NC 参数保存在 IODBPSD 中的长度，这个我们在读取绝对坐标的函数功能中已经接触过一次了，如果是单轴数据长度为 8，如果是所有轴的数据则是 $4+4*MAX\_AXIS$；param [out] 是函数库输出的结果，也就是对应的参数值。

当我们在 Fwlib32. bas 中搜索 IODBPSD 时，发现 IODBPSD 的数据类型有 8 个，分别是 IODBPSD1～IODBPSD8。由于发那科的 NC 参数区分轴参数和非轴参数，轴参数和非轴参数的取值范围都不一样，根据不同的范围又区分字节 NC 参数、整数 NC 参数、长整数 NC 参数以及实数 NC 参数共计八种类型，如表 9-17 所示。

表 9-17

数据类型	释义	取值范围	参数类型
IODBPSD1	读取字节参数	$-127～127$	非轴参数
IODBPSD2	读取整数参数	$-32768～32767$	
IODBPSD3	读取长整数参数	$-2147483648～2147483647$	
IODBPSD7	读取实数参数	$-2147483648～2147483647$	
IODBPSD4	读取字节参数	$-127～127$	轴参数
IODBPSD5	读取整数参数	$-32768～32767$	
IODBPSD6	读取长整数参数	$-2147483648～2147483647$	
IODBPSD8	读取实数参数	$-2147483648～2147483647$	

这下我们就清楚了，我们要读取 NC 参数，例如 1020，是轴参数，由于其值是在 0～127 之内，故而我们选择读取 1020 的数据类型是 IODBPSD4，这样我们获取参数值的函数功能如下：

Dim nccanshu as IODBPSD4

ret＝cnc_rdparam（ghandle，1020，ALL_AXES，$4+4*MAX\_AXIS$，nccanshu）

如果 ret 的结果等于 0，表示的是参数值读取成功，而 nccanshu. sCdatas（0）就是读取的 X 轴的参数，nccanshu. sCdatas（1）就是读取的 Y 轴的参数，nccanshu. sCdatas（2）就是 Z 轴的参数。

这样我们再新建一个文本框 Text 控件，用来输入参数号，VB 将其自动命名为 Text3，新建一个标签 Label，VB 将其自动命名为 Label4，用来显示读的参数值，新建一个按钮 command 控件，VB 将其自动命名为 Command4，用来读取 NC 参数，如图 9-41 所示。

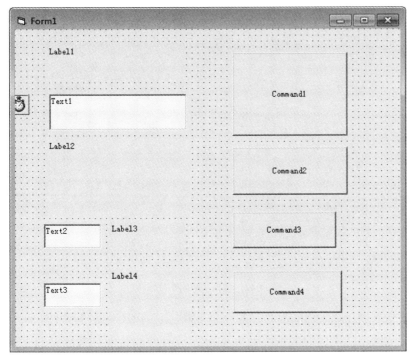

图 9-41　VB 设计页面

我们同样在 Form _ Load 中添加如表 9-18 所示代码，初始化新增加的三个控件的名称。

表 9-18

```
Text3. Text=""
Label4. Caption=""
Command4. Caption="读取 NC 参数"
```

我们在 Command4 中填写读取 NC 参数的代码如表 9-19 所示。

表 9-19

```
Private Sub Command4_Click()
    Dim  nccanshu  As  IODBPSD4
    ret=cnc_rdparam(ghandle,Val(Text3. Text),-1,4+4 * MAX_AXIS,nccanshu)
    Label4. Caption=nccanshu. sCdatas(0) & vbCrLf & nccanshu. sCdatas(1) & vbCrLf &
    nccanshu. sCdatas(2)
End Sub
```

我们按 F5 运行 VB 程序，先点击【联机查看】按钮，然后在文本框中输入 1020，这时再点击【读取 NC 参数】按钮，如图 9-42 所示。

如果我们读取参数号 NO. 982 的话，上述的代码就不能使用了，否则就会读取错误或者软件运行错误等情况。虽然参数 NO. 982 是轴参数，但 NO. 982 是整数参数，因此我们就要重新定义 nccanshu 为 IODBPSD5，内容如下：

Dim nccanshu As IODBPSD5

ret=cnc _ rdparam（ghandle，val（Text3. Text），1，8，nccanshu）

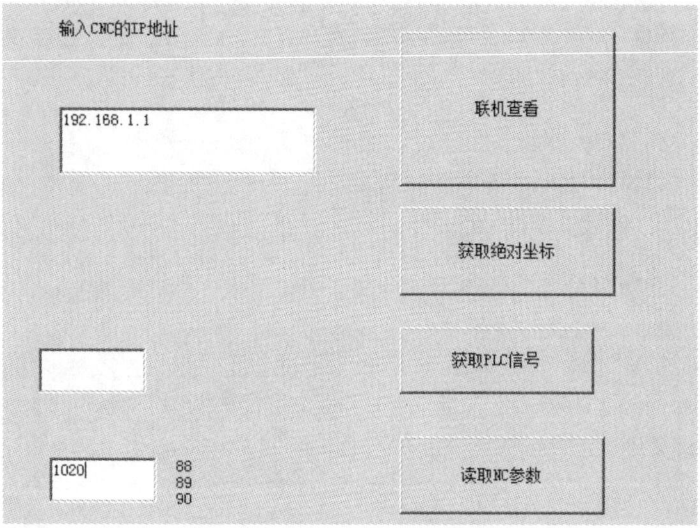

图 9-42　读取 1020 号参数值

因此，当我们读取 NC 参数时，首先需要对读取的参数号进行判断，再根据不同参数值的取值范围定义不同的数据类型 IODBPSDn，再根据不同的数据类型确定不同的输入变量类型，才能准确地获取 NC 参数值。

如果读取参数 NO. 982 和 NO. 1020 参数值，Command3 中的代码变成如表 9-20 所示内容。

表 9-20

```
If   Val(Text3. Text)＝1020   Then
Dim   nccanshu1020   As   IODBPSD4
ret1＝cnc_rdparam(ghandle,Val(Text3. Text),－1,4＋4 ＊MAX_AXIS,nccanshu1020)

Label4. Caption＝nccanshu1020. sCdatas(0) & vbCrLf & nccanshu1020. sCdatas(1) & vbCrLf
& nccanshu1020. sCdatas(2)
ElseIf   Val(Text3. Text)＝982   Then

Dim   nccanshu982   As   IODBPSD5
ret＝cnc_rdparam(ghandle,Val(Text3. Text),1,8,nccanshu982)
Label4. Caption＝nccanshu982. sCdata
End   If
```

由此可以看出，如果想要批量读取 NC 参数，对发那科的参数进行管理，其开发过程是十分复杂的，需要借助发那科"直接读取参数文件"特殊的 API 或者借助 Excel 进行辅助开发，如果使用 Excel 等进行辅助开发，需要先对参数进行归类，然后再根据不同的参数定义不同的数据类型，再根据不同的类型选择不同的输入变量。

9.3.4　生成 exe 程序

我们现在要开发完毕的 VB 程序，生成一个可执行的 exe 文件，为了使得 VB 的界面看上去更加整洁一些，我们返回 VB 界面，选中"Command1"，这时我们查看 VB 界面右下角的属性，选择"按分类序"。将"Height"与"Width"进行修改，例如"Height"与"Width"修改成"2400"，见图 9-43。

按照这个方法修改其他的按钮控件"Command"、文本控件"Text"以及标签"Label"的大小，然后再手动调整全部控件的位置。

然后点击 VB 界面最上方的"文件"，选择"生成工程×××.exe"，如图 9-44 所示。

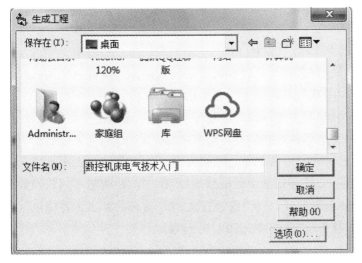

图 9-43　统一按钮尺寸　　　　　　　　　图 9-44　统一按钮尺寸

这时会弹出一个保存文件的对话框，我们选择保存到电脑桌面上（任意位置），文件名任意，点击"确定"，见图 9-45。

我们在桌面找到 VB 生成的 exe 文件，见图 9-46。

双击该执行程序，就能简单地对发那科数控系统的数据进行读取了。

图 9-45　保存 VB 程序　　　　　　　　图 9-46　保存 VB 程序

9.4
工业物联网的深层次开发

在工业物联网的开发过程中，读取数控系统的数据的过程很简单，因此市面上也有很多的物联网服务厂商，这些服务厂商实现的功能也很简单，通常就是获取数控系统的运行时间、加工时间、工件个数、报警信息等简单的信息及应用，但并没有将获取的机床数据进行深入开发并有效利用起来，例如在线参数诊断、扭矩分析、PLC诊断等，最终使得工业物联网的经济效益并不明显，这也是工业物联网虽然很热门，但进展与推广缓慢的重要原因之一。

目前工业物联网的开发者都是软件工程师出身，而不是数控机床的电气工程师出身，软件工程师对数控机床并没有很深的认识与了解，因此他们编写的物联网功能没有很好的实用性，而数控机床的电气工程师，尤其是人数众多的熟悉梯形图PLC语言的电气工程师，对于VB、C#、SQL等高级编程语言还是很陌生的，最终的结果就是会编程的不懂机床，懂机床的不懂编程。

本章节简单介绍一下工业物联网功能：在线PLC诊断。PLC报警是最简单，也是最常见的报警，但是PLC公认的标准有五种，数控机床应用最多的有四种，分别是以发那科为代表的梯形图语言、以西门子828D为代表的结构功能图、以西门子840Dsl为代表的指令表、以菲迪亚及倍福为代表的结构文本语言。当数控机床出现了PLC报警，如果是分别用这四种PLC语言编写的，虽然在调试时的思路是一致的，但具体实现的调试手段却大不相同，因此说如果找到一个熟悉这四种PLC语言的技术人员，还是很难的，最终机床使用企业采取的策略就是熟悉一种或者两种PLC语言的电气工程师组合一下。

那么有没有一种策略能绕开这四种PLC语言，直接对机床的PLC故障进行诊断呢？答案是有的。

在任何PLC中，所涉及的PLC信号有I/O信号、数控系统信号、PLC选项（发那科的K参数，西门子的14512）、报警信号以及相对使用较少的NC参数（例如机床坐标系）等。造成PLC报警的原因基本上就是上述这些信号及数据其中一个或者若干个出现了问题。例如，我们通过发那科的FOCAS函数库获取了上述的这些信号及数据，当某一型号的数控机床出现报警的时候，我们只需要将相同机床型号且正常运行的机床的PLC变量进行对比，就很容易找到造成PLC报警的原因。如果我们再将这四种PLC语言的函数库诊断功能集成在一个软件功能中，根据数控系统的IP调用不同的函数库功能，就会实现绕过PLC中的逻辑部分，直接找到造成PLC报警的原因，将来电气工程师可以借助物联网不需要看懂PLC就能解决PLC的问题。

附录篇

第10章

本书相关理论

10.1
PMC的解释

所谓 PMC（Programmable Machine Controller），就是利用内置在 CNC 的 PC（Programmable Controller）执行机床的顺序控制（主轴旋转、换刀、机床操作面板的控制等）的可编程机床控制器。

所谓顺序控制，就是按照事先确定的顺序或逻辑，对控制的每一个阶段依次进行的控制。用来对机床进行顺序控制的程序叫做顺序程序，通常广泛应用于基于梯图语言（Ladder language）的顺序程序。

PMC 是应用在发那科数控系统上的 PLC 的别称。

10.2
功能块重复检测

前文中讲解 PLC 编写的时候我们使用到了 SUB（延时接通）、SUB77（延时端口）等功能，但功能块序号的定义笔者是根据自有的 PLC 程序随机写的，但是在实际的工作中，需要对功能块的序号是否重复进行检测。

重点来了，如果相同功能的序号重复的话，可能会引起 PLC 出错。

例如，我们使用两个 SUB24（延时接通），分别用作夹具夹紧到位延时与主轴夹紧到位延时。当主轴夹紧完成后，由于 SUB24 的序号相同，PLC 也会认为夹具也已经夹紧到位，此时如果旋转主轴的话，而夹具在实际的工作中并没有完成夹紧，旋转的主轴可能会将没有夹紧的工件拽出来，轻则造成机床与工件的损坏，重则造成人身的伤亡。

由上述简单举例可知，我们一定要避免相同功能使用重复的序号，那么我们如何能查看同一功能序号的调用情况呢？

我们知道 FANUC Ladder 可以通过交叉表的功能查看 PLC 信号的调用情况，但不能查看功能块的调用情况。因此为了避免同一个功能块出现重复序号的情况，本节介绍一下如何查看功能块的调用情况。

我们首先选中 SUB24，再通过【Ctrl】+【F】组合键进行搜索，见图 10-1。

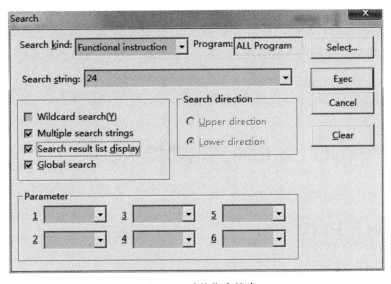

图 10-1　功能指令搜索

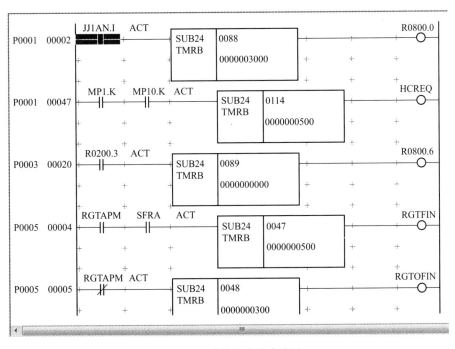

图 10-2　功能指令搜索结果

搜索类型（Search kind）当前是"Functional instruction"（功能指令）。我们选中"Global search"（全局搜索）以及选中"Search result list display"（搜索结果列表显示）。点击【Exec】（执行）。此时 Fanuc Ladder 会显示一个 SUB24 调用的列表信息，见图 10-2。

列表左列 P00××是调用 SUB24 的子程序序号，000××是调用 SUB24 的行数。我们可以通过该列表查看 SUB24 的调用情况，如果我们发现新增功能的序号与原程序中出现重复，那么就要需要重新指定功能块的序号。

重点来了，发那科的 PLC 功能 SUB24（延时接通）、SUB77（延时断开）、SUB3（定时器）、SUB54（延时接通）的序号皆不能相同。也就是说我们定义了一个序号为 1 的 SUB24（延时接通）功能，我们不能再定义一个序号也为 1 的 SUB77 或者 SUB3 或者 SUB53 的功能，否则一样会造成 PLC 运行的混乱。

10.3

FANUC Ladder其他功能

10.3.1 打印 PLC

我们可以通过快捷键【Ctrl】+【P】，调用打印功能，此时会弹出打印信息的对话框，见图 10-3。

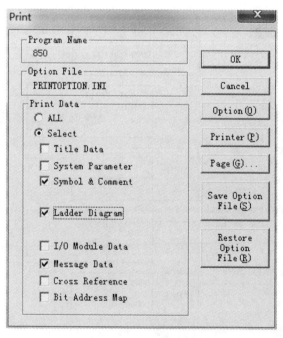

图 10-3　FANUC Ladder 打印页面

我们可以选择需要打印的数据，可以选择全部打印（ALL），也可以选择特定的部分将其打印出来，例如常用的 Symbol & Comment（符号及注释）、Ladder Diagram（梯形图程序）以及 Message Data（报警信息）等。

10.3.2　PLC 显示状态切换

FANUC Ladder 对于 PLC 变量的显示，默认的是 Symbol，即符号形式，见图 10-4。

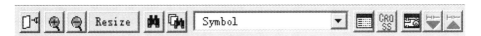

图 10-4　PLC 变量的显示状态

也就本书正文中的 PLC 显示形式，见图 10-5。

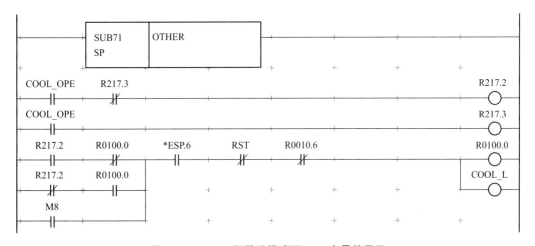

图 10-5　Symbol 即默认模式下 PLC 变量的显示

如果 PLC 中变量没有设定一个符号（Symbol）的话，那么就直接显示其实际的地址。

如果我们想切换显示的模式，既要能看到符号名，也能显示其实际地址，我们点击"Symbol"，这时会出现一个下拉的菜单，我们选择"Address & Symbol"，见图 10-6。

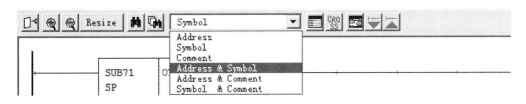

图 10-6　切换到"地址与符号"显示模式

这时我们看到的 PLC 程序就变成了图 10-7 中的样子，相对而言，"地址与符号"模式看上去比较直观一些，但是相同界面下显示的 PLC 程序也变少了。

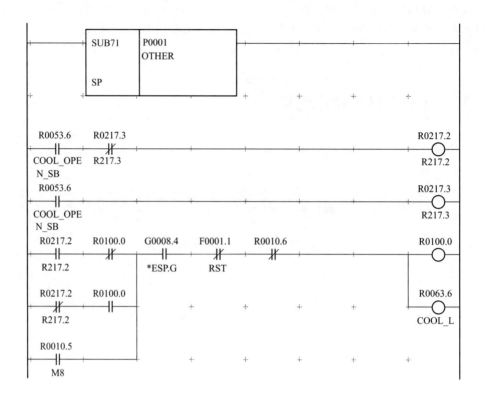

图 10-7　地址与符号模式下的 PLC 程序

10.3.3　交叉表的不足

前文中我们介绍了交叉表用来查看某一个变量的全部调用情况及赋值情况，可以用来判断新增某一位变量 R14.7 是否被占用。或许会有细心的读者发现，如果位变量 R14.7 没有被直接占用，而字节 R14 被占用了，如果将 R14 用来定义 M 代码的话，也就有可能将 R14.7 用做 M 代码，这样的话就会发生重复定义的错误。

如果我们批量增加 M 代码或者临时变量时，这时使用交叉表，不仅要对位进行查询，还要对字节进行查询，不过如此一来，PLC 的编写就会变得很烦琐，有没有一种方法能批量查看字节与位是否被占用的方法呢？答案是有的，FANUC Ladder 提供了另一个功能 "Address Map"，即地址总览表功能。

10.3.4　Address Map 功能

为了能批量查看字节与位被占用的情况，我们使用 "Address Map" 功能。其快捷键是【Ctrl】+【M】，其用法与交叉表是一样的，既可以直接通过组合键【Ctrl】+【M】打开并查询，也可以直接选中某一变量例如 R14.7，再按下组合键【Ctrl】+【M】，就会查看该变量位与字节的占用情况，见图 10-8。

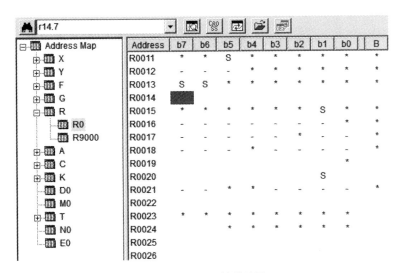

图 10-8　R14.7 的地址图

屏幕左侧的"Address Map"列表为 PLC 变量的归类，屏幕的右侧为详细的变量占用情况。"ADDRESS"列表示的是查看变量的字节地址，最右侧的"B"列表示的是该字节被占用的情况，b7～b0 对应的是该字节变量八个位的占用情况。

状态"∗"表示的是对应的位或字节已经被占用，状态"-"与状态"S"表示的是对应的位未被占用，其中"S"表示该变量虽然未被占用但已经被定义了符号，如果状态为空白，表示的是该变量既没有被占用，更没有被定义符号。

以 R13 为例，其"B"列的状态是"∗"，表示的是 R13 已经被整体占用，且R13.0～R13.5 已经被赞同，而 R13.6 与 R13.7 虽然被定义了符号，但并没有被占用。

我们再以 R16 为例，其"B"列状态是"∗"，表示的是 R16 已经被整体占用，但R16.2～R16.7 的状态都是"-"，表示的是 R16.2～R16.7 这六个位没有占用，仅仅是占用了 R16.0～R16.1 两个位。

我们再看 R23，其八个位的状态都是"∗"，表示的是这八个位都被调用了，但是"B"列的状态为空白，表示的是 R23 的这八个位是单独被占用的，而不是被整体作为字节调用的。

我们再看 R20，R20.1 的状态为 S，其余全部为空白，表示定义了 R20.1 的符号，却没有调用 R20.1。

重点来了，我们在批量新增 R 变量时，使用"Address Map"功能相比交叉表功能，可以更加准确地判断 R 变量的位与字节是否被占用。之所以正文中没有介绍"Address Map"功能而是介绍了交叉表功能的原因有三个：

√第一，交叉表用来查看变量的调用情况，在编程和调试的过程中使用的频率非常高，而"Address Map"功能使用的频率比较少，"Address Map"功能使用频率如此之低，以至于工作多年的电气工程师都不知道还有这个功能；

√第二，我们编写 PLC 时，更多的情况是在原有的 PLC 基础上进行增加或者修改，对 PLC 进行"缝缝补补"，因此不需要重新编写 PLC 或者大规模地修改 PLC 程序，因此"Address Map"的功能在对 PLC 进行局部修改时，可以完全用交叉表功能所代替；

✓第三，由于"Address Map"使用频率低，交叉表使用频率高，如果都拿出来放在正文中介绍的话，读者可能会混淆两者的功能。

10.4 电缆承载电流表

表 10-1 电缆承载电流表

项目	25℃以下 铜芯电缆电流承载量/A				25℃以上 铜芯电缆电流承载量/A			
横截面积 /mm²	1 芯	2 芯	3 芯	4 芯	1 芯	2 芯	3 芯	4 芯
1	13.5	10.8	9.4	8.1	12.1	9.7	8.4	7.2
1.5	22.5	18	15.7	13.5	20.2	16.2	14.1	12.1
2.5	32	25.6	22.4	19.2	28.8	23	20.1	17.2
4	42	33.6	29.4	25.2	37.8	30.2	26.4	22.6
6	60	48	42	36	54	43.2	37.8	32.4
10	80	64	56	48	72	57.6	50.4	43.2
16	100	80	70	60	90	72	63	54
25	122.5	98	85.7	73.5	110.2	88.2	77.1	66.1
35	150	120	105	90	135	108	94.5	81
50	210	168	147	126	189	151.2	132.3	113.4
70	237.5	190	166.2	142.5	213.7	171	149.5	128.2
95	300	240	210	180	270	216	189	162

10.5 工业总线

世界上存在着大约四十余种现场总线，如法国的 FIP、英国的 ERA、德国西门子公司的 PROFIBUS、挪威的 FINT、Echelon 公司的 LONWorks、PhenixContact 公司的 InterBus、RoberBosch 公司的 CAN、Rosemount 公司的 HART、CarloGavazzi 公司的 Dupline、丹麦 ProcessData 公司的 P-net、PeterHans 公司的 F-Mux，以及 ASI（ActraturSensorInterface）、MODBus、SDS、Arcnet、国际标准组织-基金会现场总线 FF（FieldBusFoundation）、WorldFIP、BitBus、美国的 DeviceNet 与 ControlNet 等。

每种总线大都有其应用的领域，比如 FF、PROFIBUS-PA 适用于石油、化工、医药、冶金等行业的过程控制领域；LonWorks、PROFIBUS-FMS、DevieceNet 适用于楼宇、交通运输、农业等领域；DeviceNet、PROFIBUS-DP 适用于加工制造业，而这些划分也不是绝对的，每种现场总线都力图将其应用领域扩大，彼此渗透。

重点来了，不论是何种工业总线，对于我们使用者来说，就是一根网线或者数据线。

通信协议

不同的通信协议有其不同的应用场合，但对于我们日常的工作来说，只需要了解不同的协议对应的设定方法，例如使用网线我们需要设定好 IP 地址等参数，RS232 线需要指定 COM 口及波特率等。

TCP/IP 通信协议，个人电脑联机及上网时使用的通信协议，在物联网的大背景下，市面上大部分的数控系统都支持该协议，CNC 上装有网卡及接口（图 10-9），只要设定了 IP 地址和通信端口地址，通过一根普通的网线就能实现联机和上网功能，使用方便，传输数据很快。

RS232/485 协议，个人台式机电脑机箱与显示器的连接线（图 10-10）就是采用的这种协议，早期低端的数控系统常采用该协议进行加工程序等数据传输，由于其传输数据较慢，且容易烧毁通信接口，目前使用该协议的很少。

图 10-9　TCP/IP 网线接口

图 10-10　RS232 串口线

10.6 CAT 等级

IEC（国际电工委员会）是制订电子电工仪器仪表国际安全标准的最具权威性的国际电工标准化机构之一。根据 IEC61010-1：2001 测量、控制和实验室用设备安全通用要求，一般把电气工作人员工作的区域或电子电气测量仪器的使用场所分为四个类别，用 CAT 加罗马数字，安全级别由低到高分别为 CAT Ⅰ、CAT Ⅱ、CAT Ⅲ 和 CAT Ⅳ，它严格规定了工作人员在不同类别的电气环境中可能遇到的电气设备类型，以及在这样的区域中工作所使用的电子电气测量仪器使用场所的安全等级规定，它描述了测量仪器在所测量的电路中可执行的测量，划定了测量仪器所属的最高的"安全区域"。

上文读起来可能有点拗口，这里给解读一下：在不同的用电环境下，对应不同的安全等级，这个等级由低到高分别为 CAT I、CAT II、CAT III 和 CAT IV，其中 I、II、III 和 IV 是罗马数字，对应阿拉伯数字 1、2、3、4。级别最高的是 CAT IV，常见的是对应室外电网的用电环境，CAT III 常见的是对应工厂内部的用电环境，CAT II 常见的是对应家用电器的用电环境，CAT I 常见的是对应的家用电器内部的用电环境，级别最低，如图 10-11 所示。

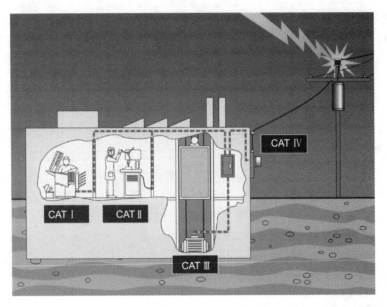

图 10-11   CAT 等级示意图

CAT 等级是单向向下兼容，也就是说 CAT IV 的测量设备可以应用在 CAT III 用电环境的电气测量，也可以应用在 CAT II、CAT I 的用电环境中；而 CAT III 是绝对不可以应用在 CAT IV 的用电环境中的，更通俗地说，不能用工厂安全级别的万用表去测量电网的电压和电流，也不能使用家用安全级别的万用表测量工厂中电网的电压和电流。

在 CAT 等级后还包含了电压值，例如 CAT III 600V，表示的是在工厂用电环境下，该万用表等测量设备最高能承受 600V 高压电流，电压数字越大，表示该万用表抗冲击的电压越高。

对于数控机床的电气工程师来说，使用 CAT III 600V 的万用表，如果万用表是品牌的、质量有保证的话，使用起来还是很安全的，因为我们常用测量的电压通常是 AC220V，测量 AC380V 的情况少之又少，对于放大器中直流母线的 DC400～600V 的高电压，数控系统会提供相应的诊断工具读取。

有人说那我购买 CAT III 1000V 的万用表可不可以，当然是可以的，有人说我还是很担心人身安全，我想买 CAT IV 600V 或者 CAT IV 1000V 的万用表，当然也是可以的，但是有些浪费。那购买 CAT II 600V 的万用表或者没有标注 CAT 等级只有 AC750V 的万用表是否可以，答案是坚决的不可以！！！

重点来了，对于用电安全及测量安全，我们不能掉以轻心或者图便宜省事，但是也不必要过于紧张，工作起来畏首畏尾。

10.7 屏蔽线原理

在讲屏蔽线原理之前，首先讲一讲电磁干扰，因为有了干扰才需要屏蔽。

10.7.1 EMI

电磁干扰，英文全称是 Electromagnetic Interference，简称 EMI。EMI 是指电子产品工作会对周边的其他电子产品造成干扰，是电子电气产品经常遇上的问题。造成干扰的原因是因为频繁变化的电流会造成频繁变化的电磁场，频繁变化的磁场会使得周围的电路产生感应电流——楞次定律。由于编码器与光栅尺反馈给放大器的电信号精度极高，如果编码器线和光栅尺线与电动机动力线等电流频繁变化的电线电缆挨着的话，必然会在内部产生感应电流，对反馈的结果造成严重的干扰，最终影响机床的运行精度。

为了减少其他电缆对编码器线与光栅尺线的干扰，首先需要做的就是将电动机的动力线、编码器线与光栅尺线分开排布，越远越好。

10.7.2 EMC

EMC 又称为电磁兼容，主要目的就是将其他电气元件产生的电磁干扰进行屏蔽，屏蔽的对象有两个，一个是电气柜内部的电抗器、滤波器以及变压器造成的电磁干扰，另一个就是前文中介绍的来自交流电动机动力线的干扰，尤其是伺服电动机与主轴电动机动力线的电磁干扰。

屏蔽电抗器、滤波器以及变压器造成的电磁干扰的方法有两种，一种是它们的安装要远离放大器与 I/O 模块，另一种是要保证电抗器、滤波器、变压器的地线横截面积要不低于 $6mm^2$。

屏蔽来自交流电动机、伺服电动机、主轴电动机的电磁干扰，就涉及到了屏蔽线的原理。动力线中频繁变化的电流会使得周围的线路产生感应电流，如果我们通过给重要的数据线"穿"一件金属外衣，并将其进行接地的话，那么这件金属外衣产生的感应电流就会经过地线消失了，内部的数据线受到的电磁干扰将大幅降低，横截面积越大，电磁干扰产生的感应电流消失得越快，这也是在电气设计时要求地线的横截面积要足够大的重要原因。

10.7.3 为什么地线不能缠绕

缠绕的地线，会使得电线的电气结构发生变化，使其不再是一根导线，而是变成了线圈。线圈是能充电和放电的，如果地线中有电的话，那么本应该是通过接地流走的干扰电流却被线圈储存了起来，当地线没有电的时候，线圈会将储存的电释放出来，这样的话，由于放大器不能及时地将静电、漏电及干扰电流释放出去的话，不仅影响接地的效果，同时还有可能造成电感放电，会对放大器造成伤害，也就是说本应该通过地线减少伤害，如果地线缠绕的话，不仅没有起到作用，反而会增加带来的伤害。

交流电动机的启动电流与运行电流

交流电动机由定子和转子组成，两者的电气结构均为包含铁芯的多重缠绕的铜线线圈。定子侧绕组通入交流电产生旋转磁场，转子中的线圈在定子旋转的磁场感应下，会产生感应电流，因此也会产生旋转的电磁场，并在定子的旋转磁场的磁力推动下，实现转子的旋转。如图 10-12 所示为电动机内部结构图。

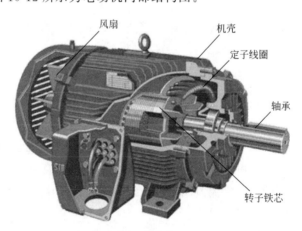

图 10-12　电动机内部结构图

电动机的工作原理很简单，不需要过多地叙述。多重缠绕的铜线，就是典型的电感结构，但由于我们不做技术研究，可以将缠绕的铜线简化为一个电阻，其电阻值很小。当电动机获得电能的一瞬间，由于转子存在惯性，转子不会立即进行旋转，又因为定子的电阻很小，因此电动机在启动瞬间的电流很大，通常是额定电流的 4～7 倍，当转子逐渐旋转起来，电动机开始将电能转换成动能，并开始消耗大量的电能，此时电动机的电流也会逐渐降下来，直到电动机达到额定转速后电流保持恒定，见图 10-13。

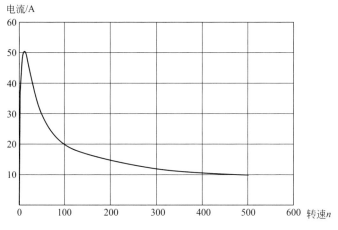

图 10-13　电动机启动电流曲线

由于电动机的启动电流是额定电流的 4～7 倍，但由于持续的时间非常短，就需要保护开关有一定的过载能力，也就是说需要保护开关在一定的时间内允许超过一定大小电流的通过而不断开电路。

10.9

电动机铭牌

每个电动机都有标注电动机参数及信息的铭牌，见图 10-14。

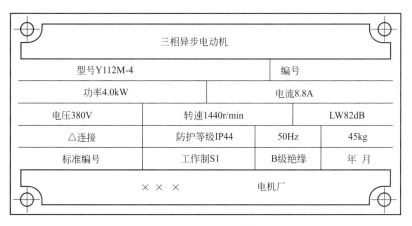

图 10-14　电动机铭牌

不论是哪一生产厂家生产的电动机，都会包含以下基本信息：

① 电动机额定功率、额定电流、工作频率、额定转速；

② 工作制 S×、防护等级 IP××；

③ 星形连接（Y 连接）还是角形连接（△连接）及与之对应的电压；

④ 生产日期、质量、制造商信息。

我们根据电动机的铭牌可知，电动机的额定电流是 8.8A，有此我们可以得知该电动机的启动电流是 35.2～61.6A，瞬间电流非常大，如果电动机的功率是 20kW 的话，那么电动机的启动电流则高达 176～308A。如此高的启动电流会烧毁电动机保护器的。为了解决这个问题，我们会通过星角切换解决大功率电动机的启动安全。

10.10
星角切换

造成大功率电动机启动电流大的根本原因在于电动机在启动瞬间没有转动，没有转动的电动机内部可以简化为电阻结构，因此电动机的启动电流非常大。为了将大功率电动机的启动电流降下来，最基本思路有两种：一种是降低电动机的启动电压，先让电动机转起来，此时再将电压恢复到额定电压，这样就能安全地启动大功率电动机了，通过变频器、放大器/伺服驱动器就能很容易实现，不过成本过高；另一种方法就是先提高电动机的电阻值，等电动机转动起来后，此时再将电动机的电阻恢复正常，同样也能实现大功率电动机的安全启动，这种方法成本很低，实现的难度会不会很大呢？怎么才能实现呢？

我们知道电阻在串联的时候，总的电阻值是每一个电阻值的和，电阻在并联的时候，总的电阻值低于任一个并联的电阻值。因此人们根据这个最简单的原理，在电动机启动时，使得电动机定子的三相线圈"两两串联"起来，增大启动时电动机的电阻，当电动机转动起来后，再恢复三相电动机线圈原有的接线，这样就能使得大功率的电动机安全启动了，图 10-15 为三相电动机的内部接线图，图 10-16 为三相交流电动机外部接线图。

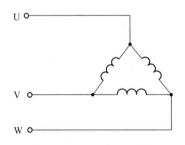

图 10-15　正常的三相交流电动机内部接线

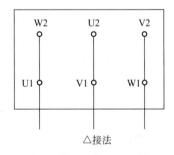

图 10-16　三相交流电动机外部接线

由于三相接线像一个三角形，因此叫角接或者△接或者 Delta 连接。那么怎么实现电动机内部电阻的"两两串联"呢，人们通过辅助线路，将其电动机的内部接线变更成图 10-17 的接线，图 10-18 为电动机启动时的外部接线。

由于启动时电动机的内部接线看上去像一个倒着的大写字母 Y，因此叫 Y 连接或者星形（＊）连接或者 Star 连接。

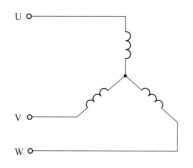

图 10-17　三相交流电动机启动时的内部接线

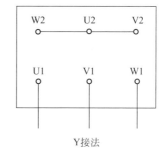

图 10-18　电动机启动时的外部接线

　　星角切换，就是电动机先通过定子的星接启动，再改成角接进行二次启动，因此也称为星角启动。通过星接启动，电阻增加了三倍，故而星接启动的电流就是角接启动电流的三分之一，我们假设启动电流是额定电流的 6 倍，通过星接启动的话，启动电流就变成了额定电流的 2 倍，大幅降低了三相交流电动机的启动电流。

星角切换电路图

　　我们通过前文的介绍可以得知，所谓的星角切换就是改变了三相交流电动机定子的内部接线，并没有改变其电源接线。

　　由于交流电动机需要使用接触器接通线路，因此至少需要三个接触器来实现星角切换，如图 10-19 所示。一个是提供电源的接触器，另外两个接触器是用来切换电动机内部线路的。与控制电动机正反转的情况一样，这两个接触器必须是一组的机械连锁接触器。

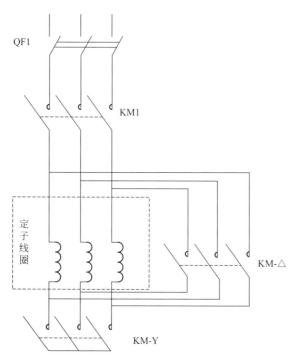

图 10-19　星角切换的接触器接线图

为了使得星角切换看上去更加简单易懂，忽略了继电器对接触器的控制部分，前文中已经做了详细的介绍，故此不再赘述。

10.11
电动机保护器与空气开关

电动机保护器与空气开关实物分别如图 10-20、图 10-21 所示。

图 10-20　空气开关实物图　　　　　图 10-21　电动机保护器实物图

电动机保护器与空气开关在选择型号时，其允许通过的电流通常是保护对象额定电流的 1.3 倍。例如保护对象的额定电流是 10A，我们就要选择 13A 的电动机保护器和空气开关。

空气开关的主要作用是防止电路出现短路行为，通常不需要对电流有过载能力或者只允许极短时间的过载电流，当其检测的电流超过设定值后会立即切断电路。

电动机在启动时的电流很大，而且电动机在达到额定转速之前，其电流始终大于额定电流，因此电动机保护器必须有一定时间的电流过载能力。但是当电动机出现较长时间的过载后，则电动机保护器依然会切断电流的，例如电动机发生了"堵转"，由于转子转速低或者没有旋转，此时不会消耗更多的电能转换成电动机的动能，因此电动机的电流与电动机启动瞬间的电流一样，电动机的电流会急剧变大，如果超过指定的保护时间电动机保护器依然会立即切断电路。

10.12
同步电动机与异步电动机的区别

电动机主要有两大部分组成，分别是转子与定子，转子与定子都有铜线绕组，当定子绕组接通交流电后，就会产生一个随供电频率变化的旋转磁场。由于定子产生的磁场是变化的，受其影响转子的绕组中也会产生感应电流，当转子的感应电流也产生旋转的磁场后，会在定子的磁场的排斥下开始转动。由于是先有的定子的旋转磁场，后有的转子的旋转磁场，故而转子的转速相比定子磁场的转速要慢半拍，也就是所谓的磁场转速与电动机转速的不同步，故而称为异步电动机。正是由于异步电动机的转子转速慢半拍，因此异步电动机不能用在高精度的电动机控制上，因此普通三相电动机都是异步电动机，如果主轴电动机不用来进行高速刚性攻螺纹的话通常也都是异步电动机。

如果转子绕组中的电流不是由定子旋转磁场感应的，而是转子通过其他途径获取的稳定电源，则转子磁场与定子旋转磁场无关，就能实现转子的转速与定子磁场的转速一致，也就是所谓的同步电动机。由于同步电动机的转子转速与供电频率保持一致，故而同步电动机可以应用在高精度的电动机控制上，例如伺服电动机、高速刚性攻螺纹的主轴电动机。

10.13
继电器模组

继电器模组（图 10-22）是将若干个继电器连接在一起，每一个继电器同样都有工作灯用来显示状态，把继电器集成在一起，使用起来很方便，而且节省成本和空间。

图 10-22　继电器模组实物图

重点来了，继电器模组最大的缺点同《三国演义》赤壁之战中曹操的连环大船一样，如果因为短路烧毁了其中的一个继电器，有可能整个继电器模组都要被烧毁。当机床处理不是重要控制的信号时，可以使用继电器模组，重要的控制信号还是需要一个独立的继电器，例如对刀仪的启动控制、主轴及夹具夹紧与松开的控制等，确保数控机床的使用安全。

10.14
交流电动机转速计算公式

本节介绍一下交流电动机转速的计算公式，交流电动机转速 $n=60f/p$，其中，p

是电动机的极对数；f 是电源的频率。由交流电动机转速的计算公式我们也能看出，交流电动机的转速不受到电压的影响。例如极对数是 4，供电频率是 50Hz，那么电动机的转速 $n=60\times50/4=750$（r/min），也就是一分钟 750 转。

极对数又称为磁极对数，也就是电动机的转子包含了多少对 N 极和 S 极。极对数电动机在制造时已经是固定的，不可改变的，如图 10-23 所示。

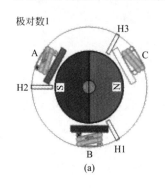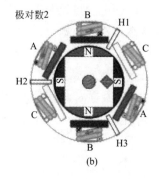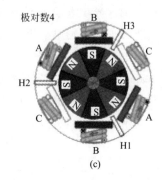

图 10-23　极对数示意图

交流电动机的转速取决于极对数与供电频率，既然极对数无法更改，因此想要改变交流电动机的转速，只能调整电动机的供电频率 f，对于放大器或者是变频器来说，都是通过改变电动机的供电频率实现对电动机转速的控制。

重点来了，伺服电动机在启动与停止、加速与减速的过程中的供电频率是复合型的，也就是包含多种频率在内的，不能套用本节的公式，本节介绍的公式仅仅适用于交流电动机在恒速运行时频率与速度的计算。

10.15

放大器控制原理

虽然放大器对于主轴/伺服电动机的控制过程十分复杂，但其原理还是比较简单的。放大器包含了三大部分，根据前文中的介绍，我们很容易就总结其组成部分：

① 将三相（R、S、T）交流电源转换成直流电源部分，这部分称为整流部分、整流电路；

② 将直流再转换成三相交流电源部分，这部分称为逆变部分、逆变电流；

③ 控制直流电源转换成三相交流电源频率的部分，这部分称为 PMW。

我们带着上述的三个知识点，再看放大器的控制原理图，见图 10-24，是不是就一目了然了呢？

由数控系统发出控制指令：位置指令及速度指令，放大器将控制指令转换成控制频率，最终完成对主轴/伺服电动机的速度控制。再通过电动机编码器（图中 PG）将实际的转速反馈给放大器，放大器根据反馈的数据与指令数据进行对比，适当地修正来自数控系统的控制指令，使得最终的控制结果与控制指令一致。

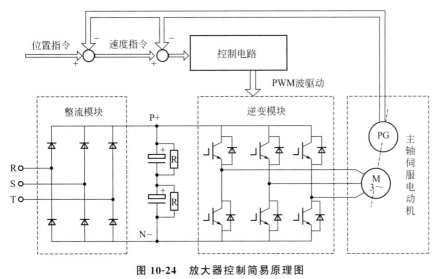

图 10-24　放大器控制简易原理图

10.15.1　PWM 与变频器

　　PWM 是 Pulse Width Modulation 的首字母缩写，中文名称为脉冲（Pulse）宽度（Width）调制（Modulation）。

　　由其名字可以知道，PWM 是用来调整脉冲宽度的，调整一个单位宽度中所包含的脉冲宽度，脉冲的宽度越小，其对应的调制频率也就越高。由 PWM 控制放大器发出的交流电的频率，就实现了对电动机转速的控制。

　　PWM 的频率由直流电压提供，常见的取值范围是 DC0～10V，如果数控机床例如车床、雕铣机等采用变频器控制主轴转速的话，这个取值范围是非常常见的。

　　增加交流电的频率，会使得单位电流中电能的减少，为了保持电动机稳定运行，保证输出的转矩不降低，因此就要增大逆变模块输出的电流。当逆变模块输出的电流达到电动机的额定电流后，就不再增加输出的电流值，而此时继续提高放大器输出的交流电频率，虽然电动机转速得到了提高，但电动机获取的电能却逐渐降低，对应的就是电动机的转矩，也就是电动机输出的动力也会越来越小。

　　我们举一个例子形象地说明什么是 PWM 技术：我们切一根火腿，如果每一片火腿切得很薄的话，自然切的刀数就越多，在单位时间内切完的话，其频率也就越快。

　　我们再举一个例子说明什么是 PWM 控制技术，公司组织去露营，只能带一根火腿，一开始只有两个人报名，将火腿一分为二，放在盒子里，为了区分每一份火腿，火腿之间就要保持一定的空隙，由于盒子比较大，自然能放进去；现在有五个人要去露营，我们就要将火腿切成五份，由于每一份之间依然要保持一定的空隙，超出了盒子的容量，就只能换一个大一点的盒子，大小刚刚好；现在有十个人要去露营，而盒子没有更大的了，我们为了保证每一个人都能吃到火腿，那只能将火腿切得非常小，如果人数还在不断地增加，为了满足份数的需求，每个人获取的火腿就会越来越小。

　　或许有人会问，为什么要追求那么高的转速呢，其原因在于主轴的转速越高，零件的加工效果越好。但如果主轴的转速大幅增高的话，例如将机械主轴改成电主轴，必然也会造成机床运行不稳定，需要对机床整体的机械结构进行重新设计或者改进。

10.15.2　谐波与滤波器

电网中标准的交流电是 50Hz，我们称 50Hz 也为工频。电网中包含的所有不等于 50Hz 的交流电皆可称为谐波。这些谐波的来源主要有三种，分别是发电站发电时就带有的谐波、变压器质量差产生的谐波、其他用电设备的使用造成的谐波。发电站因素以及变压器质量差造成的谐波通常可以忽略。

电网中谐波的重要污染来自用电设备，既有工业上的用电设备，例如电力机车、电解铝、风机，也有民用上的用电设备，例如电梯、荧光灯以及家用电器等，由于其内部电路的原因都会产生大量的高频以及低频的电流谐波。由于交流电动机的转速仅仅取决于电源的频率，因此伺服电动机及主轴电动机在使用时就要通过技术手段将这些干扰的谐波过滤掉，实现这个过滤功能的，就是滤波器。

重点来了，在供电质量差的地区，数控机床一定要配备滤波器。

10.16
激光干涉仪

激光干涉仪（图 10-25）以激光为载体进行距离的高精度测量，以雷尼绍（Renishaw）公司生产的激光干涉仪为例，其测量精度为纳米级（nm），数控机床的加工精度通常是微米级（μm），1000nm＝1μm，因此可以实现精准测量。

激光干涉仪的价格昂贵，价格少则十几万，多则数十万，作为新人不要独自使用，要慎重使用。

激光干涉仪在机床上具体应用有以下几种情况。

① 新机床出厂前都要进行定位精度和重复定位精度以及反向间隙的检测；

② 机床使用一段时间后，由于丝杠的磨损和其他原因，精度会逐渐降低，这时需要使用激光干涉仪进行精度的再校准；

③ 激光干涉仪还可以进行其他项目的检测，例如直线度、垂直度、角度等。

激光干涉仪的作用是为了查看机床的定位精度、重复定位精度以及反向间隙，我们常称为"校激光"。激光干涉仪检测都是直线精度，检测的过程很简单，就是机床通过运行校正程序，使得伺服轴运行若干个等距离位移，例如 0mm、50mm、100mm、150mm、200mm……每次位移后等待若干秒以便激光头测搜集位置信息，等待结束后再运行到下一个位置再搜集位置信息，将理论位置与实际检测的位置进行比对计算，将计算的结果输入到数控系统中，数控系统再通过"螺距补偿功能"修正这个指令位移与实际位移的差值。

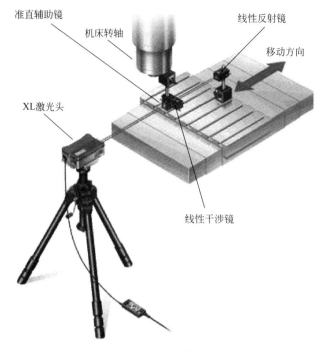

准直辅助镜
机床转轴
线性反射镜
移动方向
XL激光头
线性干涉镜

图 10-25　激光干涉仪实物图

10.16.1　定位误差与重复定位误差

　　由于数控机床所使用的零件精度、装配精度的原因，以 X 轴为例，当 CNC 发出运行 X 轴从 0mm 位置运行到 50mm 的指令后，实际运行的位置可能是 49.990mm，这个误差也叫做定位精度，也称为定位误差，如果误差比较小的话，是可以通过螺距补偿功能消除的，螺距补偿功能我们常称为"螺补功能"或者"螺补"。如果 X 轴第二次从 0mm 运行到 50mm 时，实际运行的位置可能是 49.998mm，这两次定位的差值就是重复定位精度，也称为重复定位误差，重复定位精度的大小决定机床在加工时零件尺寸的一致性。

10.16.2　重复定位精度的重要性

　　我们通过举例来说明重复定位精度的重要性，例如我们加工一个正方形，正方形的边长是 10mm，由于存在定位误差，因此实际加工的尺寸可能是 9.99mm，误差是 10－9.99＝0.01mm，满足误差≤0.01mm 的精度要求，因此其加工结果是可以接受的；当我们加工第二个正方形的时候，实际加工的尺寸可能是 9.98mm，误差则是 0.02mm，加工精度由于不满足精度要求，因此这个零件就不能使用了；当我们加工第三个零件的时候，实际加工的尺寸是 9.995mm，误差是 10－9.995＝0.005（mm），又满足了精度要求，如此以往，由于加工精度的不稳定性，会让机床的使用者要花费大量的人力、物力去检验这个加工精度。

重点来了，重复定位精度是无法通过螺距误差补偿功能消除的，只能通过对数控机床重新装配，保证机床的装配质量来消除。

10.17
▲ 球杆仪

球杆仪与激光干涉仪的验证原理是一样的，都是通过 CNC 给定一个理论数值，再通过实测值计算误差并分析误差。与激光干涉仪不同的是，球杆仪检测都是圆的加工精度，而激光干涉仪检测的是直线轴的定位精度。如图 10-26 为应用在五轴机床上的球杆仪。

图 10-26 应用在五轴机床上的球杆仪

球杆仪的价格昂贵，少则十几万元，多则数十万元，同激光干涉仪一样，作为新人不要独自使用，要慎重使用。

球杆仪的功能十分强大，通过获取的实际的圆的数据，能准确地分析出造成圆不圆（圆度差）的原因，并能将造成圆度差的因素按照影响的大小比例进行排序。我们重点将所占比例大的因素解决掉，就能保证加工的圆度，如图 10-27 为球杆仪测试结果图。

由图 10-27 我们可知，测量的圆度是 $7.2\mu m$，如果实际要求的圆度是 $10\mu m$ 的话，说明该圆度是合格的；如果要求的圆度是 $5\mu m$ 的话，就要对机床进行调整，优先要调整的是 X 轴与 Y 轴的垂直度，其影响占据了 22%，当重新调整 X 轴与 Y 轴的垂直度之后，重新进行测试，再根据测试的结果继续调整机床的装配，直到测试的圆度满足出厂要求或者加工要求。

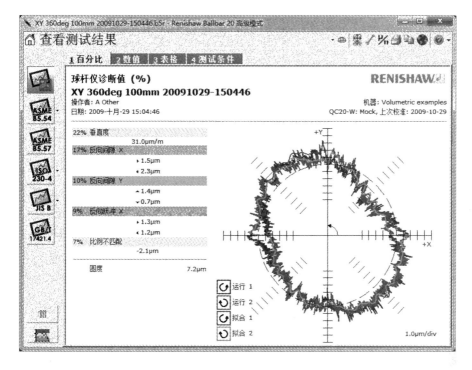

图 10-27　球杆仪测试结果

或许会有读者要问，我希望的测试结果是一个圆，怎么在报告页面上看到的是一个带刺的椭圆？然后很多"老员工"却说，这个圆看起来还不错。对于这个问题，其原因在于显示的精度，通过图 10-27 右下角的"1.0μm/div"，表示的是显示精度是 1μm，如果我们把显示的精度编程 0.1mm/div 或者 100μm/div 的话，那么显示的圆与我们用肉眼看到的圆是一样的。而"老员工"看的不是显示的圆，而看的是实际测量的圆度——7.2μm，能实现该圆度精度的国产机床通常属于高精度机床。

10.18
电感放电特点

电感既能存储电能也能释放电能，当电感与电源接通时，电感会充电，直到充满电能后才会接通电路；如果充满电的电感与电源断开的话，电感就会放电。电感放电时间与时间常数 τ 有关，τ 的值越小，放电时间越短。$\tau = L/R$，L 是电感的储能容量，至于放大器中电感的储能容量有多大我们无法获取，也不做详细的计算，但是可以确认的是，储能的容量会很大。如果放大器断电后静置的时间没有达到规定，此时拆开放大器，就会有触电的风险，风险在于人体的电阻更大，根据计算公式 $\tau = L/R$ 我们可以得知，电阻越大，放电时间越短，因此如果人触碰了没有充分放电的电感时，电感会瞬间释放残余的电能，会将人电击烧伤甚至电击死亡。

10.19
发那科梯形图的优点与缺点

发那科的梯形图 PLC 相比其他 PLC 语言来说，最大的优点一个是直观，还有一个就是其没有局部变量，因此发那科的 PLC 扫描周期短，运行速度快，相对也就更安全。

发那科的梯形图 PLC 由于没有局部变量，使其这个优点也成了最大的缺点，正是由于没有局部变量，因此不能自定义逻辑功能，也就是说不能将常用的按钮功能、动作控制功能、报警功能等集成在一个标准的功能中进行重复调用，因此用梯形图来编写重复性高的、控制过程复杂的 PLC 时，由于每次都要重新编写这些常用的逻辑功能，就会变得非常吃力，调试就会变得很复杂；由于没有局部变量，在定义按钮功能等功能时会使用到很多的临时变量，难免会出现重复定义的临时变量，造成设备的不正常运行。

PLC 如果使用语句表指令 IL，尤其是结构文本 ST 编写的话，在编写复杂控制的 PLC 时会比较有优势，可以添加大量的注释，而且可以将多个常用的标准功能写到一个功能块中，进行多次调用，编写程序时关注的重点只有输入输出信号、系统信号、使能信号的逻辑关系，而对于控制内部的逻辑，也就是临时变量不需要再定义。其最大的缺点在于编写的过程大量定义全局变量与局部变量，因此有一定的计算机高级语言的编写及调试功底，有良好的代码风格的技术人员要求有一定的代码阅读能力。就笔者而言，更喜欢 ST 编程，应用起来非常灵活。表 10-2 为 ST 编程和梯形图的比较。

表 10-2 PLC 编程语言 ST 与梯形图的比较

```
(* 按钮使能     *)
bEnable:= { CNCSTATUS = 6 } and {{ SPSTATUS = 0 } or { SPSTATUS =5)) ;
(* 按钮延时断开     *)
SPTOOL TOF(IN :=ibit_Manual_Tool_PB, PT:=T#5000ms);
(* 按钮功能     *)
fb_Manual_Tool.bit_INPUT:= SPTOOL_TOF.Q;
fb_Manual_Tool.bit_ENABLE:= benable;
fb_Manual_Tool( bit_OUTPUT:= bManual_Tool1 );
obit_Manual_Tool_PB:= fb_Manual_Tool.bit_LAMP;
(* 松卡刀动作控制
fb_ToolCylinder.in_Enable:= bEnable;
fb_ToolCylinder.in_BackWard:= ibit_Spindle_Tool_Clamp;
fb_ToolCylinder.in_ForWard:= ibit_Spindle_Tool_Unclamp;
fb_ToolCylinder( rq_BackWard:= rq_Spindle_Tool_Clamp,
rq_ForWard:= rq_Spindle_Tool_Unclamp );
NONE:= fb_ToolCylinder.out_BackWard;
```

相比而言，西门子 828D 所使用的 PLC 语言——功能块图语言，即 FBD 语言，在可读性上就比较折中，既有梯形图的直观，也可以自由调用重复性高的控制功能。

我们在前文中重点介绍过普通按钮的 PLC 编写过程。实际上按钮的控制逻辑包含了两部分功能，一个是由按钮地址信号发出的类似上升沿的短时脉冲，脉冲持续时间为一个 PLC 扫描周期，另一个是交替取反并保持的功能。图 10-28 为普通功能按钮的 PLC 程序。

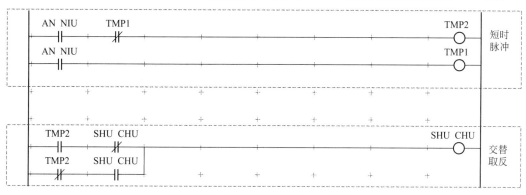

图 10-28　普通功能按钮的 PLC 程序

我们也可以将按钮地址变更成 M 代码请求信号，使得 M 代码的控制功能与按钮的控制功能一样，即一个 M 代码完成两种控制状态。

我们现在想通过 M 代码完成照明灯的自动打开与关闭，方便工业照相机查看工件的加工情况。由于只使用一个 M 代码控制两种状态，因此我们使用 "Address Map" 功能，查找已经定义的但没有使用的 M 代码功能。

我们用 FANUC Ladder 打开一个已有的 PLC 文件，直接按组合键调出 "Address Map" 功能，如图 10-29 所示。

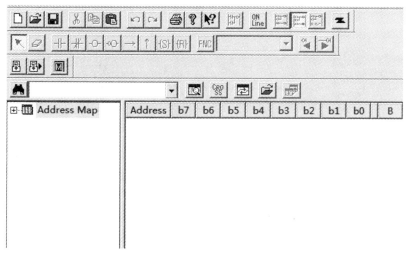

图 10-29　未搜索的 Address Map 功能

我们点击左侧的"＋Address Map",找到"R0"变量的占用,见图 10-30。

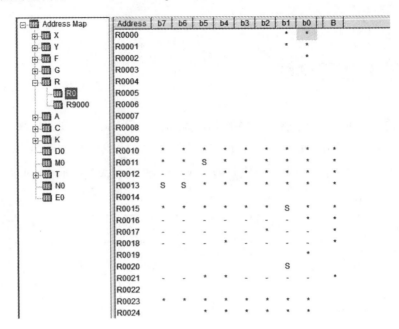

图 10-30 R 变量的 Address Map

我们根据前文可知,对 R 变量进行整体调用的通常是 M 代码功能。因此我们找一个 R 变量的"B"列状态为"＊",而位的状态为"-"的地址,我们通过图 10-30 发现,R12.5 未被占用。为了谨慎起见,我们先看一下 R12 是不是 M 代码的中间变量,再考虑是否使用 R12.5 作为 M 代码的请求信号。

我们点击 R12 的"B"列状态"＊",然后再通过组合键【Ctrl】+【J】查看字节变量 R12 的调用状态,见图 10-31。

Address	b7	b6	b5	b4	b3	b2	b1	b0	B
R0000							＊	＊	
R0001							＊	＊	
R0002								＊	
R0003									
R0004									
R0005									
R0006									
R0007									
R0008									
R0009									
R0010	＊	＊	＊	＊	＊	＊	＊	＊	＊
R0011	＊	＊	S	＊	＊	＊	＊	＊	＊
R0012	-	-	-	＊	＊	＊	＊	＊	＊

图 10-31 选中 R12 的 B 列状态

字节变量 R12 的调用情况,见图 10-32。

由于 R12 只出现在 LEVEL2 中,看来 R12 中的位是用来指定 M 代码功能,我们双击"LEVEL2",进入调用 R12 的 PLC 程序,见图 10-33。

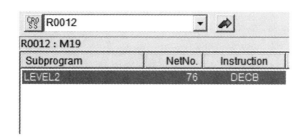

图 10-32　R12 的交叉表

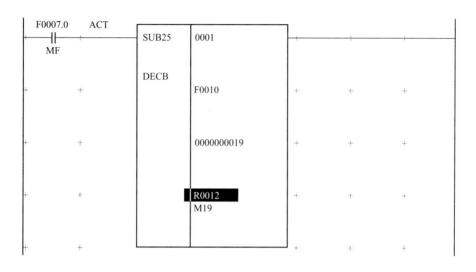

图 10-33　查看调用 R12 的 PLC 程序

我们现在确认了 R12 确实是用来定义 M 代码功能的，再看一下 R12.5 的调动情况。我们关闭当前的 PLC 页面以及 R12 的交叉表页面，回到 "Address Map" 页面。这时我们选中 R12.5 的 "-" 状态，如图 10-34 所示。

Address	b7	b6	b5	b4	b3	b2	b1	b0		B
R0000							*	*		
R0001							*	*		
R0002								*		
R0003										
R0004										
R0005										
R0006										
R0007										
R0008										
R0009										
R0010	*	*	*	*	*	*	*	*		*
R0011	*	*	S	*	*	*	*	*		*
R0012	-	-	-	*	*	*	*	*		*

图 10-34　选中 "Address Map" 中 R12.5

这时再通过组合键【Ctrl】+【J】，查看 R12.5 的调用情况，见图 10-35。

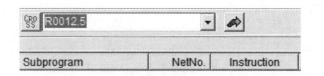

图 10-35　R12.5 的交叉表

R12.5 的交叉表搜索结果为空白，说明 R12.5 代表的 M 代码 M24 并没有在 PLC 中使用。

由于 M24 实现控制的方式与按钮的控制方式一样，因此我们将 M 代码请求信号 R12.5 与按钮的输入地址"并联"进行逻辑或的操作，如图 10-36 所示。

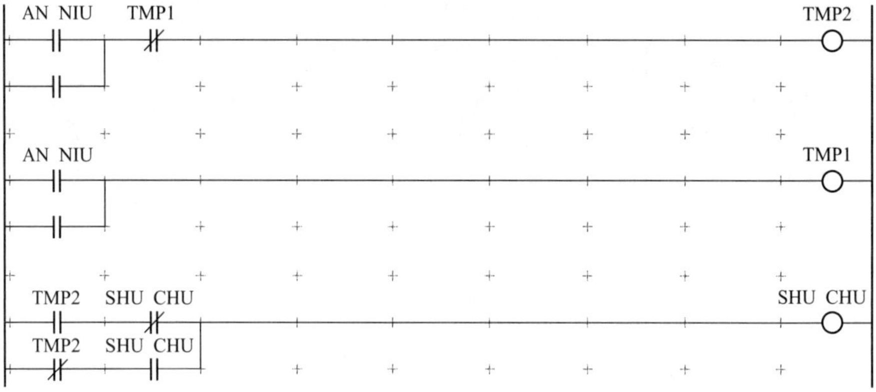

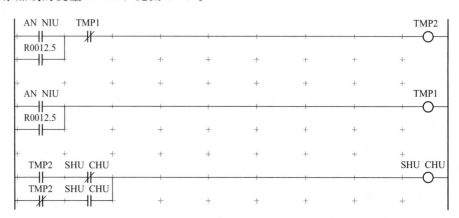

图 10-36　普通功能按钮增加 M 代码的 PLC 程序

添加或的变量 R12.5，见图 10-37。

图 10-37　普通功能按钮增加 M 代码的 PLC 程序

我们右键点击 R12.5 查看其属性（Property），将 R12.5 的"SYMBOL"，即符号修改成 M24，点击【OK】保存，见图 10-38。

然后我们通过组合键【Ctrl】+【S】保存修改的 PLC。保存后我们选中 R12.5 再查看一下它的占用情况，即通过组合键【Ctrl】+【M】调用"Address Map"功能。

我们这时发现 R12.5 在"Address Map"中的状态变成了"＊"，即为已调用状态，如图 10-39 所示。

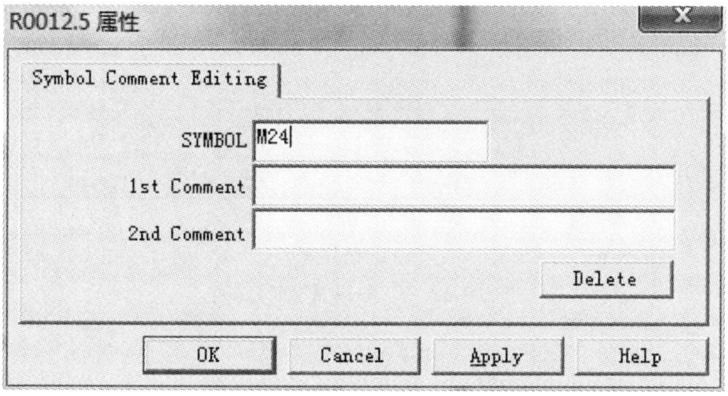

图 10-38　修改 R12.5 的属性

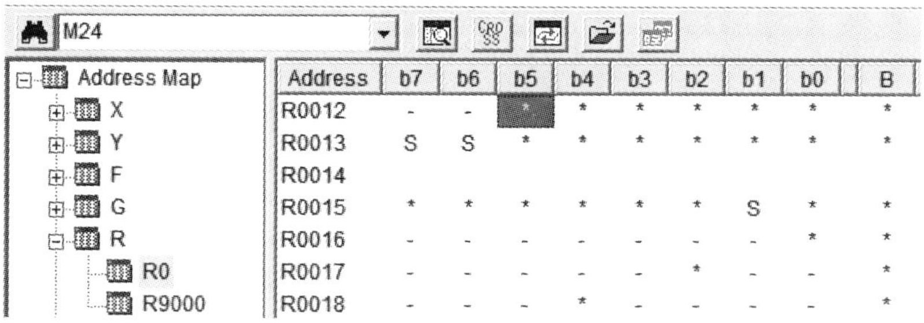

图 10-39　再次查看 R12.5 的占用情况（Address Map）

下降沿式短时脉冲

既然有上升沿式短时脉冲（图 10-40），就要有下降沿式的短时脉冲（图 10-41）。

图 10-40　下降沿式短时脉冲

图 10-41　上升沿式短时脉冲

两者之间的区别，请读者自己对比观察。

我们现在分析一下下降沿式短时脉冲的运行过程，见图 10-42。

第一行，当我们按下按钮时，"ANNIU"的信号为 1，取反则为 0，由于 PLC 是逐行运行，因此此时的 TMP1 为 0，取反则为 1，故而 TMP2 为 0，如图 10-43 所示。

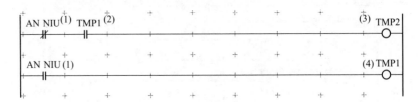

图 10-42　下降沿式短时脉冲

图 10-43　按下按钮时 TMP2 为 0

第二行，此时"ANNIU"信号为 1，TMP1 也为 1，如图 10-44 所示。

图 10-44　按下按钮时 TMP1 为 1

看到这里，我想各位读者已经看懂了，只要松开按钮，这时的取反的"AN NIU"就变成了 1，由于 PLC 是周期性的且逐行运行的，PLC 运行到第二行时 TMP1 仍为 1，因此 TMP2 为 1，然后由 TMP2 触发"交替取反"功能，见图 10-45。

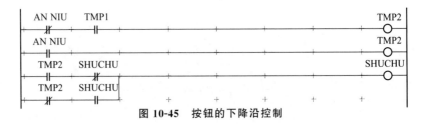

图 10-45　按钮的下降沿控制

10.21
FLASH ROM和SRAM

FLASH ROM，又称为闪存，其特性是在没有电的情况下，数据依然可以长久保存，与我们使用的硬盘及 U 盘等类似，价格相对比较便宜。数控系统中的 FLASH

ROM，用来保存数控系统的核心数据，例如数控系统的运行文件、C 执行程序、宏编译程序以及 PLC 文件。

SRAM，又称为静态随机存取存储器，其特性是需要有电池才能持续地维持其数据的保存，如果发生电池没电等故障，其内保存的数据诸如 CNC 参数、螺补程序、PLC 参数等会丢失，但其的最大优点是读写速度极快，但价格也比较昂贵。

10.22
引导页面下的数据备份与恢复

前文中我们讲到了在数控系统开机的状态下完成数据的备份与恢复，这里则对前文进行一个补充，即通过引导页面，也就是黑屏的情况下完成数据的备份与恢复。引导页面下的数据备份只支持 CF 卡，不支持 U 盘。

按住显示器下面最右边的两个按键如图 10-46 所示，再选择开机。

图 10-46　CNC 下的最右边的两个按键

直到出现如图 10-47 所示界面松开这两个按键（界面的实际显示没有括号及里面的中文）。

SYSTEM MONITOR MAIN MENU

1. END　(结束)

2. USER DATA LOADING　(加载用户数据)

3. SYSTEM DATA LOADING　(加载系统数据)

4. SYSTEM DATA CHECK　(系统数据检查)

5. SYSTEM DATA DELETE　(系统数据删除)

6. SYSTEM DATA SAVE　(系统数据保存)

7. SRAM DATA UTILITY　(SRAM数据工具)

8. MEMORY CARD FORMAT　(内存卡格式化)

　　MESSAGE

SELECT MENU AND HIT SELECT KEY。

<1[SEL 2][YES 3][NO 4][UP 5][DOWN 6]7>

图 10-47　数控系统引导画面

引导画面的最下方两行字母需要我们留意，"SELECT MENU AND HIT SE-

LECTKEY"，的意思是选择菜单并点击按键，按键有以下五个功能，分别为选择键 SEL、确认键 YES、取消键 NO、向上移动光标键 UP 以及向下移动光标键 DOWN，实现这五个功能对应的功能键就是显示器正下方的五个操作键按键，见表 10-3。

表 10-3　操作按键及其功能

1	2 选择	3 确认	4 取消	5 向上	6 向下	7
	SEL	YES	NO	UP	DOWN	

10.22.1　备份 PLC 程序

我们通过选择按向下键移动光标，将光标移动至第六项，即"6. SYSTEM DATA SAVE"处按选择键，如图 10-48 所示。

```
SYSTEM MONITOR MAIN MENU

1. END （结束）

2. USER DATA LOADING （加载用户数据）

3. SYSTEM DATA LOADING （加载系统数据）

4. SYSTEM DATA CHECK （系统数据检查）

5. SYSTEM DATA DELETE （系统数据删除）

6. SYSTEM DATA SAVE （系统数据保存）

7. SRAM DATA UTILITY （SRAM数据工具）

8. MEMORY CARD FORMAT （内存卡格式化）

    ***MESSAGE***

SELECT MENU AND HIT SELECT KEY。

<1[SEL 2][YES 3][NO 4][UP 5][DOWN 6]7>
```

图 10-48　选择"系统数据保存"

进入系统数据保存页面后，再通过向下键移动光标选择"48PMC1（0001）"，如图 10-49 所示。

同样，通过选择键 SEL 及确认键 YES，执行数据的备份，备份的文件名称是默认的，为 PMC1.000。

10.22.2　恢复 PLC 程序

我们进入系统引导界面之后，此次选择的是第 3 项，即"SYSTEM DATA LOAD-

ING",加载系统数据,如图 10-50 所示。

```
SYSTEM DATA SAVE

FROM DIRECTORY

41 ROM0      MSG      (003)

42 FIN0      MSG      (0003)

43 HIN0      MSG      (0003)

44 NCL1      OPT      (0001)

45 NCD1      OPT      (0006)

46 PC942.    OM       (0016)

47 PC93256K           (0002)

48 PMC1               (0001)

49 ATA PROG           (0005)

50 END

    ***MESSAGE***

SELECT MENU AND HIT SELECT KEY。

<1[SEL 2][YES 3][NO 4][UP 5][DOWN 6]7>
```

图 10-49　备份 PLC 文件 PMC1

```
SYSTEM MONITOR MAIN MENU

1. END (结束)

2. USER DATA LOADING (加载用户数据)

3. SYSTEM DATA LOADING (加载系统数据)

4. SYSTEM DATA CHECK (系统数据检查)

5. SYSTEM DATA DELETE (系统数据删除)

6. SYSTEM DATA SAVE (系统数据保存)

7. SRAM DATA UTILITY (SRAM数据工具)

8. MEMORY CARD FORMAT (内存卡格式化)

    ***MESSAGE***

SELECT MENU AND HIT SELECT KEY。

<1[SEL 2][YES 3][NO 4][UP 5][DOWN 6]7>
```

图 10-50　选择加载系统数据

选择"SYSTEM DATA LOADING"后,进入图 10-51 所示界面。

```
SYSTEM DATA LOADING                          1/1

[BOARD:MAIN]              (FREE [KB]: 16120/16120)

FILE DIRECTORY

SRAMI1_0A.FDB            524200        2018-11-11  12:31

SRAMI1_0B.FDB            524200        2018-11-11  12:31

PMC1.000                 131200        2018-11-11  12:31

END

***MESSAGE***

SELECT MENU AND HIT SELECT KEY。

<1[SEL 2][YES 3][NO 4][UP 5][DOWN 6]7>
```

图 10-51　加载系统数据页面

我们选择已经备份的 PLC 文件"PMC1.000"后，直到出现"COMPLETE"，表示恢复 PLC 程序完成，重新再开机即可。

10.22.3　备份及恢复 SRAM 数据

SRAM 数据包含了 CNC 参数、PLC 参数、螺距误差补偿参数、加工程序、宏程序等，备份 SRAM 数据即将上述所有数据进行"打包"备份。我们进入引导页面，我们选择第 7 项"SRAM DATA UTILITY"，如图 10-52 所示。

```
SYSTEM MONITOR MAIN MENU

1. END (结束)

2. USER DATA LOADING (加载用户数据)

3. SYSTEM DATA LOADING (加载系统数据)

4. SYSTEM DATA CHECK (系统数据检查)

5. SYSTEM DATA DELETE (系统数据删除)

6. SYSTEM DATA SAVE (系统数据保存)

7. SRAM DATA UTILITY (SRAM数据工具)

8. MEMORY CARD FORMAT (内存卡格式化)

    ***MESSAGE***

SELECT MENU AND HIT SELECT KEY。

<1[SEL 2][YES 3][NO 4][UP 5][DOWN 6]7>
```

图 10-52　选择 SRAM DATA UTILITY

进入 SRAM 数据工具页面，如图 10-53 所示。

```
SRAM DATA UTILITY

FROM DITECTORY

1. SRAM BACKUP        (CNC→MEMORY CARD)

2. SRAM RESTORE       (MEMORY CARD→CNC)

3. AUTO BKUP RESTORE (FROM→CNC)

4. END

     ***MESSAGE***

SELECT MENU AND HIT SELECT KEY。

<1[SEL 2][YES 3][NO 4][UP 5][DOWN 6]7>
```

图 10-53   SRAM 数据工具

有关 CNC 参数、PLC 参数等 SRAM 数据的备份与恢复都在同一个页面下进行：
"1. SRAM BACKUP（CNC→MEMORY CARD）"表示的是 SRAM 数据备份，将数据从数控系统备份到内存卡也就是 CF 卡；"2. SRAM RESTORE（MEMORY CARD→CNC）"表示的是 SRAM 数据恢复，将数据从内存卡也就是 CF 卡恢复到数控系统中。"3. AUTO B（ac）KUP RESTORE"表示的是自动备份数据恢复，将数据从 F-ROM 恢复到数控系统中。

我们将 SRAM 的数据备份到 CF 卡上的时候，文件名同样是无法修改的，默认的文件名是 SRAM256A. FDB，如果 CF 卡上包含了同名的文件，会询问"OVER WHITE OK？"即"可以覆盖么？"，如果可以覆盖，则按确认键 YES 继续操作。当数据备份结束后，会提示"…COMPLETE. HIT SELECTKEY"，按选择键返回主菜单。

10.23
强制输入/输出信号

I/O 强制功能，指的是通过 CNC 界面的软件功能，将某一个或者多个输入信号或者输出信号强制为 1 或者强制为 0，用来查找机床可能存在的故障。使用 I/O 强制功能，要求技术人员要非常熟悉机床的动作控制，熟练 PLC 知识，只有这样才能充分发挥其在系统维护与诊断上的巨大作用，反之如果不熟悉机床的动作控制又不熟悉 PLC知识，贸然使用 I/O 强制功能，会很容易发生意外，轻则损坏机床或者设备，重则可能造成人员的伤亡。

10.23.1　强制输入信号的利与弊

强制输入信号，通常是用来判断产生 PLC 报警的原因，例如有若干个报警造成了机床无法正常运行，我们通过逐个强制相关的输入信号，确认真正造成机床无法正常运行的输入信号。

我们通过简单的举例说明强制输入信号的好处，也就是说通过强制输入信号有助于对机床的故障进行判断。例如现在有如下两个报警，分别为气源压力低、润滑液位低导致主轴无法旋转，我们通过强制润滑液位低信号为 1 或者为 0 后，再执行主轴旋转的 M 代码，发现主轴依然不能旋转，表明润滑液位低并不是造成主轴无法旋转的原因；当我们强制气源压力低的信号为 1 或者为 0 后，再执行主轴旋转的 M 代码，发现主轴可以旋转了，说明气源压力低是造成主轴无法旋转的真正原因。

我们再通过简单的举例说明强制输入信号的坏处，也就是一个不熟悉机床动作控制的人，强制输入信号后是如何损坏机床的。某些机床主轴旋转的必要条件就是主轴必须夹紧，如果主轴机械结构没有夹紧就旋转主轴的话，就会造成对主轴的严重损坏。出于对主轴的保护，使用了主轴夹紧到位的接近开关，当主轴在机械控制上已经完成了夹紧的动作，对应的主轴夹紧到位信号为 1 后，且能保持 0.5s 或者 1s 以上，才能将系统变量 G28.5（主轴夹紧到位）置为 1。当前出现主轴由于没有夹紧到位而不能旋转的报警时，为了能让主轴旋转，就将主轴夹紧到位信号强制为 1，PLC 认为主轴旋转的条件满足了，NC 旋转主轴时，但由于实际的机械结构并没有满足旋转的条件，最终造成主轴的损坏。

又由于输出信号通常是根据输入状态进行判断的，因此强制输入信号的话，更有可能造成机械控制动作的连锁反应，因此某些数控系统是不允许强制输入信号的。

10.23.2　强制输出信号的利与弊

强制输出信号的利与弊与强制输入信号的利与弊类似，对于熟悉机床动作控制的人来说，使用起来是非常的便利，对于不熟悉机床动作控制的人来说，贸然强制输出信号，同样会造成机床的损坏甚至造成人员的伤亡。

我们通过强制输出信号便于判定机械动作不能执行的原因。与输入信号的判定不同之处在于，输入信号的最终来源是来自稳压电源发出的 DC24V，通过万用表蜂鸣器的功能就能判断到底是接线问题还是接近开关故障的问题，见图 10-54。

而输出信号的判断方法与输入信号不同，其受到多个输入信号及系统状态的限制，因此无法通过万用表等外界手段获取输出信号不为 1 或者不为 0 的原因。

例如测试夹具的夹紧功能时，不论是 M 代码控制还是按钮控制，其夹紧信号始终为 0，我们一时找不到是哪些条件限制了该输出信号为 1，在找到原因之前为了不耽误测试进度，我们通过强制夹具夹紧输出信号为 1 的方式，进行临时性、强制性的动作测试。

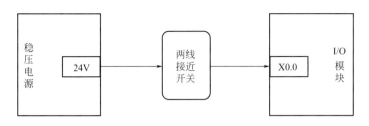

图 10-54　输入信号的接线

如果我们对机械控制不熟悉的话，如果强制输出信号为 1，就相当于绕过了输入信号及系统状态的保护使能。例如自动门打开的输出信号是受到系统加工状态的限制，也就是说加工零件过程中，即便我们按了自动门开，自动门依然不会打开。如果我们出于各种目的强制自动门打开的信号为 1，那么可能会有炽热的废屑、没有被夹紧的零件及夹具飞出来，造成人员伤亡。

10.23.3　如何强制输入/输出信号

任何事物都有其两面性，只有具备了丰富的技术经验，合理利用信号强制功能，对于快速、准确地找出故障还是非常有帮助的。

由于信号强制功能有一定的危险性，像发那科等数控系统出于操作安全的考虑，会将这个功能"隐藏"起来，而且对此功能的介绍又少之又少，故而在日常的工作中并不常见。如果说有人能找到并开启这个信号强制的功能，那么就认为这个人是有一定的技术经验，是可以放心使用的。

我们依次按【SYSTEM】、【PMC】软键，进入到图 10-55 的画面。

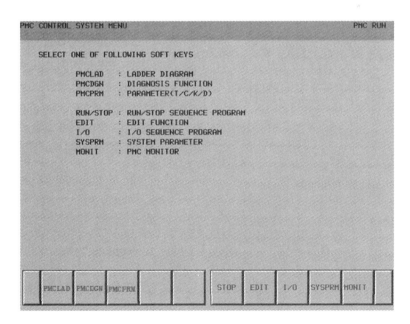

图 10-55　PMC 页面

我们进入 PMC 页面后，选择左下角的【PMCPRM】软键。进入到 PMC 参数页面，见图 10-56。

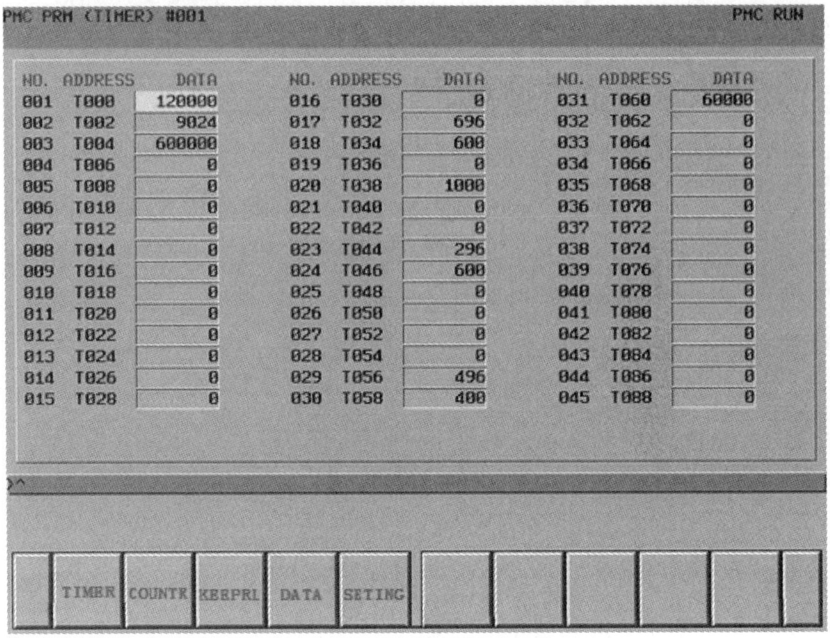

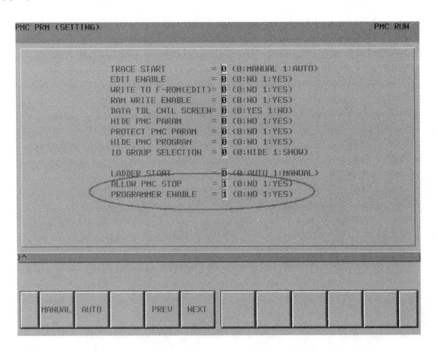

图 10-56　PMC 参数页面

选择软键【SETING】，进入到 PLC 参数设定页面，将图 10-57 中椭圆标注的两项都设定为 1。

图 10-57　PLC 参数设定

重新进入【PMC】页面，如图 10-58 所示。

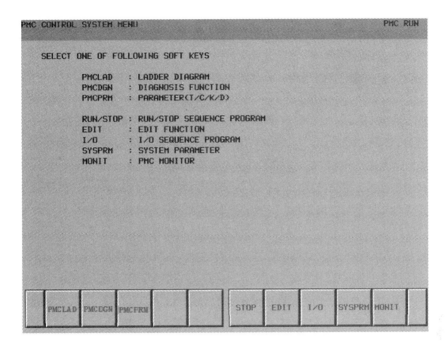

图 10-58　PMC 页面

按软键【PMCDGN】，进入 PLC 诊断页面，如图 10-59 所示。

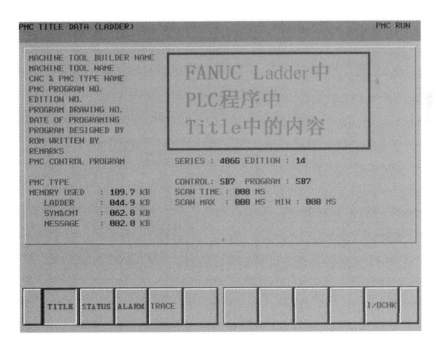

图 10-59　PLC 诊断页面

选择【STATUS】软键，进入到 PLC 信号状态查看页面，这时我们输入信号地址
Y2.6，并点击软键【SEARCH】，进行变量 Y2.6 的搜索，见图 10-60。

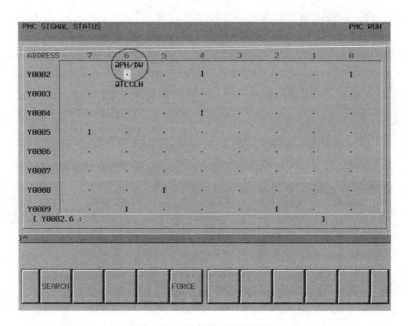

图 10-60　搜索输出信号 Y2.6

看到 Y2.6 的值为 0（.），相应的 Y2.4，Y2.0 的值为 1（I）。这时我们选择屏幕下方的软键【FORCE】，如图 10-61 所示。

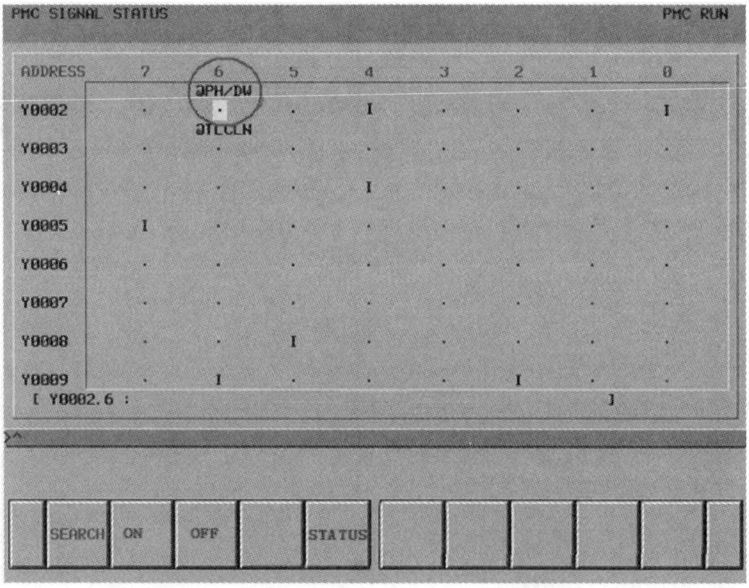

图 10-61　PLC 信号 FORCE，强制页面

我们选择软键【ON】，这时 Y2.6 的状态由"."变成"I"，即 Y2.6 的值由 0 变成了 1，见图 10-62。

当 Y2.6 为 1 后，相应的继电器即被接通，完成对应的控制动作。

因此，在实际机械设备不能动作时，但又不好判断是由输出信号还是机械设备本身引起的时候，运用此功能可达到事半功倍的效果！

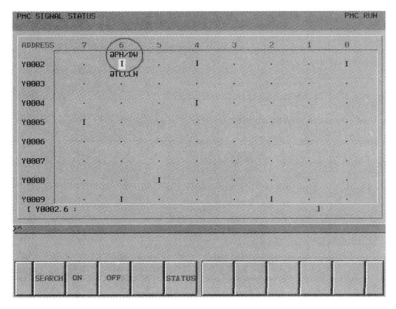

图 10-62　输出信号 Y2.6 被强制为 1

IP等级

　　IP 是 Ingress Protection 的缩写，IP 等级是针对电气设备外壳对异物侵入的防护等级，来源是国际电工委员会的标准 IEC 60529，IP 防护等级是电气设备安全防护的重要指标。

　　IP 等级的格式为 IP××，其中×× 为两个阿拉伯数字，第一个标记数字表示接触保护和灰尘等外来物的保护等级（见表 10-4），数字越大，防护等级越高，最大值也是最高级别是 6；第二个标记数字表示防水保护等级（见表 10-5），数字越大，防护等级越高，最大值也是最高级别是 8。

表 10-4　防尘等级查询表

IP××	防护范围	说明
0	无防护	对外界的人或物无特殊的防护
1	防止直径大于 50mm 的固体外物侵入	防止人体(如手掌)因意外而接触到电器内部的零件，防止较大尺寸(直径大于 50mm)的外物侵入
2	防止直径大于 12.5mm 的固体外物侵入	防止人的手指接触到电器内部的零件 防止中等尺寸(直径大于 12.5mm)的外物侵入
3	防止直径大于 2.5mm 的固体外物侵入	防止直径或厚度大于 2.5mm 的工具、电线及类似的小型外物侵入而接触到电器内部的零件
4	防止直径大于 1.0mm 的固体外物侵入	防止直径或厚度大于 1.0mm 的工具、电线及类似的小型外物侵入而接触到电器内部的零件

IP××	防护范围	说明
5	防止外物及灰尘	完全防止外物侵入,虽不能完全防止灰尘侵入,但灰尘的侵入量不会影响电器的正常运作
6	防止外物及灰尘	完全防止外物侵入

表 10-5　防水等级查询表

IP××	防护范围	说明
0	无防护	对水或湿气无特殊的防护
1	防止水滴浸入	垂直落下的水滴(如凝结水)不会对电器造成损坏
2	倾斜 15°时,仍可防止水滴浸入	当电器由垂直倾斜至 15°时,滴水不会对电器造成损坏
3	防止喷洒的水浸入	防雨或防止与垂直的夹角小于 60°的方向所喷洒的水侵入电器而造成损坏
4	防止飞溅的水浸入	防止各个方向飞溅而来的水侵入电器而造成损坏
5	防止喷射的水浸入	防持续至少 3min 的低压喷水
6	防止大浪浸入	防持续至少 3min 的大量喷水
7	防止浸水时水的浸入	在深达 1m 的水中防 30min 的浸泡影响
8	防止沉没时水的浸入	在深度超过 1m 的水中防持续浸泡影响。准确的条件由制造商针对各设备指定

10.25

模式选择（全）(表10-6)

表 10-6　模式选择

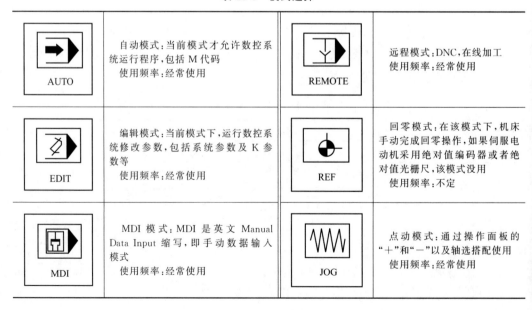

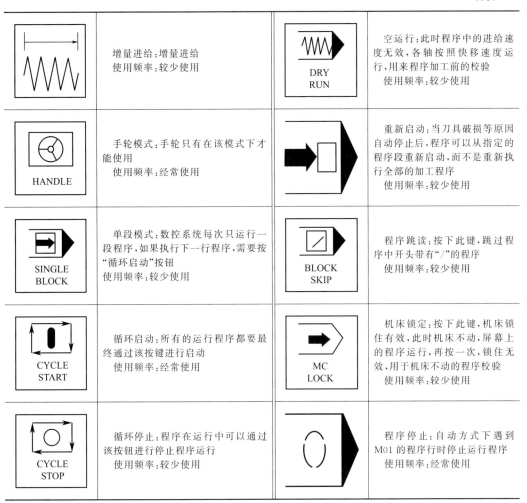

图标	说明	图标	说明
	增量进给:增量进给 使用频率:较少使用	DRY RUN	空运行:此时程序中的进给速度无效,各轴按照快移速度运行,用来程序加工前的校验 使用频率:较少使用
HANDLE	手轮模式:手轮只有在该模式下才能使用 使用频率:经常使用		重新启动:当刀具破损等原因自动停止后,程序可以从指定的程序段重新启动,而不是重新执行全部的加工程序 使用频率:较少使用
SINGLE BLOCK	单段模式:数控系统每次只运行一段程序,如果执行下一行程序,需要按"循环启动"按钮 使用频率:较少使用	BLOCK SKIP	程序跳读:按下此键,跳过程序中开头带有"/"的程序 使用频率:较少使用
CYCLE START	循环启动:所有的运行程序都要最终通过该按键进行启动 使用频率:经常使用	MC LOCK	机床锁定:按下此键,机床锁住有效,此时机床不动,屏幕上的程序运行,再按一次,锁住无效,用于机床不动的程序校验 使用频率:较少使用
CYCLE STOP	循环停止:程序在运行中可以通过该按钮进行停止程序运行 使用频率:较少使用		程序停止:自动方式下遇到M01的程序行时停止运行程序 使用频率:经常使用

10.26

F信号与G信号列表

10.26.1 特殊的 F 与 G 信号

特殊的 F 信号与 G 信号,指的是用户在 PLC 中自定义的 F 信号与 G 信号,只有固定的地址范围,但没有固定的含义,主要用来实现宏程序与 CNC 进行互相控制。F 信号的地址范围是 F54.0～F55.7,共计 16 个位信号,对应的宏程序中的宏变量 # 1100～ # 1115,G 信号的地址范围是 G54.0～G55.7,共计 16 个位信号,对应的宏程序中的宏变量 # 1000～ # 1015,详见表 10-7。

表 10-7 特殊的 F 与 G 信号

自定义 F 信号	F54.0	F54.1	F54.2	F54.3	F54.4	F54.5	F54.6	F54.7
	#1100	#1101	#1102	#1103	#1104	#1105	#1106	#1107
用户宏 变量	F55.0	F55.1	F55.2	F55.3	F55.4	F55.5	F55.6	F55.7
	#1108	#1109	#1110	#1111	#1112	#1113	#1114	#1115
自定义 G 信号	G54.0	G54.1	G54.2	G54.3	G54.4	G54.5	G54.6	G54.7
	#1000	#1001	#1002	#1003	#1004	#1005	#1006	#1007
用户宏 变量	G55.0	G55.1	G55.2	G55.3	G55.4	G55.5	G55.6	G55.7
	#1008	#1009	#1010	#1011	#1012	#1013	#1014	#1015

M 代码在调用宏程序完成复杂的机械控制与机床运行控制时，例如雷尼绍的刀具检测程序、换刀程序、换台程序，经常会看到#11××＝1或者 If ［#10××EQ1］，其中 0≤××≤15。

F54.0～F55.7，表示的是 PLC 接收来自宏程序的运行状态，实现下一步控制机械运行的动作；G54.0～G55.7，表示的是 PLC 完成机械动作后发送给宏程序继续运行的条件，因此在宏程序中对应的#11××只能用来赋值，而#10××只能用来进行逻辑判断。

当宏程序中运行#11××＝1时，与运行 M3S1000 一样，运行后 PLC 中相应的 F 信号赋值为 1，对应关系见表 10-7。例如执行#1102＝1，对应 PLC 中的 F54.2 被置为 1；又如执行#1112＝1，表示的是将 PLC 中的 F55.4 置为 1。

通过宏程序对宏变量的赋值，实现宏程序对 PLC 中的 F 信号的赋值，进而实现完成对机械动作的控制，见图 10-63。

图 10-63 PLC 中的自定义 F 信号

宏程序中运行"If ［#1011EQ1］"时，表示当前的宏程序运行到此行时，不能在继续运行，需要等到某机械动作完成后，对应的到位信号将 PLC 中 G55.3 赋值为 1 后，方可继续运行，见图 10-64。

图 10-64 PLC 中的自定义 G 信号

由于特殊 F 信号与 G 信号及用户宏变量定义的随意性比较强，因此没有参考性，如果想要了解其具体含义，需要结合实际控制的过程与步骤或者通过查询调试手册才可以实现。

10.26.2　标准的 F 与 G 信号

T 系列表示的是车床系列数控系统版本，M 系列表示的是铣床系列数控系统版本，○表示该信号在相应的版本中可用，—表示该信号在相应的版本中不可用。

地址中，这里用 # 号代替小数点，表示字节与位的关系，例如：X4 # 0 对应的变量是 X0.4，F1 # 7 对应的变量是 F1.7，G3 # 5 对应的变量是 G3.5。

由于 F 与 G 信号众多，表 10-8 仅做查询用途，而不需要全部记忆。我们只需要知道，数控系统的任何状态都有对应的 F 信号进行获取，通过 PLC 实现对 NC 的任何请求都要通过对相应 G 信号的赋值来完成。在日常的工作中，我们仅仅需要记住常用的信号即可。

表 10-8　标准 F 与 G 信号查询表

地址 (Address)	信号名称	符号 (Symbol)	车床系列	铣床系列
X4 # 0	测量位置到达信号	XAE	○	○
X4 # 1		YAE	—	○
X4 # 1		ZAE	○	—
X4 # 2		ZAE	—	○
X4 # 2,X4 # 4	各轴手动进给互锁信号	+MIT1,+MIT2	○	
X4 # 2,X4 # 4	刀具偏移量写入信号	+MIT1,+MIT2	○	
X4 # 2~# 6、 X4 # 0,X4 # 1	跳转信号	SKIP2~SKIP6,SKIP7,SKIP8	○	○
X4 # 3,X4 # 5	各轴手动进给互锁信号	−MIT1,−MIT2	○	
X4 # 3,X4 # 5	刀具偏移量写入信号	−MIT1,−MIT2	○	
X4 # 6	跳转信号（PMC 轴控制）	ESKIP	○	○
X4 # 7	跳转信号	SKIP	○	○
X4 # 7	转矩过载信号	SKIP	—	○
X8 # 4	急停信号	*ESP	○	○
X9 # 0~# 3	参考点返回减速信号	*DEC1~*DEC4	○	○
G0~G1	外部数据输入的数据信号	ED0~ED15	○	○
G2 # 0~# 6	外部数据输入的地址信号	EA0~EA6	○	○
G2 # 7	外部数据输入的读取信号	ESTB	○	○
G4 # 3	结束信号	FIN	○	○
G4 # 4	第 2M 功能结束信号	MFIN2	○	○
G4 # 5	第 3M 功能结束信号	MFIN3	○	○
G5 # 0	辅助功能结束信号	MFIN	○	○
G5 # 1	外部运行功能结束信号	EFIN	—	○
G5 # 2	主轴功能结束信号	SFIN	○	○
G5 # 3	刀具功能结束信号	TFIN	○	○

附录篇

地址 （Address）	信号名称	符号 （Symbol）	车床 系列	铣床 系列
G5 ＃4	第2辅助功能结束信号	BFIN	○	—
G5 ＃6	辅助功能锁住信号	AFL	○	○
G5 ＃7	第2辅助功能结束信号	BFIN	—	○
G6 ＃0	程序再启动信号	SRN	○	○
G6 ＃2	手动绝对值信号	＊ABSM	○	○
G6 ＃4	倍率取消信号	OVC	○	○
G6 ＃6	跳转信号	SKIPP	○	
G7 ＃1	启动锁住信号	STLK	○	
G7 ＃2	循环启动信号	ST	○	○
G7 ＃4	行程检测3解除信号	RLSOT3	○	
G7 ＃5	跟踪信号	＊FLWU	○	○
G7 ＃6	存储行程极限选择信号	EXLM	○	○
G7 ＃7	行程到限解除信号	RLSOT	—	○
G8 ＃0	互锁信号	＊IT	○	○
G8 ＃1	切削程序段开始互锁信号	＊CSL	○	○
G8 ＃3	程序段开始互锁信号	＊BSL	○	○
G8 ＃4	急停信号	＊ESP	○	○
G8 ＃5	进给暂停信号	＊SP	○	○
G8 ＃6	复位和倒回信号	RRW	○	○
G8 ＃7	外部复位信号	ERS	○	○
G9 ＃0～＃4	工件号检索信号	PN1,PN2,PN4,PN8,PN16	○	○
G10,G11	手动移动速度倍率信号	＊JV0～＊JV15	○	○
G12	进给速度倍率信号	＊FV0～＊FV7	○	○
G14 ＃0,G14 ＃1	快速进给速度倍率信号	ROV1,ROV2	○	○
G16 ＃7	F1位进给选择信号	F1D	—	○
G18 ＃0～＃3		HS1A～HS1D	○	○
G18 ＃4～＃7	手动进给轴选择信号	HS2A～HS2D	○	○
G19 ＃0～＃3		HS3A～HS3D	○	○
G19 ＃4,G19 ＃5	手轮进给量选择信号（增量进给信号）	MP1,MP2	○	○
G19 ＃7	手动快速进给选择信号	RT	○	○
G23 ＃5	在位检测无效信号	NOINPS	○	○
G24 ＃0～G25 ＃5	扩展工件号检索信号	EPNO～EPN13	○	○
G25 ＃7	扩展工件号检索开始信号	EPNS	○	○
G27 ＃0		SWS1	○	○
G27 ＃1	主轴选择信号	SWS2	○	○
G27 ＃2		SWS3	○	○
G27 ＃3		＊SSTP1	○	○
G27 ＃4	各主轴停止信号	＊SSTP2	○	○
G27 ＃5		＊SSTP3	○	○

地址 （Address）	信号名称	符号 （Symbol）	车床 系列	铣床 系列
G27＃7	CS轮廓控制切换信号	CON	○	○
G28＃1,G4＃2	齿轮选择信号（输入）	GR1,GR2	○	—
G28＃4	主轴松开完成信号	＊SUCPF	○	—
G28＃5	主轴夹紧完成信号	＊SCPF	○	—
G28＃6	主轴停止完成信号	SPSTP	○	—
G28＃7	第2位置编码器选择信号	PC2SLC	○	○
G29＃0	齿轮挡选择信号（输入）	GR21	○	○
G29＃4	主轴速度到达信号	SAR	○	○
G29＃5	主轴定向信号	SOR	○	○
G29＃6	主轴停信号	＊SSTP	○	○
G30	主轴速度倍率信号	SOV0～SOV7	○	○
G32＃0～G33＃3	主轴电动机速度指令信号	R01I～R12I	○	○
G33＃5	主轴电动机指令输出极性选择信号	SGN	○	○
G33＃6		SSIN	○	○
G33＃7	PMC控制主轴速度输出控制信号	SIND	○	○
G34＃～G35＃3	主轴电动机速度指令信号	R01I2～R12I2	○	○
G35＃5	主轴电动机指令输出极性选择信号	SGN2	○	○
G35＃6	主轴电动机指令输出极性选择信号	SSIN2	○	○
G35＃7	PMC控制主轴速度输出控制信号	SIND2	○	○
G36＃0～G37＃3	主轴电动机速度指令信号	RO1I3～R12I3	○	○
G37＃5	主轴电动机指令极性选择信号	SGN3	○	○
G37＃6	主轴电动机指令极性选择信号	SSIN3	○	○
G37＃7	主轴电动机速度选择信号	SIND3	○	○
G38＃2	主轴同步控制信号	SPSYC	○	○
G38＃3	主轴相位同步控制信号	SPPHS	○	○
G38＃6	B-轴松开完成信号	＊BECUP	—	○
G38＃7	B-轴夹紧完成信号	＊BECLP	—	○
G39＃0～＃5	刀具偏移号选择信号	OFN0～OFN5	○	○
G39＃6	工件坐标系偏移值写入方式选择信号	WOQSM	○	
G39＃7	刀具偏移量写入方式选择信号	GOQSM	○	
G40＃5	主轴测量选择信号	S2TLS	○	
G40＃6	位置记录信号	PRC	○	○
G40＃7	工件坐标系偏移量写入信号	WOSET	○	
G41＃0～＃3		HS1IA～HS1ID	○	○
G41＃4～＃7	手轮中断轴选择信号	HS2IA～HS2ID	○	○
G42＃0～＃3		HS3IA～HS3ID	—	○
G42＃7	直接运行选择信号	DMMC	○	○
G43＃0～＃2	方式选择信号	MD1,MD,MD4	○	○

地址 （Address）	信号名称	符号 （Symbol）	车床 系列	铣床 系列
G43＃5	DNC 运行选择信号	DNCI	○	○
G43＃7	手动返回参考点选择信号	ZRN	○	○
G44＃0，G45	跳过任选程序段信号	BDT1，BDT2～BDT9	○	○
G44＃1	所有轴机床锁住信号	MLK	○	○
G46＃1	单程序段信号	SBK	○	○
G46＃3～＃6	储存器保护信号	KEY1～KEY4	○	○
G46＃7	空运行信号	DRN	○	○
G47＃0～＃6	刀具组号选择信号	TL01～TL64	○	
G47＃0～G48＃0		TL01～TL256	—	○
G48＃5	刀具跳过信号	TLSKP	○	○
G48＃6	每把刀具的更换复位信号	TLRSTI	—	○
G48＃7	刀具更换复位信号	TLRST	○	○
G19＃0～G50＃1	刀具寿命计数倍率信号	＊TLV0～＊TLV9	—	○
G53＃0	通用累计计数器启动信号	TMRON	○	○
G53＃3	用户宏程序中断信号	UINT	○	○
G53＃6	误差检测信号	SMZ	○	—
G53＃7	倒角信号	CDZ	○	
G54～G55	用户宏程序输入信号	UI000～UI015	○	○
G58＃0	程序输入外部启动信号	MINP	○	○
G58＃1	外部读开始信号	EXRD	○	○
G58＃2	外部阅读/传出停止信号	EXSTP	○	○
G58＃3	外部传出启动信号	EXWT	○	○
G60＃7	尾架屏蔽选择信号	＊TSB	○	
G61＃0	刚性攻螺纹信号	RGTAP	○	○
G61＃4、G61＃5	刚性攻螺纹主轴选择信号	RGTSP1，RGTSP2	○	—
G62＃1	CRT 显示自动清屏取消信号	＊CRTOF	○	○
G62＃6	刚性攻螺纹回退启动信号	RTNT	—	○
G63＃5	垂直/角度轴控制无效信号	NOZAGC	○	○
G66＃0	所有轴 VRDY OFF 报警忽略信号	IGNVRY	○	○
G66＃1	外部键入方式选择信号	ENBKY	○	○
G66＃4	回退信号	RTRCT	○	○
G66＃7	键代码读取信号	EKSET	○	○
G67＃6	硬拷贝停止信号	HCABT	○	○
G67＃7	硬拷贝请求信号	HCREQ	○	○
G70＃0	转矩限制 LOW 指令信号（串行主轴）	TLMLA	○	○
G70＃1	转矩限制 HIGH 指令信号（串行主轴）	TLMHA	○	○
G70＃2、G70＃3	离合器/齿轮信号（串行主轴）	CTH1A、CTH2A	○	○

地址 （Address）	信号名称	符号 （Symbol）	车床 系列	铣床 系列
G70＃4	主轴反转指令信号	SRVA	○	○
G70＃5	主轴正转指令信号	SFRA	○	○
G70＃6	主轴定向指令信号	ORCMA	○	○
G70＃7	机床准备就绪信号（串行主轴）	MRDYA	○	○
G71＃0	报警复位信号（串行主轴）	ARSTA	○	○
G71＃1	急停信号（串行主轴）	＊ESPA	○	○
G71＃2	主轴选择信号（串行主轴）	SPSLA	○	○
G71＃3	动力线切换结束信号（串行主轴）	MCFNA	○	○
G71＃4	软启动停止取消信号（串行主轴）	SOCAN	○	○
G71＃5	速度积分控制信号	INTGA	○	○
G71＃6	输出切换请求信号	RSLA	○	○
G71＃7	动力线状态检测信号	RCHA	○	○
G72＃0	准停位置变换信号	INDXA	○	○
GO72＃1	变换准停位置时旋转方向指令信号	ROTAA	○	○
G72＃2	变换准停位置时最短距离移动指令 信号	NRROA	○	○
G72＃3	微分方式指令信号	DEFMDA	○	○
G72＃4	模拟倍率指令信号	OVRA	○	○
G72＃5	增量指令外部设定型定向信号	INCMDA	○	○
G72＃6	变换主轴信号时主轴 MCC 状态信号	MFNHGA	○	○
G72＃7	用磁传感器时高输出 MCC 状态信号	RCHHGA	○	○
G73＃0	用磁传感器的主轴定向指令	MORCMA	○	○
G73＃1	从动运行指令信号	SLVA	○	○
G73＃2	电动机动力关断信号	MPOFA	○	○
G73＃4	断线检测无效信号	DSCNA	○	○
G74＃0	转矩限制 LOW 指令信号	TLMLB	○	○
G74＃1	转矩限制 HIGH 指令信号	TLMHB	○	○
G74＃2、G74＃3	离合器/齿轮档信号	CTH1B,CTH2B	○	○
G74＃4	CCW 指令信号	SRVB	○	○
G74＃5	CW 指令信号	SFRB	○	○
G74＃6	定向指令信号	ORCMB	○	○
G74＃7	机床准备就绪信号	MRDYB	○	○
G75＃0	报警复位信号	ARSTB	○	○
G75＃1	急停信号	＊ESPB	○	○
G75＃2	主轴选择信号	SPSLB	○	○
G75＃3	动力线切换完成信号	MCFNB	○	○
G75＃4	软启动停止取消信号	SOCNB	○	○
G75＃5	速度积分控制信号	INTGB	○	○

第⑩章　本书相关理论

地址 （Address）	信号名称	符号 （Symbol）	车床 系列	铣床 系列
G75＃6	输出切换请求信号	RSLB	○	○
G75＃7	动力线状态检测信号	PCHB	○	○
G76＃0	准停位置变换信号	INDXB	○	○
G76＃1	变换准停位置时旋转方向指令信号	ROTAB	○	○
G76＃2	变换准停位置时最短距离移动指令信号	NRROB	○	○
G76＃3	微分方式指令信号	DEFMDB	○	○
G76＃4	模拟倍率指令信号	OVRB	○	○
G76＃5	增量指令外部设定型定向信号	INCMDB	○	○
G76＃6	变换主轴信号时主主轴 MCC 状态信号	MFNHGB	○	○
G76＃7	用磁传感器是 Hing 输出 MCC 状态信号	RCHHGB	○	○
G77＃0	用磁传感器的主轴定向指令	MORCMB	○	○
G77＃1	从动运行指令信号	SLVB	○	○
G77＃2	电动机动力关断信号	MPOFB	○	○
G77＃4	断线检测无效信号	DSCNB	○	○
G78＃0～G79＃3	主轴定向外部停止的位置指令信号	SHA00～SHA11	○	○
G80＃0～G81＃3		SHB00～SGB11	○	○
G91＃0～＃3	组号指定信号	SRLNI0～SRLNI3	○	○
G92＃0	I/O Link 确认信号	LOLACK	○	○
G92＃1	I/O Link 指定信号	LOLS	○	○
G92＃2	Poewer Mate 读/写进行中信号	BGIOS	○	○
G92＃3	Poewer Mate 读/写报警信号	BGIALM	○	○
G92＃4	Poewer Mate 后台忙信号	BGEM	○	○
G96＃0～＃6	1％快速进给倍率信号	＊HROV0～＊HROV6	○	○
G96＃7	1％快速进给倍率选择信号	HROV	○	○
G98	键代码信号	EKC0～EKC7	○	○
G100	进给轴和方向选择信号	＋J1～＋J4	○	○
G101＃0～＃3	外部减速信号 2	＊＋ED21～＊＋ED24	○	○
G102	进给轴和方向选择信号	－J1～J4	○	○
G103＃0～＃3	外部减速信号 2	＊－ED21～＊－ED24	○	○
G104	坐标轴方向存储器行程限位开关信号	＋EXL1～＋EXL4	○	○
G105		－EXL1～－EXL4	○	○
G106	镜像信号	MI1～MI4	○	○
G107＃0～＃3	外部减速信号 3	＊＋ED31～＊＋E34	○	○
G108	各轴机床锁住信号	MLK1～MLK4	○	○
G109＃0～＃3	外部减速信号 3	＊－ED31～＊－ED34	○	○
G110	行程极限外部设定信号	＋LM1～＋LM4	—	○
G112		－LM1～－LM4	—	○

地址 （Address）	信号名称	符号 （Symbol）	车床 系列	铣床 系列
G114	超程信号	* ＋L1～* ＋L4	○	○
G116		* －L1～* －L4	○	○
G118	外部减速信号 1	* ＋ED1～* ＋ED4	○	○
G120	外部减速信号 2	* －ED1～* －ED4	○	○
G124 ＃0～＃3	控制轴脱开信号	DTCH1～DTCH4	○	○
G125	异常负载检测忽略信号	IUDD1～IUDD4	○	○
G126	伺服关闭信号	SVF1～SVF4	○	○
G127 ＃0～＃3	CS 轮廓控制方式精细加/减速功能无效信号	CDF1～CDF4	○	○
G130 ＃0～＃3	各轴互锁信号	* IT1～* IT4	○	○
G132 ＃0～＃3	各轴和方向互锁信号	＋MIT1～＋MIT4	－	○
G134 ＃0～＃3	各轴和方向互锁信号	－MIT1～－MIT4	－	○
G136 ＃0～＃3	控制轴选择信号（PMC 轴控制）	EAX1～EAX4	○	○
G138 ＃0～＃3	简单同步轴选择信号	SYNC1～SYNC4	○	○
G140	简单同步手动进给轴选择信号	EFINA	－	○
G142 ＃0	辅助功能结束信号（PMC 轴控制）	EFINA	○	○
G142 ＃1	累积零位检测信号	ELCKZA	○	○
G142 ＃2	缓冲禁止信号	EMBUFA	○	○
G142 ＃3	程序段停信号（PMC 轴控制）	ESBKA	○	○
G142 ＃4	伺服关断信号（PMC 轴控制）	ESOFA	○	○
G142 ＃5	轴控制指令读取信号（PMC 轴控制）	ESTPA	○	○
G142 ＃6	复位信号（PMC 轴控制）	ECLRA	○	○
G142 ＃7	轴控制指令读取信号（PMC 轴控制）	EBUFA	○	○
G143 ＃0～＃6	轴控制指令信号（PMC 轴控制）	EC0A～EC6A	○	○
G143 ＃7	程序段停禁止信号（PMC 轴控制）	EMSBKA	○	○
G144.G145	轴控制进给速度信号（PMC 轴控制）	EIFA～EIF15A	○	○
G146～G149	轴控制数据信号（PMC 轴控制）	EID0A～EID31A	○	○
G150 ＃0,G150 ＃1	快速进给倍率信号（PMC 轴控制）	ROV1E,ROV2E	○	○
G150 ＃5	倍率取消信号（PMC 轴控制）	OVCE	○	○
G150 ＃6	手动快速选择信号（PMC 轴控制）	RTE	○	○
G150 ＃7	空运行信号（PMC 轴控制）	DRNE	○	○
G151	进给速度倍率信号（PMC 轴控制）	* FV0E～* FV7E	○	○
G154 ＃0	辅助功能结束信号（PMC 轴控制）	EFINB	○	○
G154 ＃1	累积零检测信号（PMC 轴控制）	ELCKZB	○	○
G154 ＃2	缓冲禁止信号	EMBUFB	○	○
G154 ＃3	程序段停信号（PMC 轴控制）	ESBKB	○	○
G154 ＃4	伺服关闭信号（PMC 轴控制）	ESOFB	○	○
G154 ＃5	轴控制暂停信号（PMC 轴控制）	ESTPB	○	○

第**10**章 本书相关理论

地址 （Address）	信号名称	符号 （Symbol）	车床 系列	铣床 系列
G154 # 6	复位信号（PMC 轴控制）	ECLRB	○	○
G154 # 7	轴控制指令读取信号（PMC 轴控制）	EBUFB	○	○
G155 # 0～# 6	轴控制指令信号（PMC 轴控制）	EC0B～EC6B	○	○
G155 # 7	程序段停信号（PMC 轴控制）	EMSBKB	○	○
G156～G157	轴控制进给速度信号（PMC 轴控制）	EIFB～EIF15B	○	○
G158～G161	轴控制数据信号（PMC 轴控制）	EID0B～EID31B	○	○
G166 # 0	辅助功能结束信号（PMC 轴控制）	EFINC	○	○
G166 # 1	累积零位检测信号	ELCKZC	○	○
G166 # 2	缓冲禁止信号	EMBUFC	○	○
G166 # 3	程序段停信号（PMC 轴控制）	ESBKC	○	○
G166 # 4	伺服关断信号（PMC 轴控制）	ESOFC	○	○
G166 # 5	轴控制指令读取信号（PMC 轴控制）	ESTPC	○	○
G166 # 6	复位信号（PMC 轴控制）	ECLRC	○	○
G166 # 7	轴控制指令读取信号（PMC 轴控制）	EBUFC	○	○
G167 # 0～# 6	轴控制指令信号（PMC 轴控制）	EC0C～EC6C	○	○
G167 # 7	程序段停禁止信号（PMC 轴控制）	EMSBKC	○	○
G168～G169	轴控制进给速度信号（PMC 轴控制）	EIFC～EIF15C	○	○
G170～G173	轴控制数据信号（PMC 轴控制）	EID0C～EID31C	○	○
G178 # 0	辅助功能结束信号（PMC 轴控制）	EFIND	○	○
G178 # 1	累积零位检测信号	ELCKZD	○	○
G178 # 2	缓冲禁止信号	EMBUFD	○	○
G178 # 3	程序段停信号（PMC 轴控制）	ESBKD	○	○
G178 # 4	伺服关断信号（PMC 轴控制）	ESOFD	○	○
G178 # 5	轴控制指令读取信号（PMC 轴控制）	ESTPD	○	○
G178 # 6	复位信号（PMC 轴控制）	ECLRD	○	○
G178 # 7	轴控制指令读取信号（PMC 轴控制）	EBUFD	○	○
G179 # 0～# 6	轴控制指令信号（PMC 轴控制）	EC0D～EC6D	○	○
G179 # 7	程序段停禁止信号（PMC 轴控制）	EMSBKD	○	○
G180～G181	轴控制进给速度信号（PMC 轴控制）	EIFD～EIF15D	○	○
G182～G185	轴控制数据信号（PMC 轴控制）	EID0D～EID31D	○	○
G192 # 0～# 3	各轴 VRDY OFF 报警忽略信号	IGVRY1～IGVRY4	○	○
G198 # 0～# 3	位置显示忽略信号	NPOS1～NPOS4	○	○
G199 # 0	手摇脉冲发生器选择信号	IOBH2	○	○
G199 # 1	手摇脉冲发生器选择信号	IOBH3	○	○
G200 # 0～# 3	轴控制高级指令信号	EASIP1～EASIP4	○	○
G274 # 4	CS 轴坐标系建立请求信号	CSFI1	○	○
G349 # 0～# 3	伺服转速检测有效信号	SVSCK1～SVSCK4	○	○
G359 # 0～# 3	各轴在位检测无效信号	NOINP1～NOINP4	○	○

地址 （Address）	信号名称	符号 （Symbol）	车床 系列	铣床 系列
F0＃0	倒带信号	RWD	○	○
F0＃4	进给暂停报警信号	SPL	○	○
F0＃5	循环启动报警信号	STL	○	○
F0＃6	伺服准备就绪信号	SA	○	○
F0＃7	自动运行信号	OP	○	○
F1＃0	报警信号	AL	○	○
F1＃1	复位信号	RST	○	○
F1＃2	电池报警信号	BAL	○	○
F1＃3	分配结束信号	DEN	○	○
F1＃4	主轴使能信号	ENB	○	○
F1＃5	攻螺纹信号	TAP	○	○
F1＃7	CNC 信号	MA	○	○
F2＃0	英制输入信号	INCH	○	○
F2＃1	快速进给信号	RPDO	○	○
F2＃2	恒表面切削速度信号	CSS	○	○
F2＃3	螺纹切削信号	THRD	○	○
F2＃4	程序启动信号	SRNMV	○	○
F2＃6	切削进给信号	CUT	○	○
F2＃7	空运行检测信号	MDPN	○	○
F3＃0	增量进给选择检测信号	MINC	○	○
F3＃1	手轮进给选择检测信号	MH	○	○
F3＃2	JOG 进给检测信号	MJ	○	○
F3＃3	手动数据输入选择检测信号	MMDI	○	○
F3＃4	DNC 运行选择确认信号	MRMT	○	○
F3＃5	自动运行选择检测信号	MMEM	○	○
F3＃6	储存器编辑选择检测信号	MEDT	○	○
F3＃7	示教选择检测信号	MTCHIN	○	○
F4＃0、F5	跳过任选程序段检测信号	MBDT1、MBDT2～MBDT9	○	○
F4＃1	所有轴机床锁住检测信号	MMLK	○	○
F4＃2	手动绝对值检测信号	MABSM	○	○
F4＃3	单程序段检测信号	MSBK	○	○
F4＃4	辅助功能锁住检测信号	MAFL	○	○
F4＃5	手动返回参考点检测信号	MREF	○	○
F7＃0	M 代码功能选通信号	MF	○	○
F7＃1	高速接口外部运行信号	EFD	—	○
F7＃2	主轴速度功能选通信号	SF	○	○
F7＃3	刀具功能选通信号	TF	○	○
F7＃4	第 2 辅助功能选通信号	BF	○	—
F7＃7			—	○

地址 （Address）	信号名称	符号 （Symbol）	车床 系列	铣床 系列
F8 # 0	外部运行信号	EF	—	○
F8 # 4	第 2M 功能选通信号	MF2	○	○
F8 # 5	第 3M 功能选通信号	MF3	○	○
F9 # 4	M 译码信号	DM30	○	○
F9 # 5		DM02	○	○
F9 # 6		DM01	○	○
F9 # 7		DM00	○	○
F10～F13	辅助功能代码信号	M00～M31	○	○
F14～F15	第 2M 功能代码信号	M200～M215	○	○
F16～F17	第 3M 功能代码信号	M300～M315	○	○
F22～F25	主轴速度代码信号	S00～S31	○	○
F26～F29	刀具功能代码信号	T00～T31	○	○
F30～F33	第 2 辅助功能代码信号	B00～B31	○	○
F34 # 0～# 2	齿轮选择信号（输出）	GRIO、GR2O、GR3O	—	○
F35 # 0	主轴功能检测报警信号	SPAL	○	○
F36 # 0～F37 # 3	12 位代码信号	RO10～R12O	○	○
F38 # 0	主轴夹紧信号	SCLP	○	—
F38 # 1	主轴松开信号	SUCLP	○	—
F38 # 2	主轴使能信号	ENB2	○	○
F38 # 3		ENB3	○	○
F40～F41	实际主轴速度信号	ARO～AR15	○	—
F44 # 1	CS 轮廓控制切换结束信号	FSCSL	○	○
F44 # 2	主轴同步速度控制结束信号	FSPSY	○	○
F44 # 3	主轴相位同步控制结束信号	FSPPH	○	○
F44 # 4	主轴同步控制报警信号	SYCAL	○	○
F45 # 0	报警信号（串行主轴）	ALMA	○	○
F45 # 1	零速度信号（串行主轴）	SSTA	○	○
F45 # 2	速度检测信号（串行主轴）	SDTA	○	○
F45 # 3	速度到达信号（串行主轴）	SARA	○	○
F45 # 4	负载检测信号 1（串行主轴）	LDT1A	○	○
F45 # 5	负载检测信号 2（串行主轴）	LDT2A	○	○
F45 # 6	转矩限制信号（串行主轴）	TLMA	○	○
F45 # 7	定向结束信号（串行主轴）	ORARA	○	○
F46 # 0	动力线切换信号（串行主轴）	CHPA	○	○
F46 # 1	主轴切换结束信号（串行主轴）	CFINA	○	○
F46 # 2	输出切换信号（串行主轴）	RCHPA	○	○
F46 # 3	输出切换结束信号（串行主轴）	RCFNA	○	○
F46 # 4	从动运动状态信号（串行主轴）	SLVSA	○	○

地址 (Address)	信号名称	符号 (Symbol)	车床 系列	铣床 系列
F46 # 5	用位置编码器的主轴定向接近信号（串行主轴）	PORA2A	○	○
F46 # 6	用磁传感器主轴定向结束信号（串行主轴）	MORA1A	○	○
F46 # 7	用磁传感器主轴定向接近信号（串行主轴）	MORA2A	○	○
F47 # 0	位置编码器一转信号检测的状态信号（串行主轴）	PC1DTA	○	○
F47 # 1	增量方式定向信号（串行主轴）	INCSTA	○	○
F47 # 4	电动机激磁关断状态信号（串行主轴）	EXOFA	○	○
F48 # 4	CS轴坐标系建立状态信号	CSPENA	○	○
F49 # 0	报警信号（串行主轴）	ALMB	○	○
F49 # 1	零速度信号（串行主轴）	SSTB	○	○
F49 # 2	速度检测信号（串行主轴）	SDTB	○	○
F49 # 3	速度到达信号（串行主轴）	SARB	○	○
F49 # 4	负载检测信号 1（串行主轴）	LDT1B	○	○
F49 # 5	负载检测信号 2（串行主轴）	LDT2B	○	○
F49 # 6	转矩限制信号（串行主轴）	TLMB	○	○
F49 # 7	定向结束信号（串行主轴）	ORARB	○	○
F50 # 0	动力线切换信号（串行主轴）	CHPB	○	○
F50 # 1	主轴切换结束信号（串行主轴）	CFINB	○	○
F50 # 2	输出切换信号（串行主轴）	RCHPB	○	○
F50 # 3	输出切换结束信号（串行主轴）	RCFNB	○	○
F50 # 4	从动运动状态信号（串行主轴）	SLVSB	○	○
F50 # 5	用位置编码器的主轴定向接近信号（串行主轴）	PORA2B	○	○
F50 # 6	用磁传感器主轴定向结束信号（串行主轴）	MORA1B	○	○
F50 # 7	用磁传感器主轴定向接近信号（串行主轴）	MORA2B	○	○
F51 # 0	位置编码器一转信号检测的状态信号（串行主轴）	PC1DTB	○	○
F51 # 1	增量方式定向信号（串行主轴）	INCSTB	○	○
F51 # 4	电动机激磁关断状态信号（串行主轴）	EXOFB	○	○
F53 # 0	键输入禁止信号	INHKY	○	○
F53 # 1	程序屏幕显示方式信号	PRGDPL	○	○
F53 # 2	阅读/传出处理中信号	RPBSY	○	○
F53 # 3	阅读/传出报警信号	RPALM	○	○
F53 # 4	后台忙信号	BGEACT	○	○
F53 # 7	键代码读取结束信号	EKENB	○	○
F54～F55	用户宏程序输出信号	UO000～UO015	○	○
F56～F59		UO100～UO131	○	○

地址 (Address)	信号名称	符号 (Symbol)	车床 系列	铣床 系列
F60 # 0	外部数据输入读取结束信号	EREND	○	○
F60 # 1	外部数据输入检索结束信号	ESEND	○	○
F60 # 2	外部数据输入检索取消信号	ESCAN	○	○
F61 # 0	B轴松开信号	BUCLP	—	○
F61 # 1	B轴夹紧信号	BCLP	—	○
F61 # 2	硬拷贝停止请求接受确认	HCAB2	○	○
F61 # 3	硬拷贝进行中信号	HCEXE	○	○
F62 # 0	AI先行控制方式信号	AICC	—	○
F62 # 3	主轴1测量中信号	SIMES	○	—
F62 # 4	主轴2测量中信号	S2MES	○	—
F62 # 7	所需零件计数到达信号	PRTSF	○	○
F63 # 7	多边形同步信号	PSYN	○	—
F64 # 0	更换刀具信号	TLCH	○	○
F64 # 1	新刀具选择信号	TLNW	○	○
F64 # 2	每把刀具的切换信号	TLCHI	—	○
F64 # 3	刀具寿命到期通知信号	TLCHB	○	○
F65 # 0	主轴的转向信号	RGSPP		○
F65 # 1		RGSPM		○
F65 # 4	回退完成信号	RTRCTF	○	○
F66 # 0	先行控制方式信号	G8MD		○
F66 # 1	刚性攻螺纹回退结束信号	RTPT	—	○
F66 # 5	小孔径深孔钻孔处理中信号	PECK2	—	○
F70～F71	位置开关信号	PSW01～PSW16	○	○
F72	软操作面板通用开关信号	OUT0～OUT7	○	○
F73 # 0	软操作面板信号（MD1）	MD1O	○	○
F73 # 1	软操作面板信号（MD2）	MD2O	○	○
F73 # 2	软操作面板信号（MD4）	MD4O	○	○
F73 # 4	软操作面板信号（ZRN）	ZRNO	○	○
F75 # 2	软操作面板信号（BDT）	BDTO	○	○
F75 # 3	软操作面板信号（SBK）	SBKO	○	○
F75 # 4	软操作面板信号（MLK）	MLKO	○	○
F75 # 5	软操作面板信号（DRN）	DRNO	○	○
F75 # 6	软操作面板信号（KEY1～KEY4）	KEYO	○	○
F75 # 7	软操作面板信号（*SP）	SPO	○	○
F76 # 0	软操作面板信号（MP1）	MP1O	○	○
F76 # 1	软操作面板信号（MP2）	MP2O	○	○
F76 # 3	刚性攻螺纹方式信号	RTAP	○	○
F76 # 4	软操作面板信号（ROV1）	ROV1O	○	○

地址 （Address）	信号名称	符号 （Symbol）	车床 系列	铣床 系列
F76 # 5	软操作面板信号（ROV2）	ROV20	○	○
F77 # 0	软操作面板信号（HS1A）	HS1A0	○	○
F77 # 1	软操作面板信号（HS1B）	HS1B0	○	○
F77 # 2	软操作面板信号（HS1C）	HS1CO	○	○
F77 # 3	软操作面板信号（HS1D）	HS1D0	○	○
F77 # 6	软操作面板信号（RT）	RT0	○	○
F78	软操作面板信号（*FV0～*FV7）	*FV0O～*FV7O	○	○
F79～F80	软操作面板信号（*JV0～*JV15）	*JV0O～*JV15O	○	○
F81 # 0，F81 # 2， F81 # 4，F81 # 6	软操作面板信号（＋J1～＋J4）	＋J1O～＋J4O	○	○
F81 # 1，F81 # 3， F81 # 5，F81 # 7	软操作面板信号（－J1～－J4）	－J1O～－J4O	○	○
F90 # 0	伺服轴异常负载检测信号	ABTQSV	○	○
F90 # 1	第1主轴异常负载检测信号	ABTSP1	○	○
F90 # 2	第2主轴异常负载检测信号	ABTSP2	○	○
F94 # 0～# 3	返回参考点结束信号	ZP1～ZP4	○	○
F96 # 0～# 3	返回第2参考位置结束信号	ZP21～ZP24	○	○
F98 # 0～# 3	返回第3参考位置结束信号	ZP31～ZP34	○	○
F100 # 0～# 3	返回第4参考位置结束信号	ZP41～ZP44	○	○
F102 # 0～# 3	轴移动信号	MV1～MV4	○	○
F104 # 0～# 3	到位信号	INP1～INP4	○	○
F106 # 0～# 3	轴运动方向信号	MVD1～MVD4	○	○
F108 # 0～# 3	镜像检测信号	MMI1～MMI4	○	○
F110 # 0～# 3	控制轴脱开状态信号	MDTCH1～MDTCH4	○	○
F112 # 0～# 3	分配结束信号（PMC 轴控制）	EADEN1～EADEN4	○	○
F114 # 0～# 3	转矩极限到达信号	TRQL1～TRQL4	○	—
F120 # 0～# 3	参考点建立信号	ZRF1～ZRF4	○	○
F122 # 0	高速跳转状态信号	HDO0	○	○
F124 # 0～# 3	行程限位到达信号	＋OT1～＋OT4	—	○
F124 # 0～# 3	超程报警中信号	OTP1～OTP4	○	○
F126 # 0～# 3	行程限位到达信号	－OT1～－OT4	—	○
F129 # 5	0％倍率信号（PMC 轴控制）	EOVO	○	○
F129 # 7	控制轴选择状态信号（PMC 轴控制）	*EAXSL	○	○
F130 # 0	到位信号（PMC 轴控制）	EINPA	○	○
F130 # 1	零跟随误差检测信号（PMC 轴控制）	ECKZA	○	○
F130 # 2	报警信号（PMC 轴控制）	EIALA	○	○
F130 # 3	辅助功能执行信号（PMC 轴控制）	EDENA	○	○
F130 # 4	轴移动信号（PMC 轴控制）	EGENA	○	○
F130 # 5	正向超程信号（PMC 轴控制）	EOTPA	○	○

第**10**章　本书相关理论

续表

地址 （Address）	信号名称	符号 （Symbol）	车床 系列	铣床 系列
F130＃6	负向超程信号（PMC 轴控制）	EOTNA	○	○
F130＃7	轴控制指令读取结束信号（PMC 轴控制）	EBSYA	○	○
F131＃0	辅助功能选通信号（PMC 轴控制）	EMFA	○	○
F131＃1	缓冲器满信号（PMC 轴控制）	EABUFA	○	○
F131，F142	辅助功能代码信号（PMC 轴控制）	EM11A～EM48A	○	○
F133＃0	到位信号（PMC 轴控制）	EINP8	○	○
F133＃1	零跟随误差检测信号（PMC 轴控制）	BCKZB	○	○
F133＃2	报警信号（PMC 轴控制）	EIALB	○	○
F133＃3	辅助功能执行信号（PMC 轴控制）	EDENB	○	○
F133＃4	轴移动信号（PMC 轴控制）	EGENB	○	○
F133＃5	正向超程信号（PMC 轴控制）	EOTPB	○	○
F133＃6	负向超程信号（PMC 轴控制）	EOTNB	○	○
F133＃7	轴控制指令读取结束信号（PMC 轴控制）	EBSYB	○	○
F134＃0	辅助功能选通信号（PMC 轴控制）	EMFB	○	○
F134＃1	缓冲器满信号（PMC 轴控制）	EABUFB	○	○
F135，F145	辅助功能代码信号（PMC 轴控制）	EM11B～EM48B	○	○
F136＃0	到位信号（PMC 轴控制）	EINPC	○	○
F136＃1	零跟随误差检测信号（PMC 轴控制）	BCKZC	○	○
F136＃2	报警信号（PMC 轴控制）	EIALC	○	○
F136＃3	辅助功能执行信号（PMC 轴控制）	EDENC	○	○
F136＃4	轴移动信号（PMC 轴控制）	EGENC	○	○
F136＃5	正向超程信号（PMC 轴控制）	EOTPC	○	○
F136＃6	负向超程信号（PMC 轴控制）	EOTNC	○	○
F136＃7	轴控制指令读取结束信号（PMC 轴控制）	EBSYC	○	○
F137＃0	辅助功能选通信号（PMC 轴控制）	EMFC	○	○
F137＃1	缓冲器满信号（PMC 轴控制）	EABUFC	○	○
F138，F148	辅助功能代码信号（PMC 轴控制）	EM11C～EM48C	○	○
F139＃0	到位信号（PMC 轴控制）	EINPD	○	○
F139＃1	零跟随误差检测信号（PMC 轴控制）	BCKZD	○	○
F139＃2	报警信号（PMC 轴控制）	EIALD	○	○
F139＃3	辅助功能执行信号（PMC 轴控制）	EDEND	○	○
F139＃4	轴移动信号（PMC 轴控制）	EGEND	○	○
F139＃5	正向超程信号（PMC 轴控制）	EOTPD	○	○
F139＃6	负像超程信号（PMC 轴控制）	EOTND	○	○
F139＃7	轴控制指令读取结束信号（PMC 轴控制）	EBSYD	○	○

地址 （Address）	信号名称	符号 （Symbol）	车床 系列	铣床 系列
F140＃0	辅助功能选通信号（PMC 轴控制）	EMFD	○	○
F140＃1	缓冲器满信号（PMC 轴控制）	EABUFD	○	○
F141，F151	辅助功能代码信号（PMC 轴控制）	EM11D～EM48D	○	○
F172＃6	绝对位置编码器电池电压零值报警信号	PBATZ	○	○
F172＃7	绝对位置编码器电池电压值低报警信号	PBATL	○	○
F177＃0	从装置 I/O-Link 选择信号	IOLNK	○	○
F177＃1	从装置外部读取开始信号	ERDIO	○	○
F177＃2	从装置读/写停止信号	ESTPIO	○	○
F177＃3	从装置外部写开始信号	EWTI0	○	○
F177＃4	从装置程序选择信号	EPRG	○	○
F177＃5	从装置宏变量选择信号	EVAR	○	○
F177＃6	从装置参数选择信号	EPARM	○	○
F177＃7	从装置诊断选择信号	EDGN	○	○
F178＃0～＃3	组号输出信号	SRLN00～SRLN03	○	○
F180＃0～＃3	冲撞式参考位置设定的矩极限到达信号	CLRCH1～CLRCH4	○	○
F182＃0～＃3	控制信号（PMC 轴控制）	EACNT1～EACNT4	○	○
F274＃4	CS 轴坐标系建立报警信号	CSF1	○	○
F298＃0～＃3	报警预测信号	TDFSV1～TDFSV4	○	○
F349＃0～＃3	伺服转速低报警信号	TSA1～TSA4	○	○

10.27

本书中的英文及缩写（表10-9）

表 10-9　本书中的英文及缩写

英文	全称	中文	释义
AC	Alternative Current	交流	
3C	Computer Communication Consumer Electronic	消费电子	
Absolute		绝对	Absolute Position 绝对坐标
Addr.	Address	地址	
Amp	Amplifier	放大器	发那科对于伺服驱动器的称呼
Asynchronous Motor		异步电动机	同步的单词前多一个字母 A
AX	Axis	轴	

英文	全称	中文	释义
Backup		备份	数据备份
Breaker		断路器	保护电气设备不短路
BUS		总线	用来传输 NC 与 PLC 数据，BUS 必须大写
Button		按钮	
Cable		电缆	
CAD	Computer AID Design	计算机复制设计	
CAM	Computer AID Manufacturing	计算机辅助制造	
CHK	Check	检查	
Clockwise		顺时针	
CNC	Computer Numerical Control	计算机数字控制	通过计算机将数字转换成电动机的旋转控制
Comp.	Compensation	补偿	
Connector		连接器	电线的分支与中转
Contactor		接触器	受到继电器的控制，用来接通高压电路
Counterclockwise		逆时针	
CRT		显示器	
Current		电流	
Cycle Start		循环启动	
Cycle Stop		循环停止	
Cyl.	Cylinder	液压缸、气压缸	
DC	Direct Current	直流	
Delay		延时	
Dia.	Diameter	半径	
Die		模具	专业用语是模具，不是死亡
Dim.	Dimension	尺寸	
Driller		钻床	
Emg.	Emergency	急停	
Encoder		编码器	
Err	Error	错误	
Feed		进给	
Filter		滤波器	过滤掉电网中的谐波
F-ROM/FROM	FLASH ROM	闪存	用来存放 PLC 及系统运行的必备文件
FSSB	FANUC Serial Servo BUS	发那科串行伺服总线	发那科系统专有名词
Grinder		磨床	
Hold		保持	
Hydraulic		液压	
IC	Integrated Circuit	集成电路	

英文	全称	中文	释义
Input		输入点、输入信号	I/O 模块的输入信号
I/O Module	Input Output Module	输入输出模块	PLC 运行的硬件载体
Key		按键	
Lamp		照明灯	
Lather		车床	
LD	Load	加载	
Lead Screw		丝杠	
LED	Light-Emitting Diode	发光二极管	
Mag.	Magazine	刀库	
Manual Data Input		手动数据输入	
M-CARD	Memory Card	内存卡	通常指 CF 卡
MCS	Machine Coordinate System	机床坐标系	
Miller		铣床	
Mode		模式	
Motor		电动机	
NC	Numerical Control	数字控制	通常代指数控系统
NG	Not Good	不合格	
NO	Normal Open	常开	
NPN	Negative-Positive-Negative		小型机床、中国台湾数控系统常用
Offset			
Origin		原点	工件坐标系的零点坐标
Output		输出点、输出信号	I/O 模块的输出信号
Override		倍率	
Param	Parameter	参数	
Pause		暂停	
Pitch		螺距	
PLC	Programmable Logic Control	可编程逻辑控制器	完成电动机及机械设备的控制
Pneumatic		气压	
PNP	Positive-Negative-Positive		
Power		电源	
Pressure		压力	
Prog	Program	工件程序	
Rap.	Rapid	快速	
Reactor		电抗器	保持电源电压稳定
Reference		参考点	机床坐标系的零点坐标
Relay		继电器	接受 I/O 模块的输出信号控制
Restore		恢复	数据恢复
RPM	Revolution Per. Minute	每分钟转速	电动机每分钟转速常见单位
Softkey		软键	系统界面上的按键

英文	全称	中文	释义
SP	Spindle	主轴	通过主轴旋转带动刀具或工件的旋转完成加工
SRAM	Static Random Access Memory	静态随机存储器	用来存放 CNC 参数、PLC 参数、加工程序相关等
SV	Servo	伺服	通过伺服控制伺服电动机,完成工件与主轴的相对运动,实现多种形状的零件加工
Synchronous Motor		同步电动机	
Timer		计时器	
Tool		刀具	
Tool Path		刀具轨迹	加工过程中刀具的运行轨迹
Torq	Torque	转矩	
Total		全部	
Transformer		变压器	与变形金刚一样
Unload		卸载	
Valve		阀	用来控制气体或者液体的通断
Ver.	Version	版本	
Voltage		电压	
WCS	Work-piece Coordinate System	工件坐标系	
Worktable		工作台	

WIN7搜索不到文件名

我们用快捷键 WIN+R,调出"运行"的对话框,输入"services. msc"后回车或者点"确定",如图 10-65 所示。

图 10-65　调用服务功能

在服务中找到"Windows Search"，见图 10-66，点击左侧的蓝色字体"停止"。

图 10-66　停止"Windows Search"

重新搜索"cnc_absolute"即可，见图 10-67。

名称	修改日期	类型	大小	文件夹
cnc_absolute.htm	2008/4/22 15:58	360 se HTML Do...	1 KB	Position (
cnc_absolute.xml	2008/4/8 17:29	XML 文档	16 KB	Position (
cnc_absolute2.htm	2008/4/22 15:58	360 se HTML Do...	1 KB	Position (
cnc_absolute2.xml	2008/4/8 17:32	XML 文档	16 KB	Position (
cnc_prstwkcd.xml	2008/4/8 18:13	XML 文档	17 KB	Position (
cnc_rddynamic.xml	2008/4/8 17:58	XML 文档	26 KB	Position (
cnc_rddynamic2.xml	2008/4/8 17:59	XML 文档	23 KB	Position (
flist_All.xml	2008/4/22 15:58	XML 文档	601 KB	All (C:\用
flist_Position.xml	2008/4/22 15:58	XML 文档	35 KB	Position (
GENERAL.HTM	2008/4/21 10:32	360 se HTML Do...	59 KB	SpecE (C:

图 10-67　已搜索 cnc_absolute

10.29
◤ FOCAS API查询表

10.29.1　库句柄及节点相关功能（表 10-10）

表 10-10　库句柄及节点相关功能

函数名	功能描述
cnc_allclibhndl3	Get the library handle
cnc_freelibhndl	Free library handle
cnc_settimeout	Set timeout interval

10.29.2　伺服轴与主轴的相关功能（表 10-11）

表 10-11　伺服轴与主轴的相关功能

cnc_actf	Read actual axis feedrate（F）
cnc_absolute	Read absolute axis position
cnc_absolute2	Read absolute axis position 2
cnc_machine	Read machine axis position
cnc_relative	Read relative axis position
cnc_relative2	Read relative axis position 2
cnc_distance	Read distance to go
cnc_rdposition	Read position inFormation
cnc_rdaxisdata	Read various data relating servo axis or spindle axis
cnc_skip	Read skip position
cnc_srvdelay	Read servo delay value
cnc_accdecdly	Read acceleration/deceleration delay value
cnc_rddynamic	Read all dynamic data
cnc_rddynamic2	Read all dynamic data（2）
cnc_acts	Read actual spindle speed（S）
cnc_rdspeed	Read speed inFormation
cnc_wrrelpos	Set origin/preset relative axis position
cnc_prstwkcd	Preset work coordinate
cnc_rdsvmeter	Read servo load meter
cnc_rdaxisname	Read axis name
cnc_rdspdlname	Read spindle name

10.29.3　加工程序相关功能（表 10-12）

表 10-12　加工程序相关功能

cnc_dwnstart3	Start downloading NC program（3）
cnc_download3	Download NC program（3）
cnc_dwnend3	End of downloading NC program（3）
cnc_dwnstart4	Start downloading NC program（4）
cnc_download4	Download NC program（4）
cnc_dwnend4	End of downloading NC program（4）
cnc_vrfstart4	Start verification of NC program（4）
cnc_verify4	Verify NC program（4）
cnc_vrfend4	End of verification（4）
cnc_upstart	Start uploading NC program
cnc_upload	Upload NC program
cnc_cupload	Upload NC program（conditional）
cnc_upend	End of uploading NC program
cnc_upstart3	Start uploading NC program（3）
cnc_upload3	Upload NC program（3）

cnc_upend3	End of uploading NC program (3)
cnc_upstart4	Start uploading NC program (4)
cnc_upload4	Upload NC program (4)
cnc_upend4	End of uploading NC program (4)
cnc_search	Search specified program
cnc_delall	Delete all programs
cnc_delete	Delete specified program
cnc_rdprogdir2	Read program directory (2)
cnc_rdprogdir3	Read program directory (3)
cnc_rdproginfo	Read program inFormation
cnc_rdprgnum	Read program number under execution
cnc_exeprgname	Read program name under execution
cnc_rdseqnum	Read sequence number under execution
cnc_seqsrch	Search specified sequence number
cnc_rewind	Rewind cursor of NC program
cnc_rdblkcount	Read block counter
cnc_rdexecprog	Read program under execution
cnc_wrmdiprog	Write program for MDI operation
cnc_rdmdipntr	Read execution pointer for MDI operation
cnc_wrmdipntr	Write execution pointer for MDI operation
cnc_copyprog	Copy program
cnc_renameprog	Change program number
cnc_condense	Condense program
cnc_searchword	Search string in NC program
cnc_searchresult	Get result of string search in NC program
cnc_rdpdf_drive	Read inFormation of Program memory drive
cnc_rdpdf_inf	Read inFormation Program memory file
cnc_rdpdf_curdir	Read inFormation of current folder
cnc_wrpdf_curdir	Set current folder
cnc_rdpdf_subdir	Read inFormation of subfolder
cnc_rdpdf_alldir	Read file inFormation
cnc_rdpdf_subdirn	Read number of subfolders or files
cnc_pdf_add	Create folder or file
cnc_pdf_del	Delete folder or file
cnc_pdf_delall	Delete all programs
cnc_pdf_rename	Rename folder or file
cnc_pdf_copy	Copy file
cnc_pdf_move	Move file
cnc_pdf_cond	Rearrange the contents of the program
cnc_wrpdf_attr	Change attribute of folder or file
cnc_pdf_rdmain	Read main program
cnc_pdf_slctmain	Select main program
cnc_pdf_searchword	Search string in NC program(For arbitrary file name)
cnc_pdf_searchresult	Get result of string search in NC program(For arbitrary file name)
cnc_pdf_rdactpt	Get execution pointer(For arbitrary file name)
cnc_pdf_wractpt	Set execution pointer(For arbitrary file name)

10.29.4 CNC 文件数据功能（表 10-13）

表 10-13 CNC 文件数据功能

cnc_rdtofs	Read tool offset value
cnc_wrtofs	Write tool offset value
cnc_rdtofsr	Read tool offset value(area specified)
cnc_wrtofsr	Write tool offset value(area specified)
cnc_rdtofsinfo	Read tool offset inFormation
cnc_rdtofsinfo2	Read tool offset inFormation（2）
cnc_tofs_rnge	Read the effective setting range of tool offset value
cnc_rdzofs	Read work zero offset value
cnc_wrzofs	Write work zero offset value
cnc_rdzofsr	Read work zero offset value(area specified)
cnc_wrzofsr	Write work zero offset value(area specified)
cnc_rdzofsinfo	Read work zero offset inFormation
cnc_zofs_rnge	Read the effective setting range of work zero offset value
cnc_rdparam	Read parameter
cnc_wrparam	Write parameter
cnc_rdparam3	Read parameter(3)
cnc_rdparar	Read parameter(area specified)
cnc_wrparas	Write parameter(area specified)
cnc_rdparam_ext	Read random number parameters
cnc_rdparainfo	Read parameter inFormation
cnc_rdparanum	Read minimum，maximum，total number of parameter
cnc_rdset	Read setting data
cnc_wrset	Write setting data
cnc_rdsetr	Read setting data(area specified)
cnc_wrsets	Write setting data(area specified)
cnc_rdsetinfo	Read setting data inFormation
cnc_rdsetnum	Read minimum，maximum，total number of setting data
cnc_rdmacro	Read custom macro variable
cnc_wrmacro	Write custom macro variable
cnc_rdmacror	Read custom macro variables(area specified)
cnc_wrmacror	Write custom macro variables(area specified)
cnc_rdmacror2	Read custom macro variables(double precision)
cnc_wrmacror2	Write custom macro variables(double precision)
cnc_rdmacroinfo	Read custom macro variable inFormation
cnc_getmactype	Get type of custom macro variable
cnc_setmactype	Set type of custom macro variable
cnc_rdpmacro	Read P code macro variable
cnc_wrpmacro	Write P code macro variable
cnc_rdpmacror	Read P code macro variables(area specified)
cnc_rdpmacror2	Read P code macro variables(double precision)
cnc_wrpmacror	Write P code macro variables(area specified)
cnc_wrpmacror2	Write P code macro variables(double precision)

cnc_getpmactype	Get type of P code macro variable
cnc_setpmactype	Set type of P code macro variable
cnc_rdwkcdshft	Read work coordinate shift value
cnc_wrwkcdshft	Write work coordinate shift value
cnc_rdwkcdsfms	Read work coordinate shift measured value
cnc_wrwkcdsfms	Write work coordinate shift measured value
cnc_wksft_rnge	Read the effective setting range of work coordinate shift value

10.29.5 刀具寿命管理功能（表 10-14）

表 10-14 刀具寿命管理功能

cnc_rdgrpid	Read tool life management data（tool group number）
cnc_rdgrpid2	Read tool life management data（tool group number）2
cnc_rdngrp	Read tool life management data（number of tool groups）
cnc_rdntool	Read tool life management data（number of tools）
cnc_rdlife	Read tool life management data（tool life）
cnc_rdcount	Read tool life management data（tool life counter）
cnc_rd1length	Read tool life management data（tool length number-1）
cnc_rd2length	Read tool life management data（tool length number-2）
cnc_rd1radius	Read tool life management data（cutter compensation num. -1）
cnc_rd1radius	Read tool life management data（cutter compensation num. -2）
cnc_t1info	Read tool life management data（tool inFormation-1）
cnc_t2info	Read tool life management data（tool inFormation-2）
cnc_toolnum	Read tool life management data（tool number）
cnc_rdtoolrng	Read tool life management data（tool number，tool life，tool life counter）（area specified）
cnc_rdtoolgrp	Read tool life management data（all data within group）
cnc_wrcountr	Write tool life management data（tool life counter）（area specified）
cnc_rdusegrpid	Read tool life management data（used tool group number）
cnc_rdmaxgrp	Read tool life management data（max. number of tool groups）
cnc_rdmaxtool	Read tool life management data（max. number of tool within group）
cnc_rdusetlno	Read tool life management data（used tool number within group）
cnc_rd1tlifedata	Read tool life management data（tool data1）
cnc_rd1tlifedat2	Read tool life management data（tool data1）2
cnc_rd2tlifedata	Read tool life management data（tool data2）
cnc_wr1tlifedata	Write tool life management data（tool data1）
cnc_wr1tlifedat2	Write tool life management data（tool data1）2
cnc_wr2tlifedata	Write tool life management data（tool data2）
cnc_rdgrpinfo	Read tool life management data（tool group inFormation）
cnc_rdgrpinfo2	Read tool life management data（tool group inFormation 2）
cnc_rdgrpinfo3	Read tool life management data（tool group inFormation 3）
cnc_rdgrpinfo4	Read tool life management data（tool group inFormation 4）

cnc_wrgrpinfo	Write tool life management data(tool group inFormation)
cnc_wrgrpinfo2	Write tool life management data(tool group inFormation 2)
cnc_wrgrpinfo3	Write tool life management data(tool group inFormation 3)
cnc_deltlifegrp	Delete tool life management data(tool group)
cnc_instlifedt	Insert tool life management data(tool data)
cnc_deltlifedt	Delete tool life management data(tool data)
cnc_clrcntinfo	Clear tool life management data(tool life counter, tool inFormation)(area specified)
cnc_rdtlinfo	Read tool life management data(maximum number of tool groups, maximum number of tool within group, maximum number of life coun)
cnc_rdtlusegrp	Read tool life management data(next/current/last used tool group number)
cnc_rdtlgrp	Read tool life management data(tool group inFormation)(area specified)
cnc_rdtltool	Read tool life management data(tool data)(area specified)
cnc_rdexchgtgrp	Read tool life management data(Exchange necessary tool group)

10.29.6 刀具管理功能（表 10-15）

表 10-15 刀具管理功能

cnc_regtool	New registration of Tool management data
cnc_regtool_f2	New registration of Tool management data（2）
cnc_deltool	Delete Tool management data
cnc_rdtool	Read Tool management data
cnc_rdtool_f2	Read Tool management data（2）
cnc_wrtool	Write Tool management data
cnc_wrtool_f2	Write Tool management data（2）
cnc_wrtool2	Write individual data of Tool management data
cnc_regmagazine	New registration of Magazine management data
cnc_delmagazine	Delete Magazine management data
cnc_rdmagazine	Read Magazine management data
cnc_wrmagazine	Write individual data of Magazine management data
cnc_wrtoolgeom_tlm	Write tool geometry data
cnc_rdtoolgeom_tlm	Read tool geometry data

10.29.7 放大器控制相关功能（表 10-16）

表 10-16 放大器控制相关功能

cnc_rdloopgain	Read loop gain for servo adjustment
cnc_rdcurrent	Read real current for servo adjustment
cnc_rdsrvspeed	Read real speed for servo adjustment
cnc_rdnspdl	Read number of spindle

10.29.8 PLC/PMC 相关功能（表 10-17）

表 10-17 PLC/PMC 相关功能

pmc_rdpmcrng	Read PMC data(area specified)
pmc_wrpmcrng	Write PMC data(area specified)
pmc_rdpmcinfo	Read PMC data inFormation
pmc_rdcntldata	Read control data of PMC data table
pmc_wrcntldata	Write control data of PMC data table
pmc_rdcntlgrp	Read the sum total group of control data
pmc_wrcntlgrp	Write the sum total group of control data
pmc_set_timer_type	Set the PMC timer type
pmc_get_timer_type	Get the PMC timer type
pmc_getdtailerr	Get detail error for PMC
pmc_rdalmmsg	Read PMC alarm messages
pmc_select_pmc_unit	Select the PMC
pmc_get_current_pmc_unit	Get the current PMC unit type
pmc_get_number_of_pmc	Read the number of existing PMC paths
pmc_get_pmc_unit_types	Read the PMC system inFormation

10.29.9 其他功能（表 10-18）

表 10-18 其他功能

cnc_sysinfo	Read CNC system inFormation
cnc_sysinfo_ex	Read CNC system inFormation(2)
cnc_statinfo	Read CNC status inFormation
cnc_statinfo2	Read CNC status inFormation(2)
cnc_alarm	Read alarm status
cnc_alarm2	Read alarm status (2)
cnc_rdalminfo	Read alarm inFormation
cnc_rdalmmsg	Read alarm message
cnc_rdalmmsg2	Read alarm message (2)
cnc_modal	Read modal data
cnc_rdgcode	Read G modal code
cnc_rdcommand	Read commanded data
cnc_diagnoss	Read diagnosis data
cnc_diagnosr	Read diagnosis data(area specified)
cnc_rddiag_ext	Read random number diagnosis data
cnc_rddiaginfo	Read diagnosis data inFormation
cnc_rddiagnum	Read minimum，maximum，total number of diagnosis data
cnc_adcnv	Read A/D conversion data
cnc_rdopmsg	Read operator's message
cnc_rdopmsg2	Read operator's message (2)

cnc_rdopmsg3	Read operator's message (3)
cnc_setpath	Set path number(for multi-path)
cnc_getpath	Get path number(for multi-path)
cnc_rdprstrinfo	Read program restart inFormation
cnc_rstrseqsrch	Search sequence number for program restart
cnc_getdtailerr	Get detail error for CNC
cnc_getfigure	Read maximum valid figures, number of decimal places
cnc_gettimer	Get calendar timer of CNC
cnc_reset	CNC reset
cnc_clralm	Clear CNC alarm
cnc_rdcexesram	Read SRAM variable area for C language executor
cnc_wrcexesram	Write SRAM variable area for C language executor
cnc_cexesramsize	Read maximum size of SRAM variable area for C language executor
cnc_rdpm_mcnitem	Read machine specific maintenance item
cnc_wrpm_mcnitem	Write machine specific maintenance item
cnc_rdpm_item	Read maintenance item status
cnc_wrpm_item	Write maintenance item status

参 考 文 献

［1］ 佟冬，闵立. 基于 Excel 的 FANUC 系统参数诊断. 金属加工：冷加工，2017，(22)：53-55.

［2］ 闵立，佟冬. i5 数控机床回零方式综述与故障诊断. 电力设备，2017，(1)：193.

［3］ 闵立，佟冬. i5 数控系统在立式加工中心上的应用. 电力设备，2017，(2)：63-64.

［4］ 杨洋. 电气自动化控制设备可靠性探讨. 基层建设，2018，(15)：401.

［5］ 佟冬，闵立. 飞扬 C0 数控系统在五轴加工中心上的应用. 金属加工：冷加工，2017，(5)：12-14.

［6］ 徐东毅，佟冬. 飞扬 F0 数控系统在卧式加工中心上的应用. 制造技术与机床，2015，(10)：165-168.

［7］ 杨洋. 工厂电气自动化控制技术在生产工作中的应用. 基层建设，2018，(16)：388.